复杂环境下海洋遥感辐射传输与大气校正方法

何贤强　金旭晨　李　豪　宋梓庚　　著
　　　　徐　菲　白若枫　白　雁

科学出版社

北京

内 容 简 介

本书主要阐述了海洋遥感研究中部分典型复杂环境条件（晨昏条件、近岸复杂水体、强吸收性气溶胶、高海况条件等）下的辐射传输计算、大气校正及其应用方法。全书共分为六章，第 1 章绪论主要阐述研究的背景、目的、国内外研究现状等。第 2 章阐述了基于蒙特卡罗方法的三维球面辐射传输模型的构建以及大天顶角条件下的辐射传输计算方法；第 3 章阐述了适用于静止水色卫星晨昏观测（大太阳天顶角）条件下大气校正模型及算法的构建方法；第 4 章阐述了紫外大气校正算法以及紫外波段水体光谱模拟数据集的构建方法；第 5 章阐述了强吸收性气溶胶条件下的大气校正算法的构建方法；第 6 章阐述了高海况（高风速、强降雨）条件下的被动微波遥感辐射模型及卫星观测校正算法的构建方法。

本书可供海洋遥感专业领域的科研人员以及高等院校相关专业的研究生阅读参考。

审图号：GS京（2025）1086号

图书在版编目（CIP）数据

复杂环境下海洋遥感辐射传输与大气校正方法 / 何贤强等著. -- 北京：科学出版社，2025. 6. -- ISBN 978-7-03-082183-6

Ⅰ. P715.7

中国国家版本馆 CIP 数据核字第 202592SE46 号

责任编辑：崔　妍　张梦雪 / 责任校对：何艳萍
责任印制：肖　兴 / 封面设计：十样花

科 学 出 版 社 出版

北京东黄城根北街 16 号
邮政编码：100717
http://www.sciencep.com

北京建宏印刷有限公司印刷
科学出版社发行　各地新华书店经销

＊

2025 年 6 月第 一 版　　开本：787×1092 1/16
2025 年 6 月第一次印刷　　印张：14
字数：330 000
定价：198.00 元
（如有印装质量问题，我社负责调换）

序　言

　　20 世纪 70 年代以来，卫星遥感技术犹如一双高悬天际的慧眼，为我们揭开了这片蔚蓝世界的神秘面纱。然而，当卫星传感器透过大气层观测海洋时，复杂多变的大气过程往往会扭曲真实的海洋信号。特别是在晨昏、高纬度海域、浑浊近岸水体、陆源气溶胶影响、高海况等复杂条件下，传统遥感模型的局限性愈发凸显。本书所呈现的研究成果，正是破解这些"疑难杂症"的科学总结。

　　回溯海洋水色遥感技术的发展历程，国际学术界在 20 世纪建立的一维平面分层辐射传输模型，虽然为早期水色遥感提供了理论基础，但其简化几何假设在面对实际复杂场景时往往力不从心。作者敏锐地发现，当地球曲率效应在大太阳天顶角或大观测天顶角条件下不可忽略时，传统模型会产生系统性偏差。这促使他们另辟蹊径，创新地将逆向蒙特卡罗方法与三维球面几何相结合，构建了三维球面辐射传输模型。加之引入神经网络技术，实现了对静止轨道水色卫星晨昏观测数据的有效利用，攻下了冬季高纬度海域水色卫星遥感产品缺失的"堡垒"。

　　近海浑浊水体的水色遥感一直是国际公认的难题。传统的大气校正算法在清洁大洋水体中表现良好，但应用到富含陆源悬浮物和有色溶解有机物的近岸水域，其精度就会大幅下降。作者通过深入分析不同类型水体的光学特性，提出了紫外–短波红外内插算法，有效解决了传统近红外、短波红外、紫外等算法的气溶胶散射外推误差放大的难题，为近海浑浊水体和内陆富营养化水体的水色遥感观测资料高精度处理提供了有效的大气校正方法。

　　陆源气溶胶的影响是另一个长期困扰水色遥感界的棘手问题。作者将 CALIPSO 卫星激光雷达垂直剖面观测与气象再分析数据相结合，建立了气溶胶垂直分布预测模型。同时，通过整合全球 AERONET 观测网络的实测数据，构建了陆源吸收性气溶胶光学模式，并进一步发展了考虑气溶胶垂向结构的陆源强吸收性气溶胶大气校正算法，有效提升了受沙尘、烟尘等强吸收性气溶胶影响的近海水体遥感反演精度。

　　此外，作者开展了水色–微波一体化遥感创新研究，通过建立考虑泡沫覆盖和降雨影响的微波辐射传输模型，构建了高风速下海面泡沫的辐射校正方法，发展考虑雨滴粒径分布演变和降雨风场驱动的海面辐射模型，提出了一套高海况微波遥感辐射校正方法。

　　该书的内容涵盖基础理论到实际应用，每一个进步都凝聚着作者的智慧与汗水。特别值得祝贺的是，很多成果已在我国海洋水色系列卫星的业务化处理流程中开花结果，充分展示了我国青年一代遥感科技人才的成长。

　　随着人类认识海洋、经略海洋和保护海洋的需求增加，对卫星遥感数据精度和应用范围的期望越来越高。相信该书所呈现的研究思路和核心模型，能够启发更多年轻学者去深研这一充满挑战的领域，为推动海洋遥感科学技术跨越发展贡献中国智慧。

2025 年 6 月

前　言

自 2010 年作者出版了《海洋–大气耦合矢量辐射传输模型及其遥感应用》一书,至今已有 15 个年头。这 15 年来,国内外在海洋遥感技术领域取得了快速发展。我国于 2002 年成功发射了首颗自主海洋卫星（HY-1A）,至今共计发射 14 颗海洋卫星,形成了海洋水色、海洋动力环境、海洋监视监测等卫星系列。海洋卫星作为一个系统工程,既包含了卫星和载荷的星上系统,也包含了地面的资料处理系统等。随着卫星和载荷性能的逐步提高,对地面资料处理的精度和能力亦提出了更高的要求,尤其是对海洋遥感的理论基础（辐射传输机理与模型）和遥感反演的关键技术（如大气校正）提出了更高的精度要求。

在过去的十余年,作者围绕复杂环境下的海–气耦合辐射传输模型和大气校正开展了一系列研究。针对现有水色遥感底层辐射传输模型仅为一维平面分层模型,不适用于大太阳天顶角或大观测天顶角的问题,基于逆向蒙特卡罗方法构建了三维球面辐射传输模型,建立了大太阳天顶角、大观测天顶角下地球曲率的辐射影响和校正方法（第 2 章）。针对当前水色遥感大气校正算法无法有效处理晨昏观测资料的问题,基于自主研发的考虑地球曲率影响的海–气耦合辐射传输模型,系统研究了晨昏大太阳天顶角下水色卫星遥感的探测能力,并提出了利用卫星自身日内多次观测资料作为训练样本的神经网络大气校正方法,实现了静止轨道水色卫星晨昏观测数据以及极轨水色卫星冬季高纬度海域观测数据的有效处理（第 3 章）。针对水色卫星遥感近海浑浊水体大气校正难题,作者提出了一种基于紫外–短波红外联合的内插型大气校正算法,有效克服了传统单边参考波段外推算法（如近红外、短波红外、紫外）的气溶胶散射估计外推误差放大难题（第 4 章）。近海除了水体浑浊度高,还受到陆源气溶胶的显著影响。针对当前水色遥感大气校正算法难以有效处理陆源强吸收性气溶胶的问题,作者利用 CALIPSO 卫星激光雷达观测资料结合气象再分析数据,建立了吸收性气溶胶垂向分布预测模型,并利用全球 AERONET 实测站点观测数据建立了吸收性气溶胶的光学模式;在此基础上,利用海-气耦合辐射传输模拟和机器学习方法,构建了陆源强吸收性气溶胶的大气校正模型（第 5 章）。

在发展复杂环境下的水色卫星遥感辐射传输模型和大气校正算法的同时,作者近些年也开展了高海况下的水色、微波一体化遥感研究,以期发挥水色遥感的精细化观测优势以及微波遥感的全天候观测优势。在本书的第 6 章,作者聚焦高海况条件下微波遥感的关键科学问题,建立了考虑强风条件的海面泡沫辐射模型,探究了高风速下海面泡沫的辐射传输过程与辐射校正方法;分析了强降雨条件下的海面电磁散射机理,发展了考虑雨滴粒径分布演变和降雨风场驱动的海面辐射模型。通过理论建模、模型验证与改进,建立了一套高海况微波遥感辐射校正方法。

　　本书凝聚了作者在国家重点研发计划（2023YFC3108101）、国家自然科学基金（U22B2012、U23A2037、41825014、41322039、41271378）、国家 863 计划等项目支持下十余年来的研究成果。海洋遥感学科的发展始终伴随着挑战与突破的循环往复。站在"十五五"的新起点上回望，那些曾经被视为技术瓶颈的复杂环境问题，正在新一代理论方法面前逐渐显现出破解的曙光。期待本书能为海洋遥感领域发展注入新的动力，也诚挚欢迎同行批评指正，共同推动中国海洋遥感技术的发展。

何贤强

2025 年 6 月 5 日

目　　录

第1章 绪 论

1.1 海洋遥感辐射传输模型

辐射传输理论的起源可以追溯到 19 世纪末和 20 世纪初。它最初是为了研究恒星大气中的辐射传输而发展起来的。该理论的创立得益于 Boltzmann、Schwarzschild、Schuster 等科学家的开创性工作，并在 20 世纪中叶由 Chandrasekhar（1950）进行系统性的研究，出版了经典著作 *Radiative Transfer*，极大地推动了这一领域的发展[1]。

20 世纪 70 年代，随着人造卫星技术的发展，科学家开始探索利用遥感技术研究海洋。Gordon[2]与 Morel 和 Gentili[3-4]系统地将该理论应用于海洋水色遥感，建立了水体反射率与固有光学特性的关系模型。20 世纪 80 年代，Kirk[5]和 Mobley[6]等进一步完善了水体辐射传输模型。20 世纪 90 年代，受益于计算机技术的发展，Mobley[7]开发了更复杂的水体辐射数值模型，如 Hydrolight，大大促进了海洋水色遥感的发展。进入 21 世纪，辐射传输理论在海洋水色遥感中的应用持续深化和拓展，如 Zhai 等[8]、He 等[9]将其用于研究海水–大气耦合系统，提高了大气校正的精度和偏振水色遥感研究能力。

在海洋微波遥感领域，辐射传输理论同样发挥了重要作用。20 世纪 80 年代至 90 年代，多个重要的微波辐射传输模型相继出现，为精确的辐射传输计算奠定了基础：Clough 等[10,11]提出了 LBLRTM（line-by-line radiative transfer model）和 AER（atmospheric and environmental research）模型，基于 HITRAN（high-resolution transmission molecular absorption database）数据库[12]进行逐线计算，成为最准确的辐射传输模型之一；Liebe 等开发的 MPM93（Millimeter-wave Propagation Model）专门用于毫米波段的大气辐射传输计算[13]。进入 20 世纪 90 年代末，Rosenkranz 对 MPM93 模型进行了改进，提出了 Rosenkranz98 模型，特别优化了水汽吸收和氧气吸收的计算[14]。这些模型的发展极大地提高了海洋微波遥感的精度。进入 21 世纪，随着粗糙海面发射–散射模型的完善成熟，辐射传输理论进一步得到发展，如 Liu 等[15]、Saunders 等[16]发展了考虑了海–气耦合过程的辐射传输模型，进一步提高了辐射传输模型精度。

到目前为止，国际上发展的海洋、大气辐射传输数值计算方法主要有矩阵算法[17]、离散纵标法[18]、球谐函数法[19]、蒙特卡罗模拟法[20]、不变嵌入法[21]、X-Y 函数法[1]、逐次散射法[22]、吸收线法[10]、有限元法[23]等。利用辐射传输理论和数值计算方法，已开发了几十种适用于大气、海洋辐射传输数值计算的模型和软件包，根据工作波段不同主要分为光学辐射传输模型和微波辐射传输模型。

1. 光学辐射传输模型

如表 1.1 所示，其中较著名的有 DISORT[24]和 Hydrolight[25]等。但其中适用于海洋–

大气耦合介质系统辐射传输数值计算的模型较少，较典型的是 COART[26]和 MOMO[27]，但它们均只考虑了标量辐射传输问题，而没有开发海洋–大气耦合矢量辐射传输数值计算模型。Chami 等[28]以及 He 等[9]开发了考虑了海洋–大气耦合辐射传输计算、粗糙海面影响及偏振的辐射传输模型。

表 1.1　适用于大气和海洋的典型光学辐射传输数值计算模型

模型名称	开发者	类型	说明
SBDART	P. Ricchiazzi	离散纵标法	适用于平面平行分层介质，用于分析卫星遥感中的辐射传输及大气能量平衡研究
ATRAD	W.Wiscombe	矩阵算法	适用于平面平行分层介质
DISORT	Stamnes	离散纵标法	适用于平面平行分层介质
STREAMER	J. Key	离散纵标法	适用于平面平行分层介质
PolRadTran	Frank Evans	矩阵算法	适用于平面平行分层介质，考虑偏振
DOORS	Chris Godsalve	离散纵标法	适用于平面平行分层介质
DOM	Jeff Haferman	离散纵标法	适用于三维介质
MC-LAYER	Andreas Macke	蒙特卡罗法	适用于平面平行分层介质
SHDOM	Frank Evans	离散纵标法	适用于三维介质
COART	Zhonghai Jin	离散纵标法	适用于平面平行分层海洋–大气耦合辐射传输计算，目前公开发布版本没有考虑偏振
FEMRAD	Kisselev	有限元法	适用于平面平行分层介质
Hydrolight	C.D. Mobley	不变嵌入法	商业软件包，适用于平面平行分层水体辐射传输计算
MOMO	Frank Fell	矩阵算法	适用于平面平行分层海洋–大气耦合辐射传输计算，目前公开发布版本没有考虑辐射偏振
OSOAA	Malik Chami	逐次散射法	考虑了海洋–大气耦合辐射传输计算、粗糙海面影响及偏振的辐射传输模型。适用于平面平行分层海洋–大气系统
PCOART	Xianqiang He	矩阵算法	考虑了海洋–大气耦合辐射传输计算、粗糙海面影响、地球曲率影响及偏振的辐射传输模型

2. 微波辐射传输模型

如表 1.2 所示，其中比较著名的有 CRTM[29]、RTTOV[16]等。但其中大部分是大气吸收线模型，没有考虑粗糙海洋下垫面，适用于海洋–大气耦合介质系统辐射传输数值计算的模型较少。

表 1.2　适用于大气和海洋的典型微波辐射传输数值计算模型

模型名称	开发者	类型	说明
CRTM	Quanhua Liu	矩阵算法	适用于平面平行分层海洋–大气耦合辐射传输计算，考虑了粗糙海面条件
LBLRTM	Clough	吸收线法	没有考虑海气耦合过程

模型名称	开发者	类型	说明
RTTOV	Saunders	离散纵标法	适用于平面平行分层海洋–大气耦合辐射传输计算，考虑了粗糙海面条件
PAMTRA	Mario Mech	矩阵算法	适用于平面平行分层海洋–大气耦合辐射传输计算，但仅考虑了平静海面条件
HITRAN	Rothman	吸收线法	没有考虑海气耦合过程
MPM93	Liebe	快速近似线	没有考虑海气耦合过程
Rosenkranz98	Rosenkranz	快速近似线	没有考虑海气耦合过程
RT4	Frank Evans	矩阵算法	适用于平面平行分层海洋–大气耦合辐射传输计算，但仅考虑了平静海面条件
PCOART-MW	Xianqiang He	矩阵算法	考虑了海洋–大气耦合辐射传输计算、粗糙海面影响及部分高海况条件的辐射传输模型

1.2　海洋水色遥感大气校正

海洋水色遥感大气校正算法的研究和应用经历了三个主要阶段：一类水体近似大气校正算法、一类水体精确大气校正算法和浑浊二类水体大气校正算法。

第一阶段主要针对 NASA 1978 年发射的第一颗海洋水色卫星遥感器——海岸带水色扫描仪 CZCS 而开发。Gordon 教授及其团队在这一阶段做出了奠基性工作。1976 年，Gordon 利用蒙特卡罗方法研究了气溶胶垂直分布和水次表面反照比对大气顶上行总辐亮度的影响[30]。1978 年，Gordon 提出了假设 750nm 波段水体完全吸收的 CZCS 清洁水体大气校正算法[31]。1981 年，Gordon 和 Clark 提出了实用的 CZCS 大气校正算法，该算法基于大量实测数据，发现在低叶绿素浓度时，某些波段的归一化离水辐亮度变化很小[32]。随后的研究进一步完善了这一算法。1987 年，Gordon 和 Castaño 研究了大气多次散射对 CZCS 大气校正算法精度的影响[33]。1989 年，他们提出了一种计算气溶胶多次散射的简单方法[34]。1992 年，Gordon 和 Wang 研究了粗糙海面对 CZCS 大气校正算法的影响[35]。

第二阶段主要针对 SeaWiFS、MODIS 和 MERIS 等第二代高性能海洋水色卫星遥感器开发精确的一类水体大气校正算法。1994 年，Gordon 和 Wang 针对 SeaWiFS 提出了一类水体精确大气校正算法，这成了 SeaWiFS 和 MODIS 业务化大气校正的标准算法[36]。此后，研究人员对该算法中的各项影响因子进行了深入研究和改进。这些研究包括：海面白沫、地球曲率、波段带外响应、O2-A 带吸收、离水辐射二向性、强吸收性气溶胶、平流层气溶胶、薄卷云、卫星遥感器偏振响应等因素对大气校正算法的影响。研究人员还提出了一些改进方法，如利用变化复折射指数和 Junge 粒径谱分布来处理强吸收性气溶胶问题，以及更精确的气溶胶光学特性计算方法。除了 Gordon 和 Wang 的标准算法，Antoine 和 Morel 针对 MERIS 提出了一种类似的大气校正算法，将大气分子散射和气溶胶散射合为一个整体进行校正[37]。Chomko 和 Gordon 还提出了一种光谱优化的大气校正算法，在中高气溶胶浓度下表现较好[38]。

第三阶段主要针对浑浊二类水体开发大气校正算法。随着 SeaWiFS、MODIS、MERIS

等遥感资料的业务化应用，大洋清洁一类水体大气校正算法日趋成熟，但在近海浑浊二类水体中仍存在问题。为解决这些问题，国际上提出了多种实用的浑浊二类水体大气校正算法。Land 和 Haigh 提出了基于光谱匹配的二类水体大气校正算法[39]；Schiller 和 Doerffer 针对 MERIS 提出了基于神经网络模型的二类水体大气校正算法[40]；Siegel 和 Wang 提出了利用叶绿素浓度进行近红外波段离水辐亮度迭代的二类水体大气校正算法[41]；Hu 等提出了一种借用邻近清洁水体气溶胶参数的实用浑浊水体大气校正算法[42]；Ruddick 等提出了一种设定近红外两波段气溶胶散射反射率比值和离水反射率比值的大气校正算法[43]。

近年来，中国科研学者也在水色遥感大气校正算法研究方面取得了显著进展，主要集中在二类水体大气校正算法的改进上。He 等开发了海–气耦合矢量辐射传输模型（PCOART），建立了 HY-1B 卫星业务化大气校正模型[9]。Tian 等利用 CALIPSO 观测的气溶胶信息辅助 MODIS 传感器进行高浑浊二类水体的大气校正，并将 MODIS 气溶胶信息用于 HJ-1A/B 卫星数据的大气校正[44]；Chen 等针对 MODIS 传感器 1640 nm 波段的条带问题，提出了一种线性插值重构模型[45]；Mao 等将气溶胶光谱指数和实测水体光谱数据集进行优化，实现了长江口浑浊水体的大气校正[46]；He 等还提出了一种基于紫外波段的高浑浊水体大气校正算法，以及国产水色传感器偏振响应的在轨估算与校正方法[47]；Pan 和 Shen 改进了光谱匹配优化算法，扩大了其在高浑浊水体中的适用范围[48]；He 等构建了考虑地球曲率、偏振特性的海–气耦合矢量辐射传输模型（PCOART-SA），生成了考虑地球曲率影响的大气分子瑞利散射查找表，并应用在业务化大气校正中[49]。另一方面，机器学习技术在大气校正算法中的应用也日益广泛。Schiller 和 Doerffer 早在 1999 年就提出了一种结合辐射传输模型模拟和神经网络训练的二类水体大气校正算法[40]；Schroeder 等在此基础上进行了改进，直接将大气顶部的光谱辐射反演为大气底部的光谱遥感反射率[50]；Fan 等基于海-气耦合精确辐射传输模型（ACCURT）的大量模拟，结合多层神经网络开发了一种新的大气校正算法，能有效解决离水辐射负值问题[51]；Fan 等进一步开发了海洋水色和气溶胶同步反演工具（OC-SMART），可用于处理全球遥感数据，在近岸二类水体中具有较好的大气校正精度[52]。

总的来说，海洋水色遥感大气校正算法的研究经历了从简单到复杂、从一类水体到二类水体、从经验模型到物理模型再到机器学习模型的发展过程。早期的研究主要集中在开阔大洋一类水体，随着研究的深入和遥感技术的进步，算法逐渐扩展到复杂的近岸二类水体。同时，算法考虑的因素也越来越多，包括海面状况、大气成分、地球曲率、传感器特性等。

近年来，机器学习技术的引入为大气校正算法带来了新的发展方向。基于神经网络的算法能够有效处理复杂的非线性关系，在处理高浑浊水体和特殊观测条件下表现出优势。然而，这些算法仍然依赖于精确的辐射传输模型进行训练数据的生成，因此物理模型的改进仍然是研究的重要方向。

在未来，海洋水色遥感大气校正研究趋势可能包括：进一步提高物理模型的精度，特别是在处理复杂大气条件和水体光学特性方面；开发更加智能和自适应的机器学习算法，能够更好地处理不同类型的水体和大气条件；结合多源数据和多尺度信息，提高大气校正的准确性和适用性；以及开发更加高效的算法，以满足日益增长的海洋遥感数据处理需求。

1.3　复杂环境下海洋遥感面临的挑战

1. 复杂环境下海洋水色遥感面临的挑战

海洋水色遥感在复杂环境下面临诸多挑战，这些挑战主要源于海洋环境的复杂性和现有技术的局限性。在近岸海域，水色遥感首先面临的是复杂的光学特性问题。近岸水体常含有高浓度的悬浮物、有色可溶性有机物（CDOM）和藻类，导致水体光学特性极为复杂。Odermatt 等指出，这种复杂性使得传统的水色算法在近岸区域常常失效[53]。例如，一类水体假设（假设叶绿素 a 浓度是决定水体光学特性的主要因素）在近岸水域往往不成立，需要发展更复杂的二类水体算法。其次，近岸区域的大气校正也面临着巨大挑战，复杂的气溶胶组成使得近岸区域的大气校正更加困难，此外，在浅水区域，底质反射会显著影响水面反射光谱。近岸环境的快速变化也对遥感提出了更高的要求。Mouw 等指出，现有卫星传感器的时空分辨率往往难以捕捉这些快速变化，特别是在河口和潮汐影响显著的区域[54]。

在高海况条件下，水色遥感面临着另一系列挑战。首先，高风速条件下，大量的海表泡沫会显著改变水面反射特性。Frouin 等的研究表明，这种影响会导致水色信号的提取变得更加困难[55]。其次，在强风条件下，海盐气溶胶的产生和输送过程变得更加复杂，增加了大气校正的难度。Ahmad 等开发了考虑海盐气溶胶的大气校正算法，但在极端海况下仍存在不确定性[56]。此外，在大浪条件下，太阳耀斑效应更加明显。Kay 等指出，这可能导致传感器饱和或信号失真，特别是在使用高空间分辨率传感器时[57]。强风导致的垂直混合会改变水体的垂直结构，Werdell 等的研究表明，这可能影响遥感反演结果的代表性，特别是对于深层叶绿素最大值（DCM）的探测[58]。

除了这些特定环境下的挑战，水色遥感还面临一些普遍性问题。首先是算法的普适性不足。Szeto 等指出，针对特定区域或条件开发的算法往往难以推广到其他区域或条件下使用，限制了遥感产品的一致性和可比性[59]。其次，多尺度数据的集成仍是一个重要挑战。Pottier 等探讨了如何有效集成不同空间分辨率、不同传感器的遥感数据，但这个问题仍未完全解决。此外，验证数据的缺乏，特别是在极端条件下，也限制了算法的改进和验证[60]。随着人类活动的影响加剧，一些新型污染物（如微塑料）的遥感识别和监测成为新的挑战。Garaba 和 Dierssen 探索了利用高光谱遥感技术探测海洋微塑料的可能性，但这项技术仍处于早期阶段[61]。

面对这些挑战，水色遥感领域正在多个方向上寻求突破。首先是发展新型传感器，如高光谱传感器和多角度传感器。Muller-Karger 等提出了 GEO-CAPE 任务概念，旨在提供更高时空分辨率的水色观测[62]。其次是改进理论模型，包括更精确的辐射传输模型和海气界面模型。Mobley 和 Sundman 开发的 HydroLight 软件为水体辐射传输模拟提供了强大工具[63]。此外，人工智能技术，特别是深度学习方法，在水色遥感中得到广泛应用。Sagan 等综述了机器学习在海洋光学和水色遥感中的应用，展示了这些方法在处理复杂环境下的水色数据方面的潜力[64]。多源数据融合也是一个重要方向，Groom 等探讨了如何结合卫星、航空、船载和浮标等多源数据，提高了观测的全面性和准确性[65]。

2. 复杂环境下海洋微波遥感面临的挑战

海洋微波遥感在复杂环境下同样面临着巨大挑战，主要涉及海表温度（SST）、海面盐度（SSS）、海面风场等关键海洋参数的遥感。在近岸海域，微波遥感首先面临的是陆地信号污染问题。Reul 等的研究表明，陆地的强烈微波辐射会污染近岸海域的信号，显著影响 SST 和 SSS 的反演精度[66, 67]。这个问题在低频微波遥感（如 L 波段用于 SSS 反演）中尤为严重，因为低频微波的空间分辨率较低，容易受到陆地信号的影响。在高海况条件下，微波遥感面临着另一系列挑战。首先，在高风速条件下，现有的海面发射率模型的精度显著下降。Meissner 和 Wentz 的研究表明[68]，这种精度下降会直接影响 SST 和 SSS 的反演精度。特别是在风速超过 15 m/s 的情况下，由于泡沫的出现，模型的不确定性急剧增加。其次，在暴雨条件下，大气中的液态水含量显著增加，对微波信号的传输造成严重影响。Wentz 开发了考虑液态水影响的大气校正算法，但在极端降水条件下仍存在计算精度较低的问题[69]。此外，高风速下形成的海表泡沫层会改变海面的微波辐射特性。Anguelova 和 Webster 的研究指出，现有泡沫–海水混合海面模型难以准确描述这一效应，特别是在风速超过 20 m/s 的情况下[70]。在极端海况下，海浪的非线性效应变得显著，这在现有的海面散射模型中未被充分考虑。Kudryavtsev 等探讨了这种非线性效应对微波遥感的影响，但如何在业务化算法中考虑这一效应仍是一个开放问题[71]。

除了这些特定环境下的挑战，微波遥感还面临一些普遍性问题。首先是时空分辨率的限制。尽管微波遥感在全天候观测方面具有优势，但其空间分辨率通常低于光学遥感。Lagerloef 等讨论了 SMOS 和 Aquarius 等 SSS 卫星的空间分辨率限制，这种限制在观测中尺度和小尺度海洋现象时尤为明显[72]。其次，不同传感器和不同算法产生的遥感产品之间存在系统性差异，比如 Bao 等比较了 SMOS、Aquarius 和 SMAP 三个卫星的 SSS 产品，发现它们之间存在差异[73]。此外，微波遥感还面临着射频干扰（RFI）的挑战。Oliva 等指出，RFI 严重影响了 SMOS 在某些区域的观测质量，虽然后续的处理算法有所改进，但这个问题仍未完全解决[74]。面对这些挑战，微波遥感领域正在多个方向上寻求突破。首先是发展新型传感器和观测技术。例如，Jang 等探讨了使用神经网络改进 SSS 反演的可能性，得到了较好的结果[75]。Bourassa 等提出了使用小型卫星星座进行高时空分辨率的海面风场观测的概念，这可能为未来的海洋微波遥感开辟新的方向[76]。

总的来说，尽管海洋遥感技术在过去几十年取得了巨大进展，但在复杂环境下仍面临诸多挑战。这些挑战既来自海洋环境本身的复杂性，也源于现有技术和方法的局限性。水色遥感和微波遥感各有其特点和优势，但也都面临着特定的技术瓶颈。未来，随着新型传感器的发展、理论模型的完善、人工智能技术的应用以及多学科交叉融合的深化，将有望进一步提高海洋遥感在复杂环境下的能力和精度，为海洋科学研究和环境监测提供更加可靠的数据支持。

1.4 主 要 内 容

本书针对当前海洋遥感研究缺乏针对复杂海洋环境下的辐射传输计算、大气校正的现状开展相关研究，主要讨论了大观测天顶角（viewing zeith angle，VZA）及大太阳天顶角（solav zenith angle，SZA）条件下对水色遥感的影响和大气校正方法、浑浊水体紫外大气校正方法、近岸强吸收性气溶胶大气校正方法及高海况条件下的微波辐射遥感辐射校正方法。本书主要内容安排如下所示。

第2章，三维球面辐射传输模型。主要开发了基于蒙特卡罗方法的三维球面辐射传输模型并验证了其在大天顶角条件下的适用性。建立了适用于大天顶角的球面 Rayleigh 散射查找表，并将其应用于大气校正。

第3章，晨昏水色遥感大气校正方法。主要针对静止卫星海洋水色传感器进行了辐射探测灵敏度分析，定量化了大太阳天顶角条件下水色卫星对水色三要素的探测极限值。基于神经网络算法，开发了新的可用于处理 GOCI 和 MODIS-Aqua 卫星在大太阳天顶角条件下所获取数据的大气校正模型。

第4章，浑浊水体紫外大气校正方法。主要构建了一个包含紫外波段的水体光谱特性模拟数据集，阐明了水色三要素对紫外波段水体光谱的影响机制和作用。同时，针对现有二类水体大气校正算法的局限性，提出了一种新型的紫外大气校正方法，有效提升了近岸复杂水体的大气校正精度。

第 5 章，强吸收性气溶胶大气校正方法。主要通过海-气耦合矢量辐射传输模拟和机器学习方法，构建了吸收性气溶胶垂向分布预测模型和海洋吸收性气溶胶模式，分析了全球吸收性气溶胶的时空分布特征并开发了新的大气校正算法 OC-XGBRT，并将其应用于 MODIS-Aqua 卫星数据。

第6章，高海况下微波遥感辐射校正方法。主要针对高海况条件下盐度遥感的正反演机理开展研究，构建了海-气耦合矢量辐射传输模型，涵盖了从海面到大气顶的完整辐射传输过程。以此为基础，针对高风速条件与强降雨条件，建立了海面泡沫发射模型及降雨影响校正模型。

第 2 章　三维球面辐射传输模型

2.1　引　言

水色卫星探测海洋水色参数的基础是对离水辐亮度（或反射率）的光谱变化进行高精度探测。然而，卫星接收的数据中包含了大量的大气散射辐射贡献，导致离水辐亮度只占卫星探测到的大气顶总辐亮度的一小部分（<10%）。因此，为获取有效的水色信息数据，必须采用高精度的大气校正算法来去除大气散射等背景辐射[77]。精确的大气校正依赖于高精度的辐射传输模型。目前已经存在大量的辐射传输模型，这些模型采用不同的算法来模拟大气及海洋的辐射传输过程。根据大气和海洋的结构特征，这些模型可以分为两大类，即平面辐射传输模型和球面辐射传输模型。另外，根据所模拟的系统介质的不同，这些模型可以进一步划分为三种类型，包括大气、海洋与海洋–大气耦合三种辐射传输模型。

当前大多数辐射传输模型基于平行平面分层假设，这种假设在中-低太阳天顶角（<70°）和观测天顶角（<60°）的探测条件下是准确可靠的。然而，实际的地球和大气层是椭球型，无法无限延伸，因此受到地球曲率的影响，基于平行平面分层假设的辐射传输模型的准确性随着太阳天顶角和观测天顶角的增大而降低。因此有些学者开始针对地球曲率的影响进行研究分析，在平行球面分层的假设条件下，建立相应的辐射传输模型，证明了地球曲率在大角度探测条件下对辐射传输模型的精度影响较大，是大气校正算法中不可忽视的因素之一。1978 年，Adams 和 Kattawar[78]建立了标量 Rayleigh 散射辐射传输模型，研究发现当太阳天顶角大于 70°或观测天顶角大于 60°时，平行球面分层和平行平面分层两种几何条件下的相对误差最高达到 20%。本章根据 Adams 和 Kattawar 提供的数据及结论，定义大太阳天顶角范围大于 70°，大观测天顶角范围大于 60°。随后，Ding 和 Gordon[79]证实了 Adams 和 Kattawar 的结论，并且他们指出，当太阳天顶角小于 70°时，地球曲率的影响可以被忽略。但 Adams 和 Kattawar 建立的辐射传输模型是一个标量模型，没有考虑偏振的影响，而偏振对 Rayleigh 散射的影响是不可忽略的。因此需要建立一个考虑三维球面、适用于多次散射条件、引入地球曲率因素，并且可以用于深入分析地球曲率在大太阳天顶角（>70°）和大观测天顶角（>60°）条件下对 Rayleigh 散射和 Mie 散射影响的矢量辐射传输模型，从而为后续大太阳天顶角和大观测天顶角下的大气校正提供模型基础。综上所述，相对于平面模型，基于球面或伪球面假设的球面模型，在一定程度上存在以下不足：这些模型要么忽略了偏振效应[36, 80]，要么没有引入粗糙海面和海面白沫的贡献，要么没有考虑气溶胶的影响[81, 82]。基于伪球面假设的球面模型[49, 83]，没有考虑多次散射时地球曲率的影响。然而，这些参数对辐射传输模型的准确性都具有重要影响[84]。此外，前述研究没有提供大观测天顶角下地球曲率影响的详细分析，也没有详细研究气溶胶 Mie 散射中地球曲率的影响。在大太阳天顶角和大观测天顶角的情况下，如果不对地球曲率的影响进行校正，将导致大气校正之后得到的离水辐亮度数据精确度低或失效。为了更全面地模拟辐射传输过程，本章将采用蒙特卡罗方法，并在球面假设的基础上，考虑大气及海面的辐射贡献，引入偏振因子，建立适用于大太阳天顶角（>70°）和大观测天顶角（>60°）的三维球面辐射传输模型（spherical radiative transfer model based on Monte Carlo method，MC-SRTM）。在该模型的基础上，本章将详细研究地球曲率对 Rayleigh 散射和 Mie 散射的影响，为后续大气校正时的地球曲率校正提供模型和理论基础。

2.2　逆向蒙特卡罗原理及方法

2.2.1　蒙特卡罗方法原理

蒙特卡罗方法是一种数学统计方法，用随机过程来模拟整个物理或数学过程。通过进行大量的模拟产生大量的随机数，其中某一事件所占的概率或者随机变量的期望值可以用随机数中该事件发生占比或者均值来代替。

假设一个变量 Y，I 表示其数学期望。计算该变量的期望值，首先选择适当的概率模型，假设为 $Y=g(\xi_1, \xi_2, \xi_3, \cdots, \xi_m)$，其中随机值 ξ_1，ξ_2，ξ_3，$\cdots$，ξ_m，在 0 到 1 之间随机取值，m 为该模型的结构性维数，即计算过程中需要抽样的随机变量个数。然后完成抽样过程，即选择适当的抽样方法，在值为 I 的变量中随机选出 N 个，定义为 Y_1，Y_2，Y_3，$\cdots$，Y_N，因此存在式（2.1）：

$$Y = \frac{1}{N}\sum_{i=1}^{N}Y_i = I \tag{2.1}$$

若期望值 I 只能用积分求解得到，不能用求和方法，则概率模型与式（2.1）不同，随机变量对应的概率模型用 $f(x)$ 来表示，同样抽取出 N 个变量 X_1，X_2，X_3，$\cdots$，X_N，记为 $g(X_i)$，则期望值的计算公式变为

$$I = \int g(x)f(x)\mathrm{d}x = \frac{1}{N}\sum_{i=1}^{N}g(X_i) \tag{2.2}$$

蒙特卡罗方法不需要对辐射传输方程进行离散化，可以直接模拟光子的实际运行路径，基于介质的光学特性计算光子的能量，而不会引入近似误差。蒙特卡罗方法的关键在于随机变量的个数，只有随机变量个数足够大，才能使他们的积分或者求和更趋近于期望值，否则就会受到随机性质的干扰，无法得到有效的概率分布。因此下面对蒙特卡罗方法的收敛性和可靠性进行分析。

蒙特卡罗方法的收敛性就是求解数学期望值的过程，数学期望 I 就是抽出来的子样 Y_1，Y_2，Y_3，$\cdots$，Y_N 的均值，根据大数定理，可以认为随机子集的平均值收敛于随机变量 Y 的期望值 $E(Y)=I$，即

$$P\left[\lim_{N\to\infty}\overline{Y_N} = E(Y)\right] = 1 \tag{2.3}$$

由式（2.3）可知，蒙特卡罗方法的收敛速度与问题维数无关，时间复杂度仅与样本数成正比，更适合于求解高维度问题。而对于数值解析法，时间复杂度则与维度的幂次成正比。

对于蒙特卡罗方法的可靠性，主要是需要对蒙特卡罗方法存在的误差进行研究。蒙特卡罗方法造成的误差可以用置信度来进行分析，根据中心极限定理，假设随机变量的子集 Y_1，Y_2，Y_3，$\cdots$，Y_N 独立同分布，且其方差 σ^2 有限且非零，即

$$0 \neq \sigma^2 = \int \left[y - E(y) \right]^2 f(y) \mathrm{d}y < \infty \qquad (2.4)$$

其中，$f(y)$ 为分布密度函数，存在：

$$\lim N \xrightarrow{P} \infty \left\{ \left| \frac{Y - E(Y)}{\sigma / \sqrt{N}} \right| < x \right\} = \frac{1}{\sqrt{2\pi}} \int_{-\infty}^{x} \mathrm{e}^{-\frac{t^2}{2}} \mathrm{d}t \qquad (2.5)$$

当抽样的样本数 N 足够大时，令 a 为置信度，则存在：

$$p \left\{ |Y - E(Y)| < \frac{\sigma_s}{2\pi} \right\} \approx \frac{1}{\sqrt{2\pi}} \int_{-x}^{x} \mathrm{e}^{-\frac{t^2}{2}} \mathrm{d}t = 1 - a \qquad (2.6)$$

此时，$1-a$ 为置信水平，且计算得到的计算值与真实值之间的误差即为蒙特卡罗的误差 $\varepsilon \propto 1/\sqrt{N}$。

因此，基于收敛性及可靠性分析，可以认为对于三维辐射传输方程的求解，蒙特卡罗方法不受维度的影响，只要样本数 N 足够大，蒙特卡罗方法带来的随机误差就可以无限小，即认为对需要求解的问题模拟足够准确。

2.2.2 逆向蒙特卡罗方法

综上所述，蒙特卡罗方法是一种有效的数值模拟方法，可用于模拟辐射传输过程，而无须求解复杂的三维辐射传输方程，从而避免引入近似误差。这种方法可以模拟光子在大气和海面中的运行，包括大气分子 Rayleigh 散射、气溶胶 Mie 散射、交叉散射、平静/粗糙海面的镜面反射和海面白沫漫反射等，还可以考虑地球曲率因素，建立更贴近实际光子传输过程的三维辐射传输模型。

蒙特卡罗方法模拟光子在大气中的辐射传输过程，就是模拟光子由太阳发射，经过海洋–大气系统散射、反射，最终被探测器接收的过程。因此探测器接收到的辐射包含两个主要部分：①在大气中经过多次散射最终到达传感器的观测几何方向的光子；②海面反射到传感器的观测几何方向的光子。

通常，蒙特卡罗方法模拟光子的辐射传输过程，是模拟光子从太阳发出，并被传感器接收的过程，被称为正向蒙特卡罗方法。其缺点在于只有一部分光子会达到大气顶，并且向大气运行，没达到大气顶的光子全都是无效光子；同时，在大气中传播的光子只有当它们沿着与探测器的观测方向一致的路径传播并最终到达探测器位置时，才能被探测器接收。由于探测器接收光子时既考虑观测方向又需要光子的实时位置信息，这会导致大量光子无法被探测器接收，从而造成计算资源的浪费。

因此，考虑到光子传输过程的互易性，本章假设光子从探测器出发，最终沿着太阳接收方向运行到大气顶，将这种运行过程的模拟方法称为逆向蒙特卡罗方法。本章采用逆向蒙特卡罗方法，假设光子是从探测器位置发射的，这可以确保所有光子都能够到达大气顶并向大气中传播。然后，逆向蒙特卡罗方法将模拟光子在大气中的散射以及海面的反射过程。最后，只需判断光子的传播方向是否与太阳光线方向一致，即可确定光子是否被太阳接收。这一判断不依赖于太阳的具体位置，因为太阳到地球表面的距离远大于地球半径，所以太阳光可以被视为平行光，并且覆盖地球的半个球面。因此，逆向蒙特卡罗方法在提高计算效率的同时不引入新的误差。

2.3 模型构建及验证

2.3.1 模型构建

基于逆向蒙特卡罗方法建立三维球体几何结构，根据地球半径和大气层高度，明确真空–大气的大气顶层，以及大气–海面的球面大气底层。在垂直方向上，大气层按照美国标准大气模型，根据大气压力的不同将大气的衰减系数进行分层；在水平方向上，同时包含大气分子和气溶胶两种不同大气成分，并且针对球面假设，同一水平面也会存在衰减系数不同的情况。因此，在建立三维球面辐射传输模型前，考虑到模型的三维球面结构，首先需要明确全局坐标系和局地坐标系的定义。全局坐标系的原点为地球地心，z 轴为地球地心与地球表面观测点的连线，方向为从地心发出，x 轴的方向为从太阳发出到地球地心的方向在 xoy 平面的投影，y 轴则可以用右手定则确定。局地坐标系的原点为地球表面观测点，坐标轴方向与全局坐标系一致，具体如图 2.1 所示。

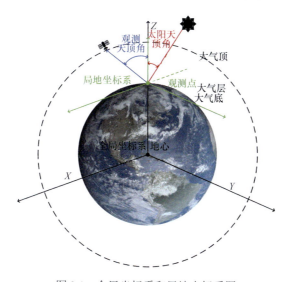

图 2.1 全局坐标系和局地坐标系图

定义坐标系后，本章利用蒙特卡罗方法模拟光子在海洋–大气系统中的传输过程，并最终计算得到大气顶辐亮度，该过程的具体步骤如下。

1）明确坐标系

本章假设探测器在大气顶，距离地球地心 6471 km，地球半径 $h_e = 6371$ km，大气层高度 h_d=100 km。在局地坐标系中，探测器观测方向 r 为从地表观测点发出到探测器的方向，假设观测方向与 z 轴的夹角 θ 为观测天顶角，观测方位向 φ 为观测方向在 xoy 平面的投影与 x 轴的夹角，则探测器的探测方向为 r=（a，b，c）：

$$a = \sin\theta\cos\varphi$$

$$b = \sin\theta\sin\varphi \tag{2.7}$$

$$c = \cos\theta$$

如图 2.2 所示，探测器的位置坐标为（x_s，y_s，z_s），探测器到观测点的距离为 d，可通过式（2.8）计算：

$$d = h_e\cos(\pi-\theta)+\sqrt{\left(h_e+h_d\right)^2-h_e^2\sin^2\theta} \tag{2.8}$$

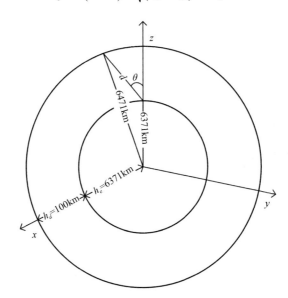

图 2.2　探测器到观测点距离示意图

则局地坐标系中的位置坐标表示为

$$x_s = d\cdot a$$

$$y_s = d\cdot b \tag{2.9}$$

$$z_s = h_e + d\cdot c$$

同时，太阳的接收方向 r_0 =（a_0，b_0，c_0）假设从观测点出发到太阳，太阳天顶角为接收方向与 z 轴的夹角 θ_0，太阳的方位角为 0°与 x 轴方向一致，因此可将观测方位向 φ 等价为相对方位向，且存在如下关系：

$$a_0 = \sin\theta_0$$

$$b_0 = 0 \tag{2.10}$$

$$c_0 = \cos\theta_0$$

2）光子在大气中传播

在逆向蒙特卡罗方法中，光子的初始位置（x，y，z）与探测器的位置坐标（x_s，y_s，z_s）一致，假设光子运行一段随机距离 l 之后，在大气中发生散射。该距离由光子的碰撞概率函数计算得到：

$$p(l) = \mathrm{e}^{-cl} \tag{2.11}$$

式中，c 为大气层消光系数。

光子传播距离 l 由 0～1 之间均匀分布的随机数 ρ_1 计算得到：

$$\int_0^l p(l')\mathrm{d}l' = \int_0^l c\mathrm{e}^{-cl'}\mathrm{d}l' = 1 - \mathrm{e}^{-cl} = \rho_1 \tag{2.12}$$

$$l = -\frac{\ln\rho_1}{c}$$

此时光子位置为

$$x = x_s + l\cdot a$$

$$y = y_s + l\cdot b \tag{2.13}$$

$$z = z_s + l\cdot c$$

3）判断散射类型

大气由大气分子和气溶胶组成，假设光子所在的大气层中，大气分子光学厚度为 τ_r，气溶胶光学厚度为 τ_a，光子与大气分子碰撞发生 Rayleigh 散射的概率 p_1 和光子与气溶胶碰撞发生 Mie 散射的概率 p_2 分别为

$$p_1 = \frac{\tau_r}{\tau_r + \tau_a}$$

$$\tag{2.14}$$

$$p_2 = \frac{\tau_a}{\tau_r + \tau_a}$$

生成一个 0～1 之间均匀分布的随机数 ρ_2，可以认为 $0 < \rho_2 < p_1$ 则散射类型为 Rayleigh 散射，若 $p_1 < \rho_2 < 1$ 则发生气溶胶散射。

4）光子散射

本章定义光子散射之前为入射光线，对应辐射矢量为 $\boldsymbol{L}'$，散射之后为出射光线，对应辐射矢量为 $\boldsymbol{L}$。此外，对于入射和反射光线，考虑到偏振效应，都采用 Stokes 矢量 $\boldsymbol{L} = (I, Q, U, V)$ 来表示。二者组成的平面为散射面，二者之间的夹角为散射角 Θ。如图 2.3 所示，入射子午面为入射光线和 z 轴组成的平面，出射子午面为出射光线与 z 轴组成的平面，两个子午面和散射面之间的夹角分别为 i_1 和 i_2，θ 与 θ' 分别为入射光线

和出射光线的天顶角，ϕ 为二者的相对方位向。

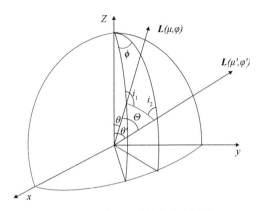

图 2.3 子午面和散射面示意图

在计算出射光线辐射矢量时，需要进行两次参考面旋转，则入射辐射矢量和出射辐射矢量关系如下：

$$L = C(\pi - i_2)M(\Theta)C(-i_1)L' \tag{2.15}$$

其中，$C(i)$ 为旋转矩阵，计算公式为

$$C(i) = \begin{bmatrix} 1 & 0 & 0 & 0 \\ 0 & \cos 2i & \sin 2i & 0 \\ 0 & -\sin 2i & \cos 2i & 0 \\ 0 & 0 & 0 & 1 \end{bmatrix} \tag{2.16}$$

根据球面三角定理，存在：

$$\begin{cases} \cos\theta = \cos\theta' \cdot \cos\theta + \sin\theta' \cdot \sin\theta \cdot \cos\phi \\ \sin i_1 = \sin\theta \cdot \sin\varphi / \sin\theta \\ \sin i_2 = \sin\theta' \cdot \sin\varphi / \sin\Theta \\ \cos i_1 = (\sin\theta' \cdot \cos\theta - \sin\theta \cdot \cos\theta' \cdot \cos\varphi)/\sin\Theta \\ \cos i_2 = (\sin\theta \cdot \cos\theta' - \sin\theta' \cdot \cos\theta \cdot \cos\varphi)/\sin\Theta \end{cases} \tag{2.17}$$

$M(\Theta)$ 为 Mueller 矩阵，针对不同介质的散射特性，表示为不同的散射相矩阵。

5）光子散射后的运行方向确定

光子在大气中发生散射之后，运行方向散射角 Θ' 和方位向 φ' 由相应的散射相函数决定，通常采用拒绝方法来确定散射角度。令入射光的 Stokes 矢量 $L=(I', Q', U', V')$，则散射相函数为

$$P(\Theta, \Phi) = a_1(\Theta)I' + b_1(\Theta)[Q'\cos 2\Phi + U'\sin 2\Phi] \tag{2.18}$$

将其进行归一化得到：

$$P(\Theta) = \frac{\int_0^\Theta P(\theta)\mathrm{d}\theta}{\int_0^{2\pi} P(\theta)\mathrm{d}\theta} \tag{2.19}$$

假设 Θ 在 $0\sim\pi$ 之间均匀随机取值，同时令 P 为 $0\sim1$ 之间的随机变量，则若 $P\leqslant P$

（Θ），则认为 Θ 是新的散射角 Θ，若不满足则重新生成 P 和 Θ，直到满足条件为止。

对于 Rayleigh 散射，大气分子属于各向同性介质，可令 R_φ 为 0～1 之间均匀分布的随机值，则散射角 Θ 和方位向 Φ 公式化简为

$$\begin{cases} \Theta = \cos^{-1}(1 - 2\cos\Theta) \\ \Phi = 2\pi R_\varphi \end{cases} \tag{2.20}$$

对于 Mie 散射来说，气溶胶粒子属于各向异性介质，无须采用拒绝法，直接令 P 在 0～1 之间随机取值，使得 $P_1(\cos\Theta) = P$ 的 Θ 即认为是新的散射角 Θ，Φ 同样为 0～2π 之间均匀随机取值。

光子散射之前的入射辐射为 $L(\theta', \varphi')$，其运行方向为（a，b，c），具体计算公式见式（2.1），发生散射之后新的辐射 $L(\theta', \varphi')$ 的方向矢量（a'，b'，c'）为

$$a' = \sin\Theta(ac\cos\Phi + a\sin\Phi)/\sqrt{1-c^2} + a\cos\Theta \tag{2.21}$$

$$b' = \sin\Theta(bc\cos\Phi - b\sin\Phi)/\sqrt{1-c^2} + b\cos\Theta$$

$$c' = -\sin\Theta\cos\Phi\sqrt{1-c^2} + c\cos\Theta$$

如果光子的运行方向与 z 轴非常接近，那么新的运行方向可以直接改写为

$$a' = \sin\Theta\cos\Phi \tag{2.22}$$

$$b' = \sin\Theta\sin\Phi$$

$$c' = \text{SIGN}(c)\cos\Theta$$

其中

$$\text{SIGN}(c) = \begin{cases} +1, c > 0 \\ -1, c < 0 \end{cases} \tag{2.23}$$

6）光子在海面的反射过程

虽然光子在海面会同时产生透射和反射作用，但本章只研究光子在海面发生反射的过程，忽略水下折射透射的过程。

对于粗糙海面，首先要对反射矩阵 F_r 进行参考面旋转［式（2.10）］。式（2.10）中的两个旋转角计算方式如下：假设海面法线向量为 $n(\theta_n, \varphi_n) = (\sin\theta_n\cos\varphi_n, \sin\theta_n\sin\varphi_n, \cos\theta_n)$，入射光线为 $i(\theta_i, \varphi_i) = (\sin\theta_i\cos\varphi_i, \sin\theta_i\sin\varphi_i, \cos\theta_i)$，且同样认为镜面反射后的反射光线 r 满足 $r(\theta_i, \varphi_i) = (\sin\theta_i\cos\varphi_i, \sin\theta_i\sin\varphi_i, \cos\theta_i)$，如图 2.4 所示，图（a）表示入射光线和反射光线在海浪倾斜小波面的示意图，图（b）则进一步展示了入射光线和反射光线的子午面及参考面旋转示意图。

入射、反射光线则存在如下关系：

$$r - i = (2\cos\omega)n$$

$$n \cdot r = -n \cdot i = \cos\omega \tag{2.24}$$

$$\cos 2\omega = -r \cdot i$$

因此根据球面三角形定理可得旋转矩阵中的角度 i_1 和 i_2 为

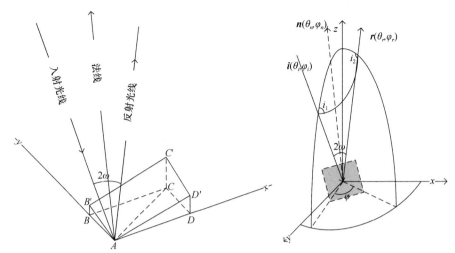

(a)入射光线和反射光线在海浪倾斜小波面的示意图　　(b)入射光线和反射光线的子午面及参考面旋转示意图

图 2.4　粗糙海面小波面反射示意图

$$\sin i_1 = \sin \theta_r \sin \varphi / \sin 2\omega$$

$$\sin i_2 = \sin \theta_i \sin \varphi / \sin 2\omega$$

（2.25）

对于海面被白沫覆盖的情况，发生 Lambertian 反射，则泡沫反射率 A 的计算最为关键，根据 Dierssen 的研究[85]，对于可见光和短波红外波段，白沫反射率可以采用下式计算得到：

$$A = 0.47x^3 - 1.62x^2 - 8.66x + 31.81$$

$$x = \ln a_w$$

（2.26）

其中，a_w 为纯水的吸收系数，数值可以参考 Pope 和 Fry 论文中的表三[86]，他们针对不同可见光波段的波长，给出了具体的 a_w 数值。

7）光子生存判决

光子在大气中传播时会发生散射和吸收，导致其能量逐渐减小。为了模拟光子的传播，需要设定一个能量阈值，判断光子的能量是否大于该阈值。如果光子的能量大于阈值，那么它被视为仍然具有足够的能量，可以继续传播并发生下一次散射。如果光子的能量小于阈值，那么它被视为已经失去了足够的能量，不再参与后续的散射过程，被认为已经消散。另一方面，当光子在大气中传播时，如果其运行位置超出了大气顶，即离开了大气层，那么这个光子也被认为已经消散。在真空中，光子不会发生散射，并且无法再次进入大气，因此它不能再为大气顶的辐射贡献能量。

8）大气顶辐亮度计算

逆向蒙特卡罗方法假设光子从探测器发出到大气顶向下运行，一部分光子会在大气中进行散射，每次散射后一部分光子会运行向太阳方向，即被太阳接收，可以视为对最终大气顶辐亮度贡献能量 I_1；另一部分光子会先在大气中运行发生散射之后，会有一定概率满足散射后的方向可以运行到海面，并且反射后与太阳方向一致，这部分光子同样

会产生贡献 I_2；还有一些光子会运行到海面，发生镜面反射，反射后的光子继续在大气中进行散射直到运行方向与太阳方向一致或者直接沿着太阳方向运行到大气顶，被太阳接收，这部分光子同样对大气顶辐亮度产生贡献 I_3。需要把所有能被太阳接收的光子能量进行叠加，最终计算得到大气顶辐亮度，如图 2.5 所示。

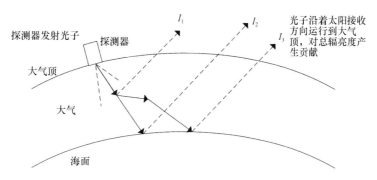

图 2.5　逆向蒙特卡罗方法辐射传输过程示意图

用公式表示大气顶接收的总辐亮度 I 为

$$I = \frac{L_0 \sum (\Delta I)}{N} \tag{2.27}$$

式中，L_0 为探测器发射的辐亮度；$\sum (\Delta I)$ 为各个光子贡献的能量；N 为探测器发出的总光子数。

ΔI 需要考虑光子权重 w 和单次散射反照率 ω_0，表示为

$$\Delta I = w \cdot \omega_0 \cdot (I_1 + I_2 + I_3) \tag{2.28}$$

根据 Adams 和 Kattawer 的结论，I_1、I_2 即为上述出射矢量矩阵 $\boldsymbol{L}$ 的第一个值 $\boldsymbol{L}_{11}$，并且需要考虑海面反射率 r 和光子在大气中运行距离 d 造成的衰减，I_3 则等于 I_1 与 I_2 的和，I_1、I_2 的计算公式为

$$I_1 = \boldsymbol{L}_{11} \mathrm{e}^{-c \cdot d_1}$$
$$I_2 = r \cdot \boldsymbol{L}_{11} \mathrm{e}^{-c \cdot d_2} \tag{2.29}$$

式中，c 为大气的衰减系数；d_1 与 d_2 为每次光子在大气中散射之后运行到大气顶的距离。

综上所述，蒙特卡罗方法模拟光子在大气及海面的辐射传输过程，流程图如图 2.6 所示。

2.3.2　与 Korkin 模型的比较结果

2020 年，Korkin 等[87]在 Adams 和 Kattawar 的基础上构建了更高精度地考虑地球曲率的辐射传输模型，并且将球面数据扩展到不同的相对方位向（45°、90° 和 135°）。Korkin 等再次强调在大太阳天顶角和大观测天顶角探测条件下，地球曲率的影响非常显著。因此，将本章与 Korkin 等给出的球面数据进行了对比，结果如图 2.7 所示。由于 Korkin 等提供了更精准的数据，结果发现本章构建的三维球面辐射传输模型（spherical radiative transfer model based on Monte Carlo method，MC-SRTM）和 Korkin 模型的相对偏差大多数小于 0.2%。在光学厚度为 0.25 时，最大相对偏差为 0.68%，平均相对偏差为 0.77%，光学厚度 1.0 时二者的相对偏差最大值和平均值分别为 1.07% 和 0.46%。

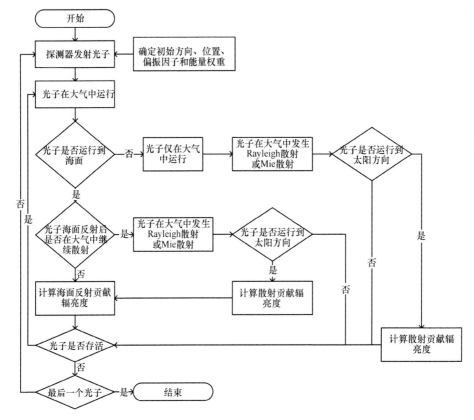

图 2.6　蒙特卡罗方法模拟光子的辐射传输过程流程图

考虑到偏振效应，Korkin 等[81]进一步给出了矢量结果。本节将 MC-SRTM 模型与 Korkin 的矢量模型进行了比较，如图 2.8 和图 2.9 所示。与 Korkin 等[87]的设置相同，总光学厚度仍然设置为 0.25 和 1.0，但是太阳天顶角改为 25.84° 和 84.26°，观测天顶角为 0°～85°，相对方位向分别为 0°、90° 和 180°。大气在垂直方向上是均匀的，下垫面依然设置为全吸收状态。如图 2.8 和图 2.9 所示，对于所有的参数条件，两个模型的最大相对偏差为 0.52%。

通过与 Korkin 模型进行对比，发现在太阳天顶角大于 70° 以及观测天顶角大于 60° 的条件下，不考虑蒙特卡罗方法带来的随机误差，本章构建的 MC-SRTM 模型与 Korkin 的标量和矢量模型的相对偏差整体都较小，可以证明本章的 MC-SRTM 模型适用于大太阳天顶角（>70°）和大观测天顶角（>60°）的探测条件。

2.3.3　与 PCOART-SA 模型的比较结果

何贤强等[49]基于矩阵算法，采用伪球面近似假设，引入地球曲率因素，建立海洋-

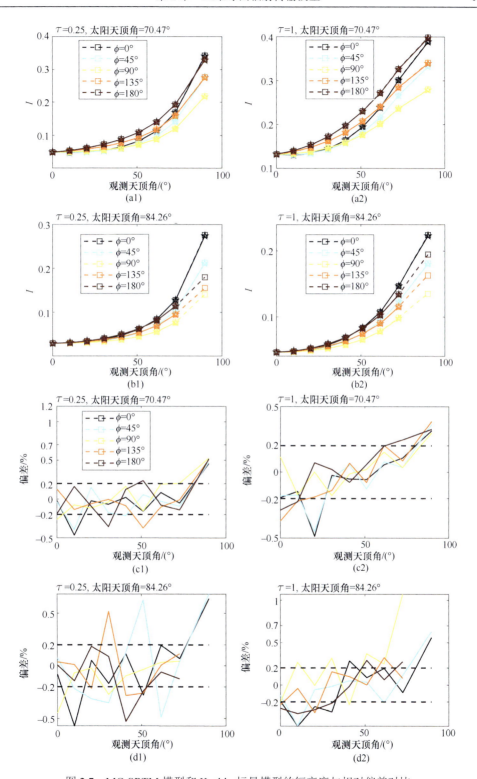

图 2.7 MC-SRTM 模型和 Korkin 标量模型的辐亮度与相对偏差对比

（a）、（b）对应太阳天顶角分别为 70.47°和 84.26°的辐亮度数据；（c）、（d）对应太阳天顶角分别为 70.47°和 84.26°的相对偏差结果；（1）、（2）对应光学厚度分别为 0.25 和 1.0

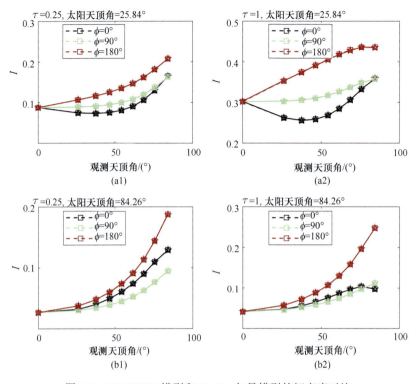

图 2.8 MC-SRTM 模型和 Korkin 矢量模型的辐亮度对比

（a）、（b）对应太阳天顶角分别为 25.84° 和 84.26°；（1）、（2）对应的光学厚度分别为 0.25 和 1.0

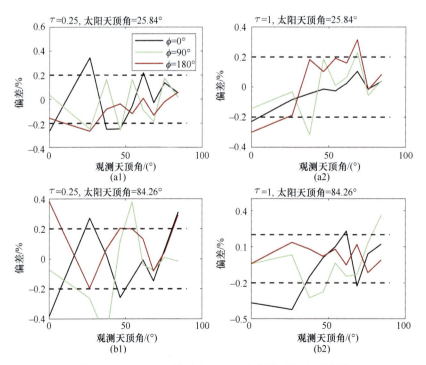

图 2.9 MC-SRTM 模型和 Korkin 矢量模型的相对偏差

（a）、（b）对应太阳天顶角分别为 25.84° 和 84.26°；（1）、（2）对应的光学厚度分别为 0.25 和 1.0

大气耦合矢量辐射传输模型（polarized coupled ocean-atmospheric radiative transfer numerical model with pseudo-spherical approximation，PCOART-SA）。该模型综合考虑了地球曲率、偏振、Rayleigh 散射、Mie 散射以及海面及水下透射等多种因素，适用于大太阳天顶角（>70°）的探测条件。因此本节采用 MC-SRTM 模型和 PCOART-SA 模型分别在纯大气分子和纯气溶胶两种大气条件下计算大气顶辐亮度，对于纯大气分子 Rayleigh 散射，这里主要分析 MC-SRTM 在大太阳天顶角条件下的适用性，因此在选取四个大太阳天顶角（64°、72°、80°和84°）进行对比。而对于纯气溶胶 Mie 散射，本节则选取四个太阳天顶角（20°、50°、70°和80°）涵盖中-低太阳天顶角和大太阳天顶角的情况进行对比验证。

2.3.3.1　Rayleigh 散射的比较结果

本节设置太阳天顶角分别为 64°、72°、80°和84°，观测天顶角范围为 0°～84.41°，间隔约为 1.8°，相对方位向为 0°～180°均匀分布，间隔为 10°。计算对应角度的 Rayleigh 散射辐亮度，并与 PCOART-SA 模型进行对比，这一比较旨在验证 MC-SRTM 模型在大太阳天顶角下的准确性。图 2.10 展示了 PCOART-SA 模型和 MC-SRTM 模型在 412 nm

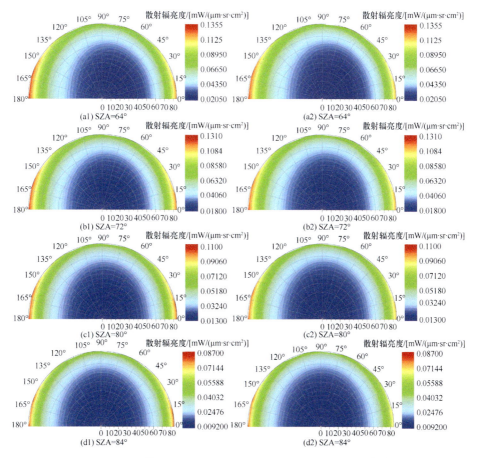

图 2.10　MC-SRTM 模型和 PCOART-SA 模型的 Rayleigh 散射辐亮度对比结果

（1）、（2）分别对应 PCOART-SA 模型计算得到的 Rayleigh 散射辐亮度和 MC-SRTM 模型的 Rayleigh 散射辐亮度；半圆图的半径为观测天顶角，圆周方向为相对方位向

波段计算的 Rayleigh 散射辐亮度，从中可以看出，两个模型的结果很接近，表明
MC-SRTM 模型在这些几何条件下能够准确地模拟 Rayleigh 散射辐射。图 2.11 为两个模
型的相对偏差（%）结果。结果表明，当太阳天顶角大于 70°且观测天顶角小于 60°时，
相对偏差大多在 2%以内，最大相对偏差为 3.15%，平均相对偏差为 0.53%。因此，可以
认为在相对较小的观测天顶角（<60°）和较大的太阳天顶角（>70°）探测条件下，本章
的 MC-SRTM 模型表现出较高的准确性。然而，对于大观测天顶角（>60°），相对偏差
可以达到 14.45%。因为 PCOART-SA 模型是基于伪球面近似假设建立的，该假设在多次
散射计算时仍然是以平行平面分层大气为基础计算的，这种近似在大观测天顶角条件下
会引入一定的误差。

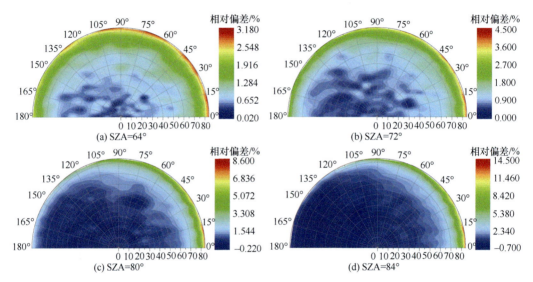

图 2.11　MC-SRTM 模型和 PCOART-SA 模型计算的 Rayleigh 散射辐亮度的相对偏差对比结果

半圆图的半径为观测天顶角；圆周方向为相对方位向

2.3.3.2　Mie 散射的比较结果

1997 年，Husar[88]在研究中讨论了在海洋上空观察到的不同类型的气溶胶及其来源，
研究发现，在海洋影响占主要地位的开阔大洋中，大气中的气溶胶主要由海盐和由海冰
破裂产生的水组成的，其光学特性通常是非吸收性的。除了这些自然产生的气溶胶以外，
还有人为来源的气溶胶。例如，工业生产的硫酸盐穿越北大西洋和北太平洋被运输到开
阔大洋上方，西非和美洲也会因为物质燃烧而产生烟雾类气溶胶。硫酸盐气溶胶是非吸
收性的，但是烟雾类气溶胶是强吸收性的，因此，气溶胶类型是非常多样的。由于不同
的气溶胶类型具有明显不同的微物理和光学特性，包括粒子光谱分布、散射相函数、偏
振散射相函数和单次散射反照率等，Shettle 和 Fenn[89]根据气溶胶不同光学特性将其大
致分为两大类：大陆性气溶胶和海洋性气溶胶，并将大陆性气溶胶进一步细分为农村起
源和城市起源，海洋性气溶胶分为海洋起源和陆地起源。

在 Shettle 和 Fenn[89]的基础上，Gordon 和 Wang[36]建立了对流层和海洋性气溶胶的
对数正态分布，提出了 12 个气溶胶模型，并将这些气溶胶模型用于 OrbView-2/SeaWIFS

和 Aqua/MODIS 卫星的大气校正中。2010 年，Ahmad 等[56]根据沿海和岛屿地区的 AERONET 站点观测数据，考虑不同的粒径分布和单次散射反照率，开发了 80 个气溶胶模型。后来基于 Shettle 和 Fenn[89]的基本气溶胶模型，He 等[90]为 HY-1B/COCTS 的大气校正建立了 20 种不同混合比和相对湿度的气溶胶模型，包括远洋性气溶胶（O）、沿海气溶胶（C）、海洋性气溶胶（M）、城市性气溶胶（U）和对流层背景气溶胶（T）五种类型。在 Ahmad 等的后续研究中，将建立的 80 个气溶胶模型用于区域和全球应用，适用于 SeaWiFS 和 MODIS[56]。在本研究中，采用两种典型的气溶胶模型（以沿海和对流层背景气溶胶模型为代表），并且仅选取两个可见光和近红外波段（412 nm 和 865 nm），具体气溶胶类型及参数如表 2.1 所示。

表 2.1 本章采用的气溶胶模型及相关参数

气溶胶模型简称	气溶胶类型	相对湿度/%	波长/nm	单次散射反照率
C50-412	沿海气溶胶	50	412	0.969627439
C50-865	沿海气溶胶	50	865	0.954805450
T90-412	对流层背景气溶胶	90	412	0.984064355
T90-865	对流层背景气溶胶	90	865	0.969728001

根据 Wu 等[91]和 Song 等[92]的研究，气溶胶光学厚度的类高斯垂直分布计算公式为

$$\tau = \tau_m e^{-\frac{(z_i - h_m)^2}{2\sigma^2}} \tag{2.30}$$

式中，τ 为每层的光学厚度；z_i 为该层大气的高度；σ 为标准偏差；τ_m 和 h_m 分别为每层的平均光学厚度和高度。

本节只需要验证 MC-SRTM 模型的气溶胶 Mie 散射模拟精度。因此，本节设置大气完全由气溶胶组成，总光学厚度为 0.5，总大气层高度为 100 km，大气同样分为 32 层，由于本章的气溶胶模拟结果并没有在中-低天顶角探测下进行过其他对比，因此将太阳天顶角设置为 20°、50°、70° 和 80°，观测天顶角范围从 0° 到 83.93°，间隔约为 4°，相对方位向范围从 0° 到 180°，间隔为 15°，且假定海洋表面为平静海面，忽略水下贡献，设置海水折射率为 1.34。如图 2.12 所示，PCOART-SA 模型和 MC-SRTM 模型分别计算得到的 Mie 散射辐亮度（采用了 C50-412 气溶胶模型）。

图 2.13 为四个太阳天顶角（20°、50°、70° 和 80°）下二者的相对偏差（%）。当太阳天顶角接近观测天顶角时存在强烈的太阳耀斑现象，因此没有计算观测天顶角在太阳天顶角±5°范围内的相对偏差。举例来说，受太阳耀斑的影响，在太阳天顶角为 20° 时，观测天顶角在 15°～25° 范围内时，大气顶辐亮度会骤然增加，超出合理范围，因此本节不计算对应角度下两个模型的相对偏差。如图 2.13 所示，对于 20°、50°、70° 和 80° 四个太阳天顶角，PCOART-SA 和 MC-SRTM 模型之间的相对偏差通常低于 1.5%。当太阳天顶角大于 70° 且观测天顶角小于 60°，两个模型的最大和平均相对偏差分别为 2.16% 和 0.60%。对于大太阳天顶角（>70°）和大观测天顶角（>60°），最大和平均相对偏差分别为 2.83% 和 1.32%。这些结果表明，对于中-低观测天顶角（<60°）和大太阳天顶角（>70°），MC-SRTM 模型计算得到的 Mie 散射大气顶上行辐亮度与 PCOART-SA 模型结果

有较好的一致性。

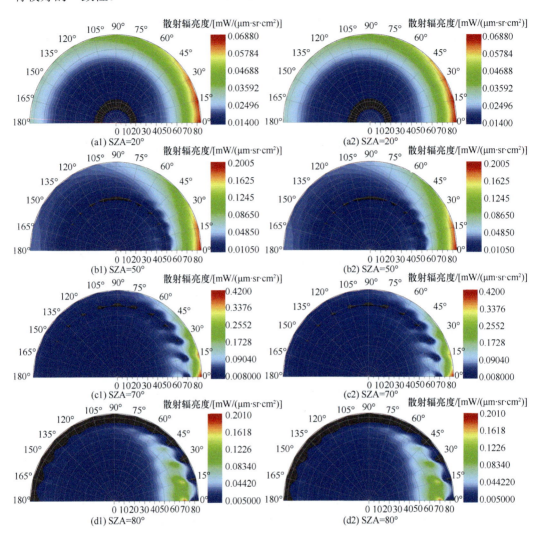

图 2.12 针对 C50-412 气溶胶类型的 MC-SRTM 模型和 PCOART-SA 模型的 Mie 散射辐亮度对比结果

（1）、（2）分别对应 PCOART-SA 模型计算得到的 Mie 散射辐亮度和 MC-SRTM 模型的 Mie 散射辐亮度；半圆图的半径为观测天顶角；圆周方向为相对方位向

图 2.14 和图 2.15 分别展示了 C50-865、T90-412 和 T90-865 三个气溶胶模型下，MC-SRTM 和 PCOART-SA 模型之间的相对偏差。从这些图中可以看出，MC-SRTM 模型和 PCOART-SA 模型的相对偏差在不同气溶胶模型下表现一致。对于太阳天顶角大于 70°且观测天顶角小于 60°的探测条件，在所有气溶胶模型下，两者的相对偏差大多都小于 1.5%。在相同条件下，C50-865、T90-412 和 T90-865 气溶胶模型对应的最大偏差分别为 2.57%、1.81%和 2.67%，平均相对偏差分别为 0.57%、0.58%和 0.81%。然而，对于大太阳天顶角（>70°）和大观测天顶角（>60°）的情况，这两个模型之间的相对偏差分别达到 3.89%、3.14%和 3.75%。所有太阳天顶角和观测天顶角的三个气溶胶模型的相对偏差平均值分别为 0.75%、0.75%和 0.81%。总的来说，不论采用哪个气溶胶模型，

MC-SRTM 模型对纯气溶胶大气条件都能进行精确的模拟，与 PCOART-SA 模型的相对偏差平均值均小于 1%。

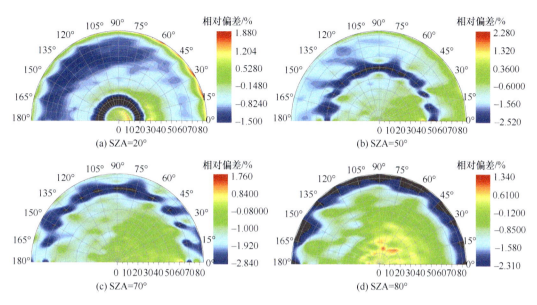

图 2.13　针对 C50-412 气溶胶模型的 MC-SRTM 模型和 PCOART-SA 模型计算的 Mie 散射辐亮度的相对偏差

半圆图的半径为观测天顶角；圆周方向为相对方位向

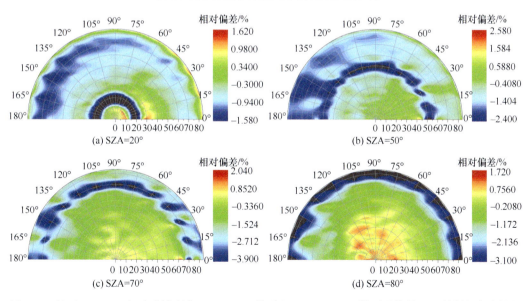

图 2.14　针对 C50-865 气溶胶模型的 MC-SRTM 模型和 PCOART-SA 模型计算的 Mie 散射辐亮度的相对偏差

半圆图的半径为观测天顶角；圆周方向为相对方位向

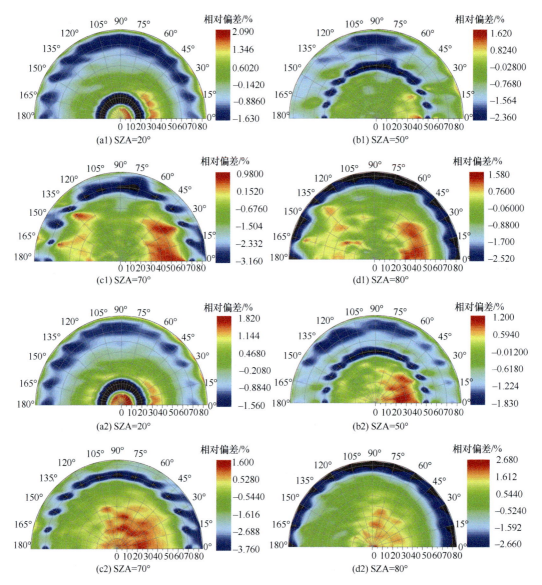

图 2.15　针对 T90 气溶胶类型的 MC-SRTM 模型和 PCOART-SA 模型计算的 Mie 散射辐亮度的相对偏差

（1）、（2）对应气溶胶模型分别为 T90-412 和 T90-865；半圆图的半径为观测天顶角；圆周方向为相对方位向

2.4　大太阳天顶角条件下地球曲率影响及其校正

本节基于 MC-SRTM 模型，针对中-低观测天顶角（<60°）条件，设置纯大气分子大气（仅发生 Rayleigh 散射），分析地球曲率在大太阳天顶角（>70°）条件下对 Rayleigh 散射的影响。在纯气溶胶（仅发生 Mie 散射）和混合大气（Rayleigh 散射和 Mie 散射同时存在）条件下，分析地球曲率在大太阳天顶角下对 Mie 散射的影响。本章定义地球曲率对 Mie 散射的影响等于混合大气地球曲率影响百分比减去纯大气分子的影响，即地球曲率对 Mie 散射的影响等于纯气溶胶 Mie 散射影响与 Rayleigh 散射-Mie 散射交叉散射

的影响总和。最后基于本章的三维球面辐射传输模型建立应用于水色卫星大气校正的查找表。由于气溶胶种类繁多，蒙特卡罗方法运行速度受限，本章并没有建立气溶胶散射查找表，只建立了针对 Aqua/MODIS 的球面 Rayleigh 散射查找表，并在大太阳天顶角探测条件下进行大气校正，分析地球曲率对大气校正的影响。

2.4.1　大太阳天顶角条件下地球曲率对 Rayleigh 散射的影响

基于 MC-SRTM 模型，首先分析了大太阳天顶角（>70°）条件下地球曲率对纯大气分子 Rayleigh 散射的影响。本节设置四个太阳天顶角，包括两个中-低太阳天顶角（20°和50°）和两个大太阳天顶角（72°和80°），观测天顶角设置为 0～60.55°，间隔约为 4°，相对方位向为 0°～180°，间隔为 15°，以便于计算大太阳天顶角下地球曲率的影响百分比并分析地球曲率影响随太阳天顶角的变化趋势。并且本节分别采用了 412 nm 和 865 nm 两个波段，计算了平行平面分层和平行球面分层两种几何条件下的大气顶上行辐亮度。

图 2.16 为 412 nm 波段条件下 MC-SRTM 模型在平行平面分层和平行球面分层两种

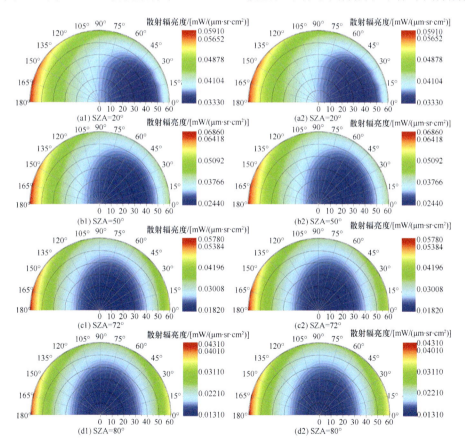

图 2.16　中-低观测天顶角条件下，MC-SRTM 模型在平面和球面条件下 Rayleigh 散射辐亮度的对比结果（412 nm）

（1）、（2）分别代表平行平面分层假设条件和平行球面分层假设条件；半圆图的半径为观测天顶角，范围为 0°～60.55°；圆周方向为相对方位向

假设条件下的计算结果。结果表明，对于 412 nm 可见光波段，平行平面分层和平行球面分层的 Rayleigh 散射辐亮度随着太阳天顶角和观测天顶角的增大而增大，但是当太阳天顶角增大到 72°之后，Rayleigh 散射辐亮度出现了明显的降低趋势。图 2.17 展示了 865 nm 波段的计算结果，但总光学厚度（0.0154）远小于 412 nm 波段（0.3099），因此整体上 Rayleigh 散射辐亮度小于 412 nm 的结果。此外，在大太阳天顶角（80°）条件下，辐亮度并未出现明显的减小趋势。

同时，本节计算了在四个太阳天顶角条件下两种几何假设（平行平面分层和平行球面分层）的相对误差，结果如图 2.18 和图 2.19 所示。对于 412 nm，在中-低太阳天顶角（20°和 50°）条件下，相对误差相对较小，低于 1.28%，平均相对误差为 0.46%。然而在大太阳天顶角（72°和 80°）条件下，在中-低观测天顶角限制下，受地球曲率的影响，两种几何条件之间的相对误差可达 2.77%。对于 865 nm，在中-低太阳天顶角（20°和 50°）

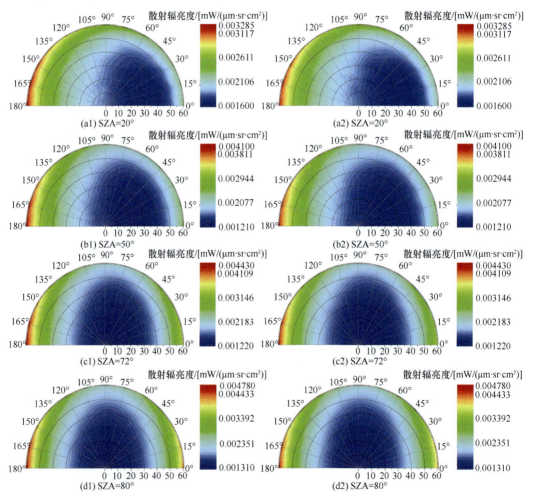

图 2.17　中–低观测天顶角条件下，MC-SRTM 模型在平面和球面条件下 Rayleigh 散射辐亮度的对比结果（865 nm）

（1）、（2）分别代表平行平面分层假设条件和平行球面分层假设条件；半圆图的半径为观测天顶角，范围为 0°～60.55°；圆周方向为相对方位向

条件下，整体的相对误差都大于 412 nm 波段，最大相对误差达到 4.23%。在大太阳天顶角（72°和 80°）条件下，受地球曲率的影响，两种几何条件下的相对误差更加显著，最大达到 4.86%。综合这些结果，可以得出结论，对于大太阳天顶角（>70°）条件，在观测天顶角小于 60°时，仍然有必要考虑地球曲率的影响。

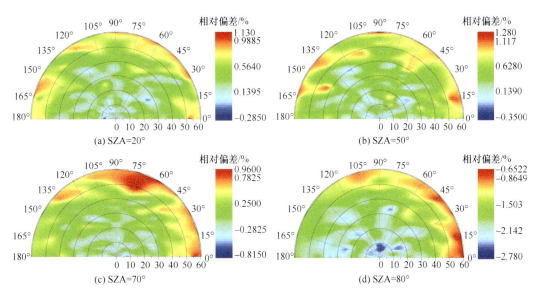

图 2.18　中–低观测天顶角条件下，MC-SRTM 模型在平面和球面条件下 Rayleigh 散射辐亮度的相对误差（412 nm）

半圆图的半径为观测天顶角，范围为 0°～60.55°；圆周方向为相对方位向

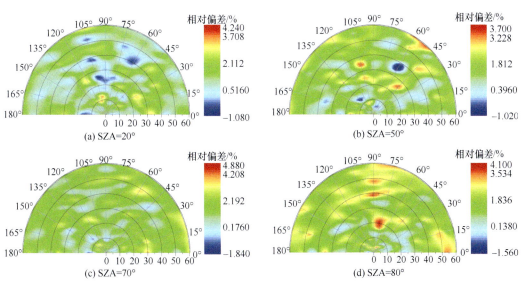

图 2.19　中–低观测天顶角条件下，MC-SRTM 模型在平面和球面条件下 Rayleigh 散射辐亮度的相对误差（865 nm）

半圆图的半径为观测天顶角，范围为 0°～60.55°；圆周方向为相对方位向

表 2.2 列出了两个波段条件下，在四个太阳天顶角（20°、50°、72°和 80°）和三个

观测天顶角（0°、30°和60.55°）设定时，所有相对方位向的最大相对误差。如表2.2所示，即使在观测天顶角相对较小（0°、30°和60.55°）的条件下，当太阳天顶角为80°时，对于412 nm波段，三个观测天顶角对应的地球曲率的影响依然分别达到2.58%、2.25%和1.79%；而在865 nm波段，在中-低观测天顶角条件下，太阳天顶角对地球曲率的影响随着太阳天顶角的增大并没有呈现明显的增大趋势，但是最大相对误差仍然都大于2.71%，高于412 nm波段误差。这表明，在进行大太阳天顶角的水色卫星大气校正时，即使在相对较小的观测天顶角条件下，也有必要考虑和校正地球曲率的影响。

表2.2 当太阳天顶角为20°、50°、72°和80°时，针对纯大气分子大气，平行平面分层和平行球面分层假设下的相对误差最大值

观测天顶角/(°)	太阳天顶角/(°)	相对误差/%	
		412 nm	865 nm
0	20	<0.52	<3.23
	50	<1.09	<3.34
	72	<0.48	<4.86
	80	<2.58	<2.71
30	20	<0.59	<2.77
	50	<0.95	<2.96
	72	<0.50	<3.96
	80	<2.25	<3.13
60.55	20	<0.99	<3.35
	50	<1.28	<3.41
	72	<0.95	<3.38
	80	<1.79	<3.44

2.4.2 大太阳天顶角条件下地球曲率对 Mie 散射的影响

基于 MC-SRTM 模型，本节将进一步分析地球曲率对 Mie 散射的影响。混合大气中同时存在 Rayleigh 散射和 Mie 散射过程，并且两种散射也会产生相互作用，地球曲率在大太阳天顶角下对混合大气的影响也尚不清晰。因此本章定义地球曲率对 Mie 散射的影响为混合大气地球曲率影响去除纯大气分子 Rayleigh 散射影响，即地球曲率对纯气溶胶 Mie 散射的影响与混合大气中两种散射相互作用的影响总和。本节使用 MC-SRTM 模型，限制观测天顶角小于 60.55°，计算在大太阳天顶角条件下，纯气溶胶大气和混合大气中地球曲率对大气顶辐亮度的影响，并最终分析地球曲率在大太阳天顶角条件下对 Mie 散射的影响。本节的地球曲率影响研究设置角度参数为四个太阳天顶角（20°、50°、72°和 80°），观测天顶角范围为 0~60.55°，间隔约为 4°，相对方位向范围为 0~180°，间隔为 15°。

2.4.2.1 大太阳天顶角条件下地球曲率对混合大气的影响

由于真实大气是由大气分子和气溶胶粒子等共同组成的，本章已在 2.4.1 节中研究

了针对纯大气分子组成的大气的地球曲率影响,下面本章将引入气溶胶粒子,对大气分子与气溶胶共同组成的混合大气(以下简称混合大气)进行辐射传输模拟,探究地球曲率的影响。

对于混合大气,本章假设大气中存在大气分子和气溶胶两种介质,其中大气分子发生 Rayleigh 散射,气溶胶发生 Mie 散射。Wang 和 Gordon[93]提出,总的大气顶上行辐亮度 I_t 由五部分组成:①太阳光束与大气分子多次碰撞发生 Rayleigh 散射贡献的辐亮度 I_r;②太阳光束与气溶胶多次碰撞发生 Mie 散射贡献的辐亮度 I_a;③光子在混合大气中发生多次相互作用贡献的辐亮 I_{ra};④光子从海面反射贡献的辐亮度 I_s;⑤以及离水辐亮度 I_w,如式(2.31)所示:

$$I_t(\lambda) = I_r(\lambda) + I_a(\lambda) + I_{ra}(\lambda) + t(\mu, \lambda) I_s(\lambda) + t(\mu, \lambda) I_w(\lambda) \qquad (2.31)$$

式中,λ 为波段数;μ 为观测天顶角的余弦值;t 为大气透过率。

基于 MC-SRTM 模型,本章在混合大气条件下,计算得到的大气顶上行辐亮度包括 I_t 的前四个部分(I_r、I_a、I_{ra} 和 I_s);在纯大气分子条件下,大气顶上行辐亮度为 I_r+I_s;在纯气溶胶条件下得到的大气顶辐亮度为 I_a+I_s。通常,将 I_a+I_{ra} 视为 Mie 散射贡献的总辐亮度,也就是混合大气总辐亮度减掉纯大气分子 Rayleigh 散射上行辐亮度(I_t-I_r)。

这里本章定义平行平面分层假设条件下计算的大气顶上行辐亮度为 I_{PP},平行球面分层假设条件下,计算得到的辐亮度为 I_{SS},并且定义地球曲率影响因子 P,计算公式为

$$P = \frac{I_{PP} - I_{SS}}{I_{PP}} \times 100\% \qquad (2.32)$$

因此可以根据式(2.33)计算得到混合大气的地球曲率 P_t、纯大气分子组成的地球曲率 P_r 和纯气溶胶组成的地球曲率 P_a 三种影响因子。

$$P_t = \frac{I_{t,PP} - I_{t,SS}}{I_{PP,t}} \times 100\%$$

$$P_r = \frac{I_{r,PP} - I_{r,SS}}{I_{PP,r}} \times 100\% \qquad (2.33)$$

$$P_a = \frac{I_{a,PP} - I_{a,SS}}{I_{a,PP}} \times 100\%$$

另外,地球曲率对 Mie 散射的影响(P_a+P_{ra})根据下式计算得到:

$$P_a + P_{ra} = P_t - P_r \qquad (2.34)$$

基于上述分析,本节基于 MC-SRTM 模型,分别计算平行平面分层和平行球面分层两种假设条件下混合大气的大气顶上行辐亮度。这里设置波段分别为 412 nm 和 865 nm,气溶胶模型选择 C50 和 T90。如图 2.20 所示,波段为 412 nm,混合大气由 C50 气溶胶模型和大气分子共同组成。

图 2.21 为 865 nm 波段的对比结果。结果表明对于两个波段,在太阳天顶角小于 72°时,混合大气的大气顶辐亮度随着太阳天顶角的增大而增大,当太阳天顶角大于 72°之后,辐亮度开始降低,与 Rayleigh 散射辐亮度的变化趋势一致。

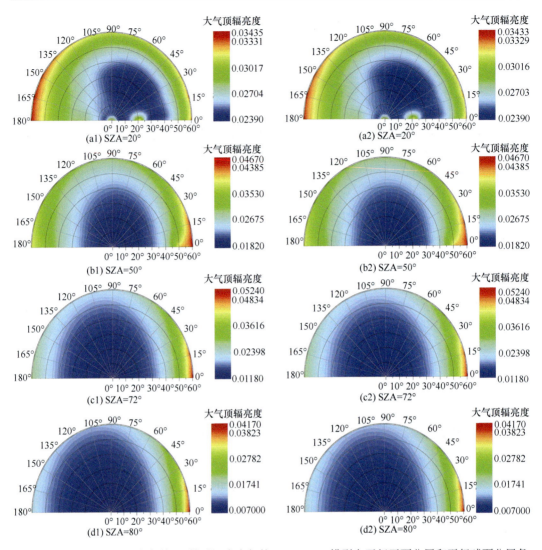

图 2.20 中–低观测天顶角条件下,针对混合大气的 MC-SRTM 模型在平行平面分层和平行球面分层条件下的大气顶辐亮度(C50 气溶胶模型,412 nm)

(1)、(2)分别代表平行平面分层假设条件和平行球面分层假设条件;半圆图的半径为观测天顶角,范围为 0°~60.55°;圆周方向为相对方位向

模拟结果表明,大气顶辐亮度在不同的气溶胶模型下不会表现出明显的差异,因此不再具体展示其他气溶胶类型下的大气顶辐亮度。为了详细分析地球曲率对混合大气的影响,本节基于 MC-SRTM 模型在平行平面分层和平行球面分层两种条件下计算辐亮度以及两种条件的相对误差,视为地球曲率对混合大气的影响。本节主要选取 C50 和 T90 两种气溶胶类型,展示在 412 nm 和 865 nm 波段下 MC-SRTM 模型的平面和球面计算辐亮度的相对误差(%),如图 2.22 所示。结果表明,对于 C50 和 T90 两种气溶胶类型以及 412 nm 和 865 nm 两个波段,当太阳天顶角小于 72°时,地球曲率对混合大气的影响小于 1.69%。

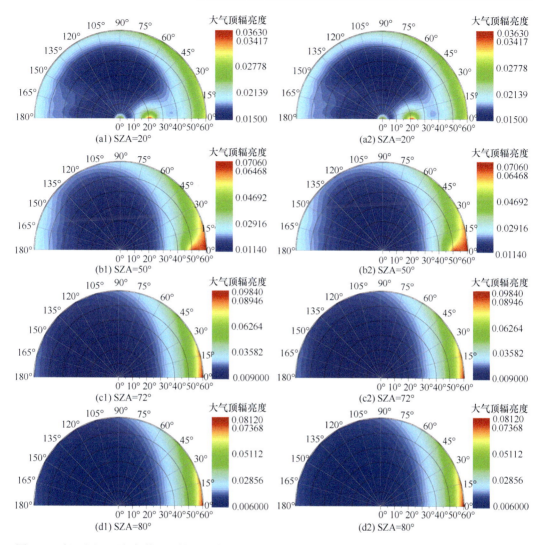

图 2.21　低观测天顶角条件下，针对混合大气的 MC-SRTM 模型在平行平面分层和平行球面分层条件下的大气顶辐亮度（C50 气溶胶模型，865 nm）

（1）、（2）分别代表平行平面分层假设条件和平行球面分层假设条件；半圆图的半径为观测天顶角，范围为 0°～60.55°；圆周方向为相对方位向

图 2.23 则展示了太阳天顶角分别为 72°和 80°的相对误差结果。结果表明，对于太阳天顶角为 72°和 80°的情况，保持观测天顶角范围不变（<60.55°），地球曲率影响的最大值分别为 2.18%和 4.63%。上述结果表明，对于大太阳天顶角的条件，地球曲率对混合大气的辐亮度影响是需要考虑的因素。

同样地，本节列出了对于大气分子和四种气溶胶模型组成的混合大气，在四个太阳天顶角（20°、50°、72°和 80°）和三个观测天顶角（0°、30°和 60.55°）条件下，所有相对方位向的最大相对误差。如表 2.3 所示，尽管观测天顶角相对较小（0°、30°和 60.55°），然而当太阳天顶角为 80°时，四个气溶胶模型的地球曲率影响依然达到 3.61%、4.35%、3.42%和 4.30%，并且地球曲率在 865 nm 的影响略大于 412 nm 波段。总体来说，大太阳天顶角下地球曲率的影响超过了水色卫星大气校正要求的精度范围。

2.4.2.2 大太阳天顶角条件下地球曲率对纯气溶胶大气的影响

本节进一步假设大气仅由气溶胶组成，同样设置 412 nm 和 865 nm 两个波段，并选择 C50 和 T90 两种气溶胶模型，基于 MC-SRTM 模型计算平行平面分层和平行球面分层两种几何条件下的大气顶辐亮度，以进一步分析地球曲率对纯气溶胶大气的影响。

如图 2.24 和图 2.25 所示，对于 C50 气溶胶模型，412 nm 和 865 nm 波段的 MC-SRTM 模型在平行平面分层和平行球面分层条件下的计算值较为接近，尤其是在中-低天顶角条件下（太阳天顶角小于 70°且观测天顶角小于 60°）。然而对于大太阳天顶角条件（72°

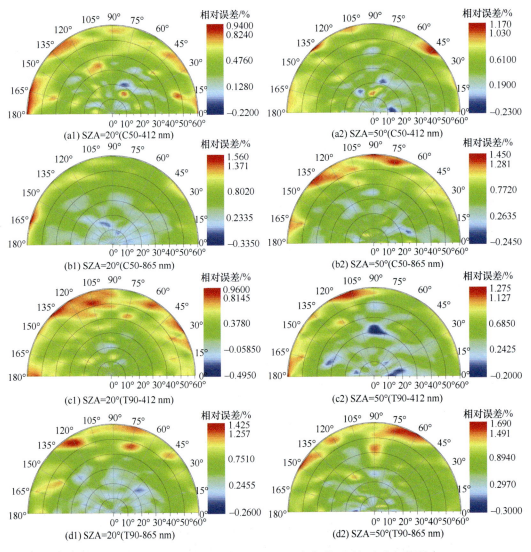

图 2.22　地球曲率在中–低太阳/观测天顶角条件下对混合大气的影响

（1）、（2）对应的太阳天顶角（SZA）分别为 20°和 50°；半圆图的半径为观测天顶角，范围为 0°～60.55°；圆周方向为相对方位向

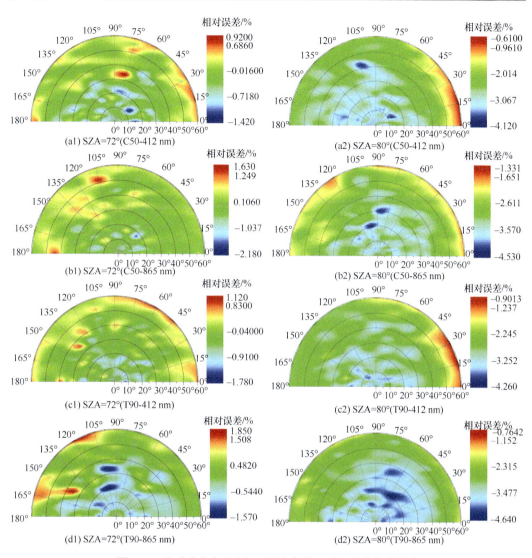

图 2.23　地球曲率在大太阳天顶角条件下对混合大气的影响

（1）、（2）对应的太阳天顶角（SZA）分别为 72° 和 80°；半圆图的半径为观测天顶角，范围为 0°～60.55°；圆周方向为相对方位向

表 2.3　当太阳天顶角为 20°、50°、72° 和 80° 时，针对混合大气，平行平面分层和平行球面分层假设下大气顶辐亮度的相对误差最大值

观测天顶角/(°)	太阳天顶角/(°)	相对误差/%			
		C50-412 nm	C50-865 nm	T90-412 nm	T90-865 nm
0	20	<0.44	<0.55	<0.70	<0.56
	50	<0.96	<0.83	<0.81	<1.16
	72	<1.06	<1.17	<1.22	<1.05
	80	<3.61	<2.89	<3.42	<2.82

续表

观测天顶角/(°)	太阳天顶角/(°)	相对误差/%			
		C50-412 nm	C50-865 nm	T90-412 nm	T90-865 nm
30	20	<0.67	<0.69	<0.56	<0.75
	50	<0.90	<1.03	<0.75	<1.14
	72	<1.11	<0.98	<0.86	<1.17
	80	<3.49	<4.35	<3.38	<4.30
60.55	20	<0.94	<1.56	<0.96	<1.24
	50	<1.17	<1.40	<1.27	<1.64
	72	<0.77	<0.64	<1.04	<1.84
	80	<2.45	<2.46	<2.81	<2.71

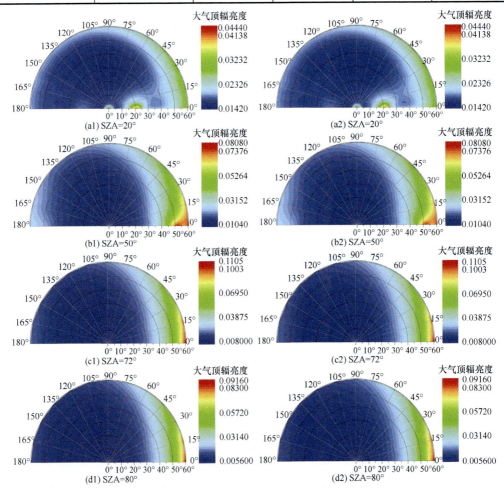

图 2.24　中-低观测天顶角条件下，针对纯气溶胶大气的 MC-SRTM 模型在平行平面分层和平行球面分层条件下的大气顶辐亮度（C50 气溶胶模型，412 nm）

（1）、（2）分别代表平行平面分层假设条件和平行球面分层假设条件；半圆图的半径为观测天顶角，范围为 0°～60.55°；圆周方向为相对方位向

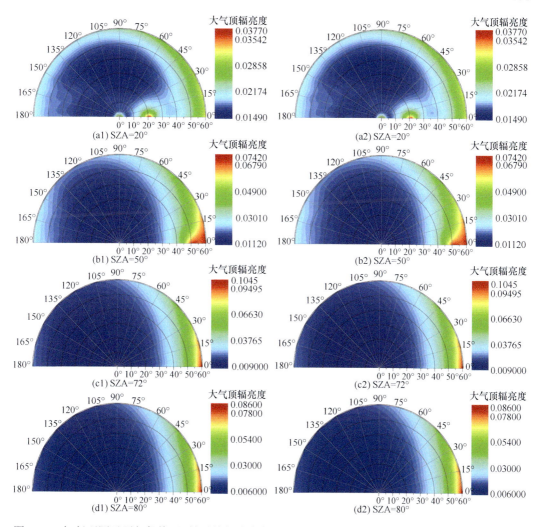

图 2.25　中-低观测天顶角条件下，针对纯气溶胶大气的 MC-SRTM 模型在平行平面分层和平行球面分层条件下的大气顶辐亮度（C50 气溶胶模型，865 nm）

（1）、（2）分别代表平行平面分层假设条件和平行球面分层假设条件；半圆图的半径为观测天顶角，范围为 0°~60.55°；圆周方向为相对方位向

和 80°），两种条件下的辐亮度有一定差异，并且辐亮度随着太阳天顶角的增大呈现先增大再减小的趋势，这与前文的研究结果一致。

　　MC-SRTM 模型在纯气溶胶大气条件下的相对误差与混合大气的结果相似。四种气溶胶模型之间没有明显的不同，总的来说，对于中-低太阳天顶角（20°和 50°）和观测天顶角（<60°），相对误差小于 2.01%，如图 2.26 所示。对于大太阳天顶角（72°和 80°），当观测天顶角仍然较低（<60°）时，相对误差的最大值和平均值分别为 5.36%和 1.79%，如图 2.27 所示。这些结果表明，在大太阳天顶角条件下，地球曲率对纯气溶胶大气的大气顶辐射具有显著的影响。

　　此外，本节列出了由四个气溶胶模型构成的纯气溶胶大气在不同条件下所有相对方位向的最大相对误差，包括四个太阳天顶角（20°、50°、72°和 80°）和三个观测天顶角

（0°、30°和 60.55°）。如表 2.4 所示，尽管观测天顶角相对较小（0°、30°和 60.55°），但当太阳天顶角不超过 72°时，四个气溶胶模型对应的地球曲率影响分别达到 2.26%、1.57%、2.69%和 1.75%。对于 80°的太阳天顶角，地球曲率影响最大达到 4.48%。这表明有必要在大太阳天顶角条件下对纯气溶胶大气进行地球曲率校正。

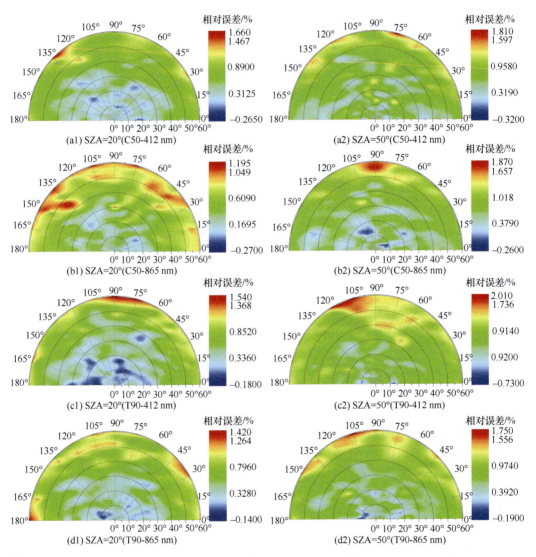

图 2.26　地球曲率在中–低太阳/观测天顶角条件下对纯气溶胶大气的影响

（1）、（2）对应的太阳天顶角（SZA）分别为 20°和 50°；半圆图的半径为观测天顶角，范围为 0°～60.55°；圆周方向为相对方位向

2.4.2.3　大太阳天顶角条件下地球曲率对 Mie 散射的影响

根据上述分析，通常将纯气溶胶 Mie 散射 I_a 和混合大气中 Rayleigh 和 Mie 散射交叉散射 I_{ra} 的总和视为 Mie 散射贡献的总辐亮度（I_a+I_{ra}），等于混合大气的大气顶总辐亮度减去纯大气分子 Rayleigh 散射贡献的辐亮度（$I_t\text{-}I_r$），因此本节详细分析地球曲率对 Mie 散射的影响，即为混合大气地球曲率影响减去纯大气分子大气的地球曲率影响（P_t-

P_r）。基于 MC-SRTM 模型，本节将前面计算得到的混合大气总辐亮度与对应的纯大气分子辐亮度相减，分析地球曲率对 Mie 散射的影响。参数设置与上文一致。

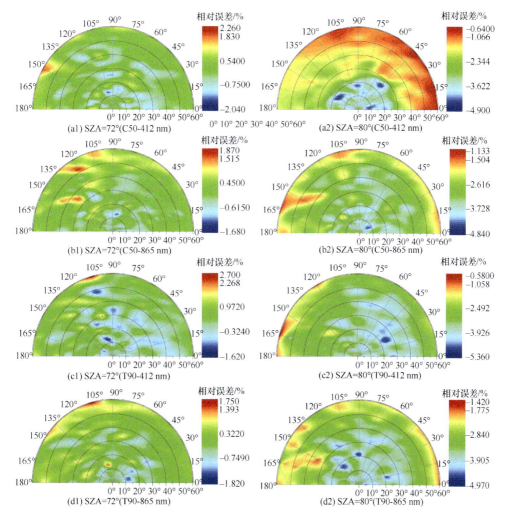

图 2.27　地球曲率在大太阳天顶角条件下对纯气溶胶大气的影响

（1）、（2）对应的太阳天顶角（SZA）分别为 72°和 80°；半圆图的半径为观测天顶角，范围为 0°～60.55°；圆周方向为相对方位向

考虑到大气分子和气溶胶在不同波段具有不同的光学厚度，本节将大气分子在 412 nm 和 865 nm 波段的总光学厚度分别设置为 0.3099 和 0.0154，气溶胶的总光学厚度则全部设置为 0.5，因此可以将地球曲率因子计算改为

$$P_a + P_{ra} = P_t - tP_r \tag{2.35}$$

其中，t 是大气分子的占比，计算公式如下：

$$t = \frac{\tau_r}{\tau_r + \tau_a} \tag{2.36}$$

式中，τ_r 和 τ_a 分别为大气分子和气溶胶的总光学厚度。

表 2.4 当太阳天顶角为 20°、50°、72°和 80°时，针对纯气溶胶大气，平行平面分层和平行球面分层假设下的相对误差最大值

观测天顶角/（°）	太阳天顶角/（°）	相对误差/%			
		C50-412 nm	C50-865 nm	T90-412 nm	T90-865 nm
0	20	<0.53	<0.44	<0.59	<0.78
	50	<0.93	<1.10	<1.19	<1.12
	72	<2.26	<1.07	<1.98	<1.34
	80	<2.94	<2.85	<2.63	<2.90
30	20	<0.72	<1.04	<0.66	<0.72
	50	<1.06	<0.98	<1.19	<1.07
	72	<1.69	<1.14	<2.08	<1.38
	80	<4.04	<3.74	<4.48	<4.47
60.55	20	<1.66	<1.19	<1.54	<1.42
	50	<1.81	<1.57	<2.00	<1.75
	72	<1.28	<1.22	<2.69	<1.75
	80	<3.47	<2.41	<3.17	<3.17

如图 2.28 和图 2.29 所示，基于 MC-SRTM 模型，由 Mie 散射产生的大气顶上行辐亮度，在中-低天顶角条件下（太阳天顶角小于 70°且观测天顶角小于 60°），平行平面分层和平行球面分层的值差距较小。然而对于大太阳天顶角（72°和 80°）的条件，两种假设的辐亮度有所区别，并且这种结果与波段没有明显关联，412 nm 和 865 nm 条件下的两种几何假设的结果差距较为相似。

图 2.30 和图 2.31 分别展示了地球曲率在中-低/大太阳天顶角条件下对 Mie 散射辐亮度的影响。在 412 nm 波段，气体分子的光学厚度接近气溶胶的光学厚度。相对于在中-低太阳天顶角（20°和 50°）和观测天顶角（<60.55°）条件下的 Mie 散射辐亮度而言，地球曲率影响较小，大多在 1%以内，可以忽略不计。当太阳天顶角达到 70°和 80°，在同样的观测天顶角范围内，地球曲率对 Mie 散射辐射的影响达到 4.64%。412 nm 波段时大气分子的总光学厚度和气溶胶的总光学厚度相近，大气分子 Rayleigh 散射和气溶胶 Mie 散射以及两者之间的交叉散射都会对混合大气计算得到的大气顶辐亮度产生影响，因此地球曲率对 Mie 散射辐射在大太阳天顶角时的影响略小于混合大气时的影响。值得注意的是，在 865 nm 波段，大气分子的总光学厚度相对于气溶胶的总光学厚度非常小，混合大气中大气分子 Rayleigh 散射贡献的辐亮度占比较小，这导致地球曲率对 Mie 散射辐射的影响与混合大气的趋势相似。

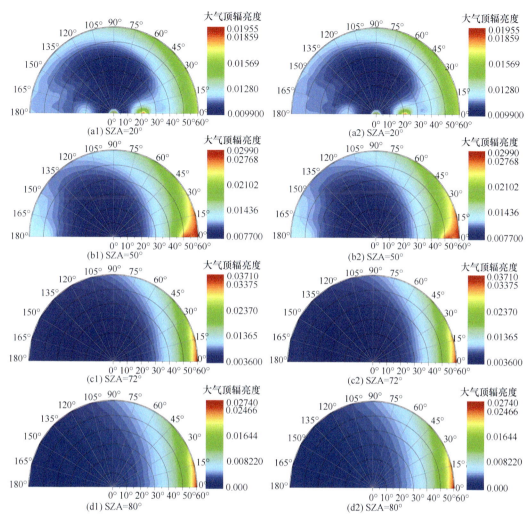

图 2.28　中-低观测天顶角条件下，MC-SRTM 模型在平行平面分层和平行球面分层条件下计算得到仅由 Mie 散射贡献的大气顶辐亮度（C50 气溶胶模型，412 nm）

（1）、（2）分别代表平行平面分层假设条件和平行球面分层假设条件；半圆图的半径为观测天顶角，范围为 0°～60.55°；圆周方向为相对方位向

　　此外，本节还总结了在四个气溶胶模型、四个太阳天顶角（20°、50°、72°和 80°）以及三个观测天顶角（0°、30°和 60.55°）的条件下，地球曲率对 Mie 散射的最大影响结果。如表 2.5 所示，尽管观测天顶角相对较小（0°、30°和 60.55°），但当太阳天顶角为 80°时，四个气溶胶模型受地球曲率的影响分别达到 2.74%、4.41%、2.62%和 4.32%。因此，在进行大气校正时，特别是在大太阳天顶角下对 Mie 散射进行校正时，考虑地球曲率的影响是必要的。

2.4.3　大太阳天顶角条件下地球曲率影响校正

　　本节基于 MC-SRTM 模型，生成了适用于 Aqua/MODIS 的球面 Rayleigh 散射查找表，并将其整合到 SeaDAS 软件中，用于大气校正。本节对比分析在大太阳天顶角和中–低观测天顶角条件下进行大气校正之后得到的归一化离水辐亮度的结果，以验证球面 Rayleigh 散射查找表的准确性。

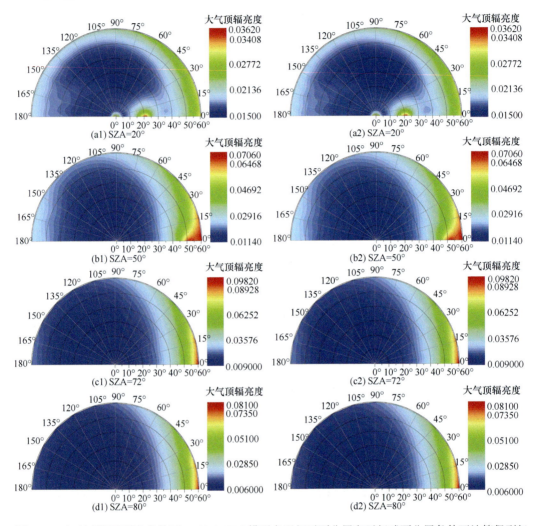

图 2.29　中-低观测天顶角条件下，MC-SRTM 模型在平行平面分层和平行球面分层条件下计算得到仅由 Mie 散射贡献的大气顶辐亮度（C50 气溶胶模型，865 nm）

（1）、（2）分别代表平行平面分层假设条件和平行球面分层假设条件；半圆图的半径为观测天顶角，范围为 0°～60.55°；圆周方向为相对方位向

本节设置太阳天顶角和观测天顶角的范围和步长与 SeaDAS 的 Rayleigh 散射查找表一致（太阳天顶角范围为 0°～88°，步长为 2°，观测天顶角范围为 0°～84.22°，步长约为 3°），以确保本章构建的球面 Rayleigh 散射查找表可以直接应用于 SeaDAS 软件的大气校正过程。本节为 Aqua/MODIS 的 13 个波段（412nm、443nm、469nm、488nm、531nm、547nm、555nm、645nm、667nm、678nm、748nm、859nm 和 869nm）逐一建立考虑了地球曲率的精确 Rayleigh 散射查找表。

为了验证新的球面 Rayleigh 散射查找表对实际 Aqua/MODIS 探测的 L1B 数据的大

气校正的适用性，本节在 SeaDAS 软件中使用新的球面和原来的平面 Rayleigh 散射查找表，比较大气校正之后得到的归一化离水辐亮度（L_{wn}）数据。本节分别选择了 2017 年 10 月 28 日和 2019 年 2 月 21 日的两组 Aqua/MODIS 的 L1B 数据进行大气校正，对应的中心纬度分别为 12°S 和 62°S，中心经度分别为 122.5°E 和 94.6°W。选择这两组数据主要是考虑到它们受云层的影响较小，在大太阳天顶角下可以得到更多有效的 L_{wn} 值。图 2.32 和图 2.33 展示了 2017 年 10 月 28 日的 L_{wn} 值的空间分布结果。为了分析每个单一波段的结果，本节在 SeaDAS 软件的大气校正过程中只替换了相应波段的查找表。例如，为了得到 412 nm 波长下使用球面 Rayleigh 散射查找表进行大气校正的 L_{wn} 值，本节只用 412 nm 波长的球面查找表替换原有的 412 nm 波长的查找表，其他波段的查找表保持不变。

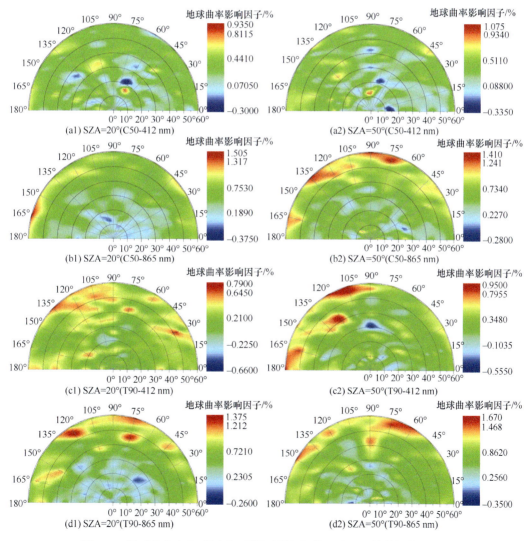

图 2.30　地球曲率在中–低太阳/观测天顶角条件下对 Mie 散射辐射的影响

（1）、（2）对应的太阳天顶角分别为 20°和 50°；半圆图的半径为观测天顶角，范围为 0°~60.55°；圆周方向为相对方位向

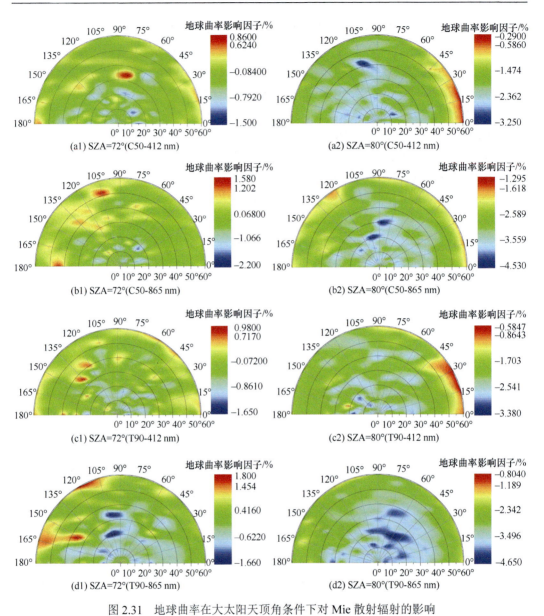

图 2.31 地球曲率在大太阳天顶角条件下对 Mie 散射辐射的影响

(1)、(2) 对应的太阳天顶角分别为 72°和 80°；半圆图的半径为观测天顶角，范围为 0°～60.55°；圆周方向为相对方位向

表 2.5 当太阳天顶角为 20°、50°、72°和 80°时，Mie 散射辐亮度在平行平面分层和平行球面分层假设下的相对误差最大值

观测天顶角/(°)	太阳天顶角/(°)	相对误差/%			
		C50-412 nm	C50-865 nm	T90-412 nm	T90-865 nm
0	20	<0.41	<0.50	<0.66	<0.50
	50	<0.96	<0.77	<0.87	<1.14
	72	<1.11	<1.26	<1.03	<1.17
	80	<2.74	<2.97	<2.55	<2.87

续表

观测天顶角/(°)	太阳天顶角/(°)	相对误差/%			
		C50-412 nm	C50-865 nm	T90-412 nm	T90-865 nm
30	20	<0.62	<0.66	<0.46	<0.72
	50	<0.81	<0.96	<0.55	<1.13
	72	<1.02	<0.91	<0.89	<1.57
	80	<2.71	<4.41	<2.62	<4.32
60.55	20	<0.68	<1.50	<0.68	<1.22
	50	<0.79	<1.34	<0.95	<1.54
	72	<0.48	<0.60	<0.71	<1.89
	80	<1.89	<2.47	<2.32	<2.78

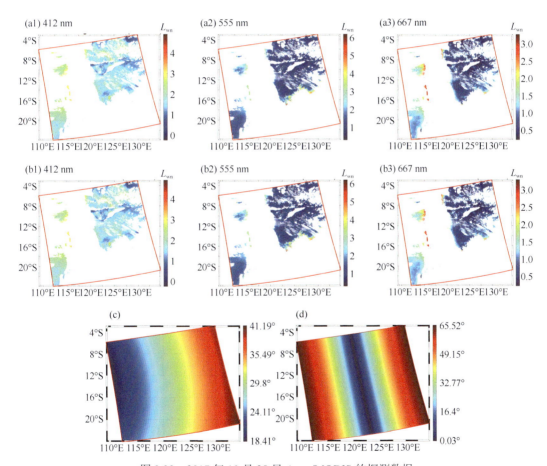

图 2.32　2017 年 10 月 28 日 Aqua/MODIS 的探测数据

（a1）～（a3）用 SeaDAS 的 Rayleigh 散射查找表进行大气校正后得到的归一化离水辐亮度；（b1）～（b3）用球面 Rayleigh 散射查找表进行大气校正后得到的归一化离水辐亮度；（c）太阳天顶角；（d）观测天顶角

　　结果表明，卫星探测这组数据时太阳天顶角都小于 42°，轨道边缘的观测天顶角可以达到 66°，两种查找表进行大气校正得到的归一化离水辐亮度数据的空间分布较为一致。此外，两种查找表计算得到归一化离水辐亮度数据的绝对偏差随着太阳天顶角和观测天顶角的增大而增大，且变化趋势与两种查找表在大气校正过程中计算得到的 Rayleigh 散射辐亮度绝对偏差的变化趋势一致，符号相反，与大气校正原理一致。从图 2.33（c1）～（c3）的密度图中可以看出，两种归一化离水辐亮度的相关系数接近 1，且随着波段的增大而略有下降，与 2.4.1 节的结论一致。综上所述，可以认为本节建立的球面 Rayleigh 散射查找表在中–低天顶角条件下（太阳天顶角小于 70°且观测天顶角小于 60°）具有较好的大气校正能力。

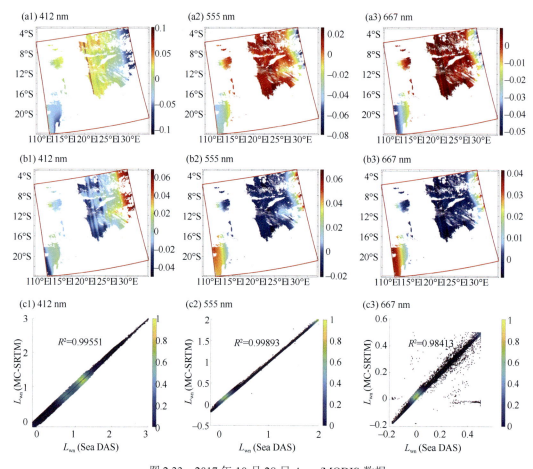

图 2.33　2017 年 10 月 28 日 Aqua/MODIS 数据

（a1）～（a3）两种查找表大气校正后归一化离水辐亮度的绝对偏差；（b1）～（b3）两种查找表大气校正时 Rayleigh 散射辐亮度的绝对偏差；（c1）～（c3）两种查找表大气校正得到的归一化离水辐亮度密度图

同样地，图 2.34 和图 2.35 分别显示了 2019 年 2 月 21 日 L_{wn} 值的空间分布和密度图结果。在这组数据中，太阳天顶角最大达到 70.93°。总体而言，受地球曲率的影响，球面 Rayleigh 散射查找表的大气校正结果在 412 nm 波段与原 SeaDAS 查找表的校正结果之间的相关性略有下降。然而，对于 555 nm 和 667 nm 波段，由于地球曲率影响更显著，球面查找表校正结果大于原 SeaDAS 查找表的结果。因为根据 2.4.1 节的结论，考虑地球曲率之后，Rayleigh 散射辐亮度小于平行平面分层假设的辐亮度，因此球面查找表校正后的离水辐亮度数据会略高于平面 Rayleigh 散射查找表。总的来说，不同 Rayleigh

散射查找表得到的 L_{wn} 数据在中–低太阳天顶角（<70°）和观测天顶角（<60°）条件下具有很好的相关性，这表明球面 Rayleigh 散射查找表在中-低天顶角探测条件下可以获得有效的 L_{wn} 数据。与此同时，在太阳天顶角达到 70°之后，随着波长的增大，球面 Rayleigh 散射查找表的地球曲率校正效果也随之增大。

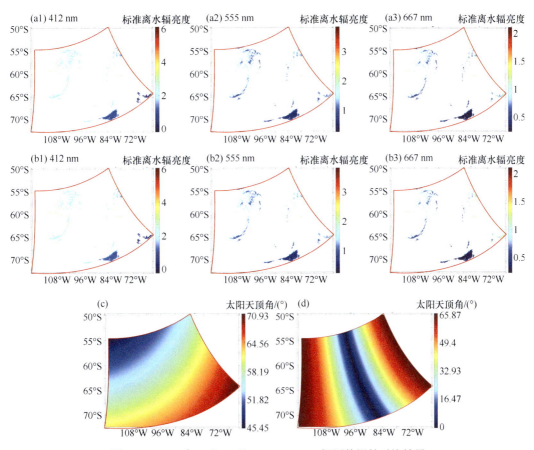

图 2.34　2019 年 2 月 21 日 Aqua/MODIS 探测数据的对比结果

（a1）～（a3）用 SeaDAS 的 Rayleigh 散射查找表进行大气校正后得到的标准离水辐亮度；（b1）～（b3）用球面 Rayleigh 散射查找表进行大气校正后得到的标准离水辐亮度；（c）太阳天顶角；（d）观测天顶角

此外，本章基于 MC-SRTM 模型，对大量 Aqua/MODIS 探测到的 L1B 数据进行大气校正，并且选取 412 nm 波段且太阳天顶角大于 70°的数据，分析球面 Rayleigh 散射查找表在大太阳天顶角下大气校正的效果，并与 SeaDAS 原本的 Rayleigh 散射查找表校正后的归一化离水辐亮度数据进行对比，如图 2.36 所示。从中可以看出，对于 412 nm 波段，太阳天顶角大于 70°且观测天顶角小于 51°时，观测天顶角较小，且实际大气为混合大气结构，大气分子 Rayleigh 散射的占比并不明确，因此两种查找表的校正结果相关性较高，地球曲率校正并不明显，然而，当太阳天顶角增大到 82°时，两种归一化离水辐亮度数据相关性下降，即地球曲率校正效果显著增强。

本节基于 MC-SRTM 模型，在大太阳天顶角条件下，对 Aqua/MODIS 传感器进行考虑了地球曲率的 Rayleigh 散射大气校正，证明了球面 Rayleigh 散射查找表的精度，并且

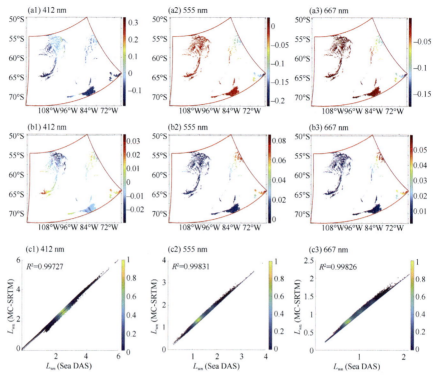

图 2.35　2019 年 2 月 21 日 Aqua/MODIS 数据

（a1）～（a3）两种查找表大气校正得到的标准离水辐亮度的绝对偏差；（b1）～（b3）两种查找表大气校正时 Rayleigh 散射辐亮度的绝对偏差；（c1）～（c3）两种查找表大气校正得到的标准离水辐亮度密度图

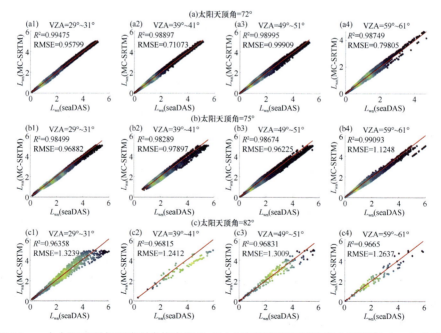

图 2.36　大太阳天顶角下球面查找表和 SeaDAS 查找表校正标准离水辐亮度（L_{wn}）密度图

（a）～（c）对应太阳天顶角分别为 72°、75° 和 82°；（1）～（4）对应观测天顶角分别为 30°±1°、40°±1°、50°±1° 和 60°±1° 的范围；红色直线为一比一参考线

分析了地球曲率对 Rayleigh 散射大气校正的影响。通过上述研究，本章认为，采用 MC-SRTM 模型，进行考虑地球曲率的大气校正，可以提高极轨卫星的离水辐亮度数据在冬季中高纬度地区（太阳天顶角>70°）的反演精度，同理对于静止卫星在晨昏时刻（太阳天顶角>70°）的探测数据，进行考虑地球曲率的大气校正可以提高离水辐亮度精度，有助于提高后续通过离水辐亮度进行反演得到的海洋水色信息精度，从而为后续对大太阳天顶角探测条件下的海域水色信息的变化趋势、影响因素等多样化分析提供数据基础。

2.5　大观测天顶角条件下地球曲率影响及其校正

本节基于 MC-SRTM 模型，在大观测天顶角（>60°）条件下，分析地球曲率对 Rayleigh 散射和 Mie 散射的影响。本章考虑纯大气分子、纯气溶胶和混合大气的情况，分别计算平行平面分层和平行球面分层假设的大气顶上行辐亮度，分析地球曲率在大观测天顶角条件下对 Rayleigh 散射和 Mie 散射的影响。此外，本节针对 HY-1C/COCTS 建立球面 Rayleigh 散射查找表，并在大观测天顶角条件下采用 COCTS 数据处理软件对 HY-1C/COCTS 的 L1B 数据进行大气校正，以验证球面 Rayleigh 散射查找表在大观测天顶角条件下的大气校正精度。

2.5.1　大观测天顶角条件下地球曲率对 Rayleigh 散射的影响

虽然 Adams 和 Kattawar[78]与 Ding 和 Gordon[79]已经研究了地球曲率对 Rayleigh 散射的影响，但这些研究主要基于标量辐射传输模型，未考虑到偏振效应，因此可能存在较大的误差。He 等[49]基于 PCOART-SA 模型的研究，聚焦于大太阳天顶角条件下地球曲率的影响，但没有详细分析在大观测天顶角条件下地球曲率对 Rayleigh 散射的影响。因此，本章使用构建的 MC-SRTM 模型，设置四个太阳天顶角，包括两个中-低太阳天顶角（20°和 50°）和两个大太阳天顶角（72°和 80°），相对方位向范围为 0°~180°，间隔为 15°，并将观测天顶角的范围设置为 60.55°~84.55°，间隔约为 4°，以便计算大观测天顶角下地球曲率的影响百分比并分析地球曲率的影响随观测天顶角的变化趋势。

在大观测天顶角条件下，图 2.37 和图 2.38 展示了 412 nm 和 865 nm 两个波段的 Rayleigh 散射辐亮度。此外，对于大观测天顶角探测条件，受到画图软件 Origin 的插值影响，本章节半圆图的线性效果较为明显。从中可以看出，对于 412 nm 波段，随着太阳天顶角的增大，Rayleigh 散射辐亮度依然呈现先增大再降低的趋势。而在 865 nm 波段，Rayleigh 散射辐亮度则始终呈现增大的趋势，并且整体上比 412 nm 波段的辐亮度小，这也与 2.4.1 节的结论一致。

两个波段在大观测天顶角条件下的相对误差如图 2.39 所示。对于 412 nm 波段，在大观测天顶角条件下（60.55°~84.55°），当太阳天顶角小于 70°时，平均相对误差为 1.47%，最大相对误差为 2.56%。在同样的大观测天顶角条件，当太阳天顶角增大到 80°时，两种几何条件下的平均相对误差和最大相对误差分别为 1.59%和 7.47%。对于

865 nm，当观测天顶角大于 60.55°时，在中-低太阳天顶角（<70°）条件下，地球曲率影响仍然高达 9.93%。总的来说，在大观测天顶角条件下地球曲率对 Rayleigh 散射辐射的影响同样非常大。

　　在表 2.6 中，列举了两个波段（412 nm 和 865 nm）、三个观测天顶角（64.91°、78°和 84.55°）以及四个太阳天顶角（20°、50°、72°和 80°）条件下，所有相对方位向的最大相对误差。结果表明，在三个大观测天顶角条件下，当太阳天顶角小于 70°时，412 nm 波段的地球曲率影响分别达到 1.5%、2.06%和 2.56%。在 865 nm 波段，当观测天顶角达到 84.55°时，中-低太阳天顶角条件下地球曲率的影响分别达到 9.77%和 9.93%。对于太

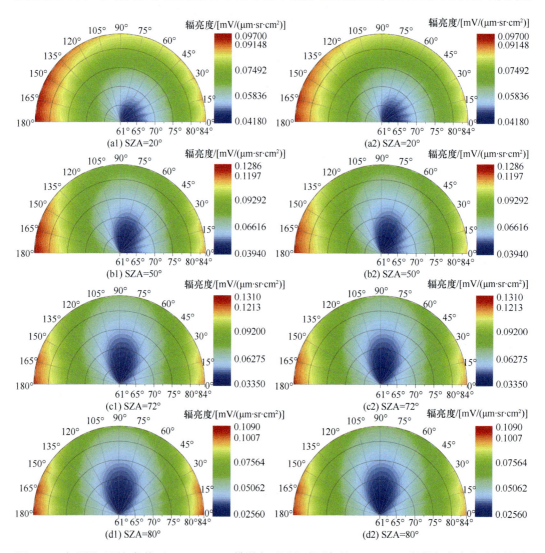

图 2.37　大观测天顶角条件下，MC-SRTM 模型在平面和球面条件下 Rayleigh 散射辐亮度的对比结果（412 nm）

（1）、（2）分别代表平行平面分层假设条件和平行球面分层假设条件；半圆图的半径为观测天顶角，范围为 60.55°～84.55°；圆周方向为相对方位向

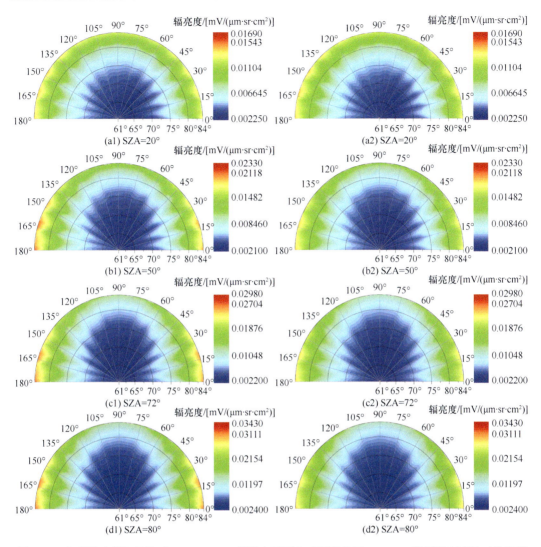

图 2.38　大观测天顶角条件下，MC-SRTM 模型在平面和球面条件下 Rayleigh 散射辐亮度的对比结果
（865 nm）

（1）、（2）分别代表平行平面分层假设条件和平行球面分层假设条件；半圆图的半径为观测天顶角，范围为 60.55°~84.55°；
圆周方向为相对方位向

阳天顶角达到 80°且观测天顶角达到 84.55°的条件，地球曲率对 Rayleigh 散射的影响最大达到 10.81%。

对比大太阳天顶角和大观测天顶角，对于 412 nm 波段，在中-低观测天顶角与大太阳天顶角条件下，地球曲率对 Rayleigh 散射影响的最大值为 2.58%。在中-低太阳天顶角与大观测天顶角条件下，地球曲率对 Rayleigh 散射影响最大达到 2.56%。这表明在大太阳天顶角（>70°）或大观测天顶角（>60°）条件下，地球曲率对 Rayleigh 散射的影响较为一致。并且不论是大观测天顶角还是大太阳天顶角，地球曲率的影响对于大气校正来说都是不可忽视的。此外，当太阳天顶角大于 70°且观测天顶角大于 60°时，地球曲率的影响最大可达到 7.47%。对于 865 nm 波段，不论是大太阳天顶角（>70°）还是大观测天顶角（>60°），地球曲率对 Rayleigh 散射的影响都比 412 nm 波段更为显著。

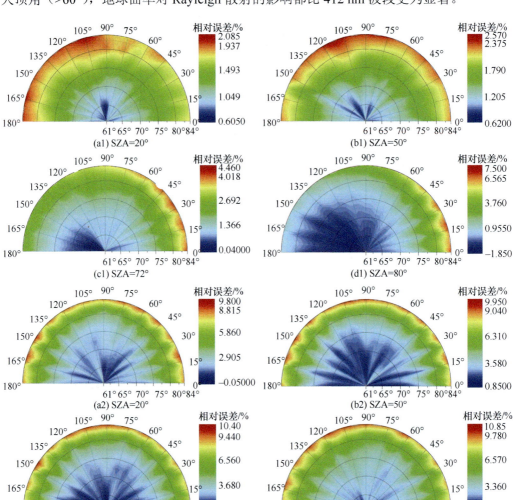

图 2.39　大观测天顶角条件下，MC-SRTM 模型在平面和球面条件下 Rayleigh 散射辐亮度的相对误差

（1）、（2）对应波段分别为 412 nm 和 865 nm；半圆图的半径为观测天顶角，范围为 60.55°～84.55°；

圆周方向为相对方位向

2.5.2　大观测天顶角条件下地球曲率对 Mie 散射的影响

本节基于 MC-SRTM 模型，在大观测天顶角（60.55°～84.55°）条件下，采用与上文相同的太阳天顶角与相对方位向参数，分别针对纯气溶胶大气和混合大气条件，计算平行平面分层和平行球面分层两种假设条件下的大气顶上行辐亮度，以分析地球曲率在大观测天顶角下对两种大气条件的影响。最终计算得到混合大气中 Mie 散射贡献的辐亮度，研究地球曲率在大观测天顶角条件下对 Mie 散射的影响。

表 2.6　当观测天顶角为 64.91°、78°和 84.55°时，针对纯大气分子大气，平行平面分层和平行球面分层假设下的相对误差最大值

观测天顶角/(°)	太阳天顶角/(°)	相对误差/%	
		412 nm	865 nm
64.91		<1.35	<2.34
78	20	<1.71	<3.97
84.55		<2.08	<9.77
64.91		<1.50	<2.65
78	50	<2.06	<3.97
84.55		<2.56	<9.93
64.91		<1.23	<2.65
78	72	<2.24	<4.42
84.55		<4.46	<10.39
64.91		<1.47	<3.55
78	80	<2.15	<5.63
84.55		<7.47	<10.81

本节与 2.4.2 节的研究方法相同，保持太阳天顶角不变，将观测天顶角范围改为 60.55°～84.55°，间隔约为 4°，相对方位向为 0°～180°，间隔为 15°，波段设置为 412 nm 和 865 nm 两个波段，气溶胶模型选择 C50 和 T90。

2.5.2.1　大观测天顶角条件下地球曲率对混合大气的影响

图 2.40 和图 2.41 分别对应 412 nm 和 865 nm 波段在平行平面分层和平行球面分层两种假设条件下，计算得到大气顶上行辐亮度。从中可以看出，对于 412 nm 和 865 nm，混合大气顶辐亮度随着太阳天顶角的增大而增大。此外，结合图 2.20 的结果，选取同一太阳天顶角，观察两种观测天顶角范围（0°～60.55°和 60.55°～84.55°），结果表明辐亮度随着观测天顶角的增大也呈现出增大的趋势。

为了进一步分析地球曲率在大观测天顶角条件下对混合大气的影响，本章选取 C50 和 T90 两种气溶胶类型，涵盖 412 nm 和 865 nm 两个波段，计算 MC-SRTM 模型的平面和球面辐亮度及二者的相对误差（%），如图 2.42 和图 2.43 所示。从中可以看出，不同气溶胶模型条件下地球曲率的影响趋势相似，对于观测天顶角大于 60.55°的条件，当太阳天顶角小于 70°时，地球曲率对混合大气的影响达到 2.23%，而当太阳天顶角同样增大到 80°时，地球曲率的影响最大达到 12.43%。上述结果表明，对于中-低太阳天顶角以及大观测天顶角的条件，地球曲率的影响都不能忽视。

与前文一致，表 2.7 针对四种气溶胶模型的混合大气、四个太阳天顶角以及三个大观测天顶角条件，列出了地球曲率对于混合大气在所有相对方位向中的最大相对误差结果。尽管太阳天顶角小于 70°，对于所有气溶胶模型，地球曲率在三个大观测天顶角下

的影响分别达到了 1.94%、2.19%和2.23%。相比于 2.4.2.1 节的结论，地球曲率在大观测天顶角条件对混合大气的影响略小于大太阳天顶角条件下的影响。综上所述，大观测天顶角条件下，地球曲率对混合大气的影响最大约为 2%，水色卫星进行大气校正时仍需要对地球曲率进行校正。

2.5.2.2 大观测天顶角条件下地球曲率对纯气溶胶大气的影响

当大气由纯气溶胶粒子组成，在太阳天顶角保持不变且观测天顶角大于 60°的条件下，本章基于 MC-SRTM 模型，分别计算了 412 nm 和 865 nm 在平行平面分层和平行球面分层两种几何条件下的大气顶辐亮度，如图 2.44 和图 2.45 所示。与混合大气的大气

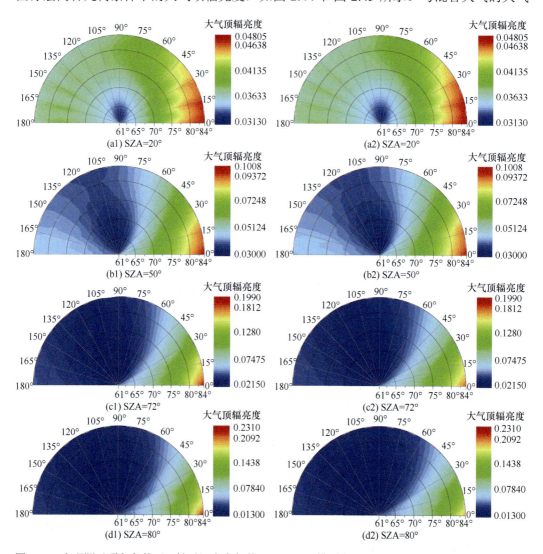

图 2.40 大观测天顶角条件下，针对混合大气的 MC-SRTM 模型在平行平面分层和平行球面分层条件下的大气顶辐亮度（C50 气溶胶模型，412 nm）

（1）、（2）分别代表平行平面分层假设条件和平行球面分层假设条件；半圆图的半径为观测天顶角，范围为 60.55°~84.55°；圆周方向为相对方位向

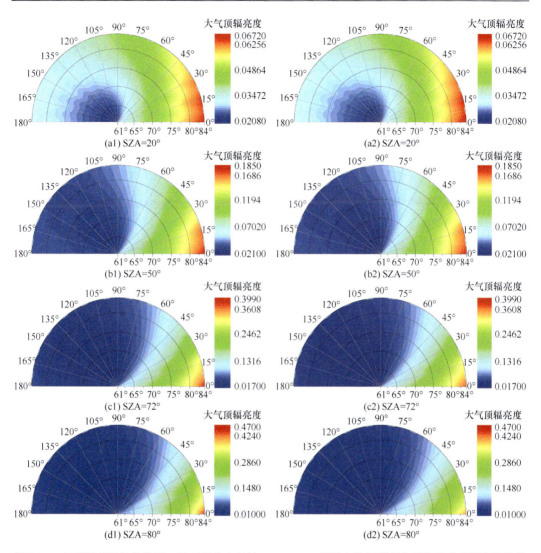

图 2.41　大观测天顶角条件下，针对混合大气的 MC-SRTM 模型在平行平面分层和平行球面分层条件下的大气顶辐亮度（C50 气溶胶模型，865 nm）

（1）、（2）分别代表平行平面分层假设条件和平行球面分层假设条件；半圆图的半径为观测天顶角，范围为 60.55°~84.55°；圆周方向为相对方位向

顶辐亮度相比，纯气溶胶大气的辐亮度大于混合大气的结果。与中-低观测天顶角条件下的辐亮度相比，当太阳天顶角相同时，辐亮度随着观测天顶角的增大而显著增大。

　　下面本章具体计算了四种气溶胶模型条件下，平行平面分层和平行球面分层的辐亮度相对误差，图 2.46 和图 2.47 分别展示了中-低太阳天顶角（20°和 50°）和大太阳天顶角（72°和 80°）条件的结果。对于中-低太阳天顶角，地球曲率对纯气溶胶大气的影响随着观测天顶角的增大，最大达到 2.6%。相较于中-低观测天顶角且大太阳天顶角探测条件（参见图 2.24 和图 2.25），地球曲率对纯气溶胶大气的影响在大太阳天顶角条件下更为显著。当太阳天顶角大于 70°且观测天顶角大于 60°时，地球曲率的影响最大达到 10.06%。总体而言，在大观测天顶角条件下，地球曲率对纯气溶胶大气的影响略小，但是对于水色卫星大气校正算法仍需要对地球曲率进行校正。

　　基于上述结果，表 2.8 明确给出了四个太阳天顶角（20°、50°、72°和 80°）和三个观测天顶角（64.91°、78°和 84.55°）条件下，四个气溶胶模型的地球曲率影响最大值。与表 2.4 对比，可以发现在中-低观测天顶角与大太阳天顶角条件下，地球曲率影响达到 4.48%，而在中-低太阳天顶角与大观测天顶角条件下，地球曲率影响最大达到 2.60%。这与 2.5.2.1 节的结论一致，地球曲率在大太阳天顶角下对大气顶辐亮度的影响更为显著。结果表明，对于气溶胶 Mie 散射的水色卫星大气校正，无论是在大太阳天顶角或大观测天顶角条件下，都需要对地球曲率进行校正。

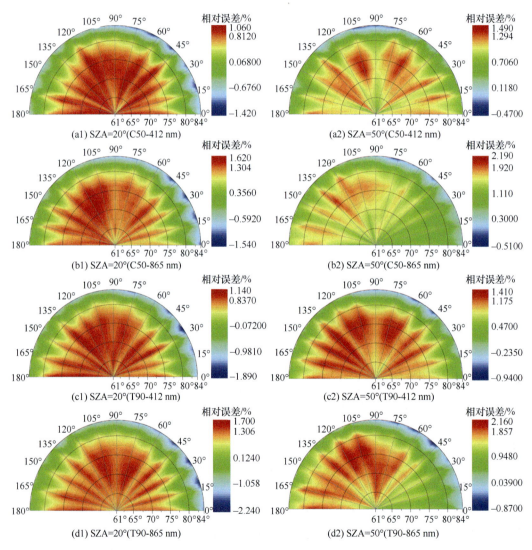

图 2.42　地球曲率在中–低太阳天顶角以及大观测天顶角条件下对混合大气的影响

（1）、（2）对应的太阳天顶角（SZA）分别为 20°和 50°；半圆图的半径为观测天顶角，范围为 60.55°～84.55°；圆周方向为相对方位向

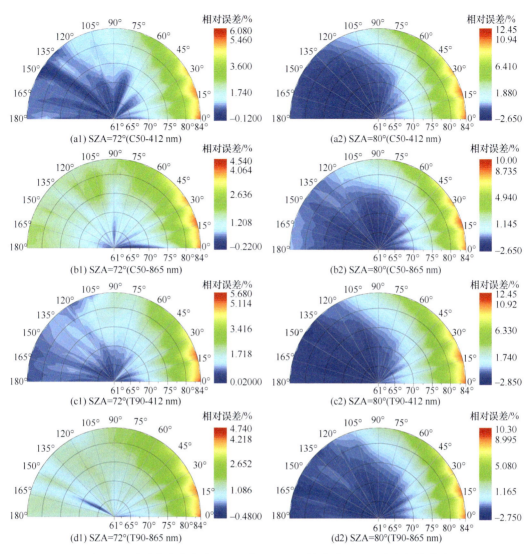

图 2.43　地球曲率在大太阳天顶角/观测天顶角条件下对混合大气的影响

（1）、（2）对应的太阳天顶角（SZA）分别为72°和80°；半圆图的半径为观测天顶角，范围为60.55°～84.55°；圆周方向为相对方位向

表 2.7　当观测天顶角为 64.91°、78°和 84.55°时，针对混合大气，平行平面分层和平行球面分层假设下的相对误差最大值

观测天顶角/（°）	太阳天顶角/（°）	相对误差/%			
		C50-412 nm	C50-865 nm	T90-412 nm	T90-865 nm
64.91		<1.05	<1.50	<0.97	<1.69
78	20	<0.92	<1.62	<1.13	<1.37
84.55		<1.41	<1.53	<1.89	<2.23
64.91	50	<1.37	<1.57	<1.23	<1.94

续表

观测天顶角/(°)	太阳天顶角/(°)	相对误差/%			
		C50-412 nm	C50-865 nm	T90-412 nm	T90-865 nm
78	50	<1.43	<2.19	<1.39	<2.15
84.55		<0.57	<1.10	<0.93	<0.97
64.91	72	<0.99	<1.16	<1.21	<1.36
78		<2.73	<2.10	<2.74	<2.38
84.55		<6.07	<4.53	<5.67	<4.74
64.91	80	<2.62	<2.14	<2.31	<2.19
78		<4.15	<2.44	<4.25	<2.59
84.55		<12.4	<9.97	<12.43	<10.25

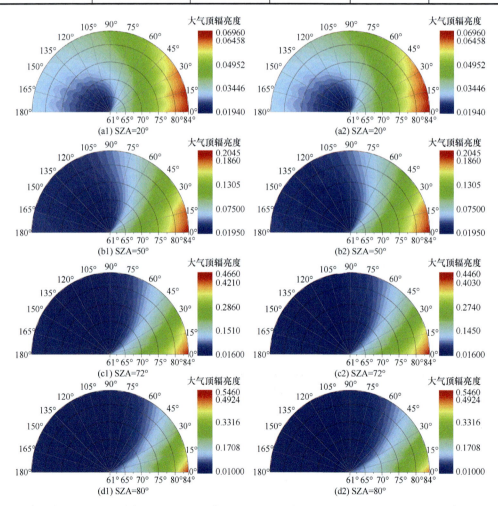

图 2.44　大观测天顶角条件下，针对纯气溶胶大气的 MC-SRTM 模型在平行平面分层和平行球面分层条件下的大气顶辐亮度（C50 气溶胶模型，412 nm）

（1）、（2）分别代表平行平面分层假设条件和平行球面分层假设条件；半圆图的半径为观测天顶角，范围为 60.55°～84.55°；圆周方向为相对方位向

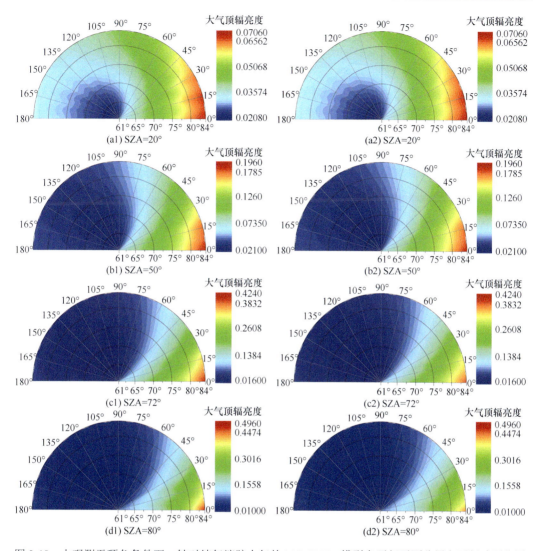

图 2.45　大观测天顶角条件下，针对纯气溶胶大气的 MC-SRTM 模型在平行平面分层和平行球面分层条件下的大气顶辐亮度（C50 气溶胶模型，865 nm）

（1）、（2）分别代表平行平面分层假设条件和平行球面分层假设条件；半圆图的半径为观测天顶角，范围为 60.55°～84.55°；圆周方向为相对方位向

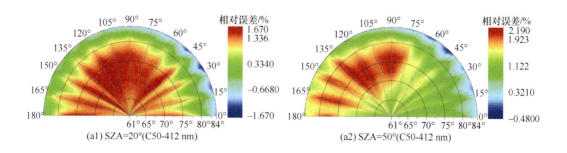

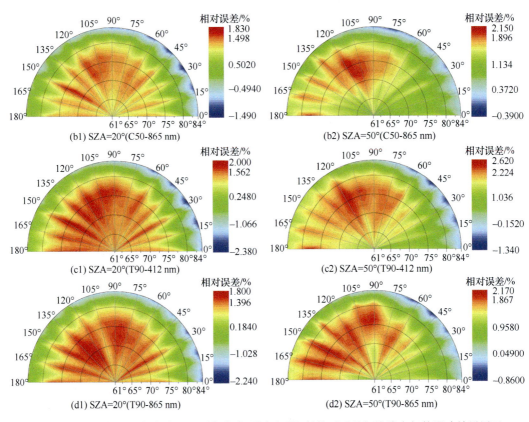

(b1) SZA=20°(C50-865 nm)　　　　　(b2) SZA=50°(C50-865 nm)

(c1) SZA=20°(T90-412 nm)　　　　　(c2) SZA=50°(T90-412 nm)

(d1) SZA=20°(T90-865 nm)　　　　　(d2) SZA=50°(T90-865 nm)

图 2.46　地球曲率在中-低太阳天顶角和大观测天顶角条件下对纯气溶胶大气的影响结果展示

（1）、（2）对应的太阳天顶角（SZA）分别为20°和50°；半圆图的半径为观测天顶角，范围为60.55°～84.55°；圆周方向为相对方位向

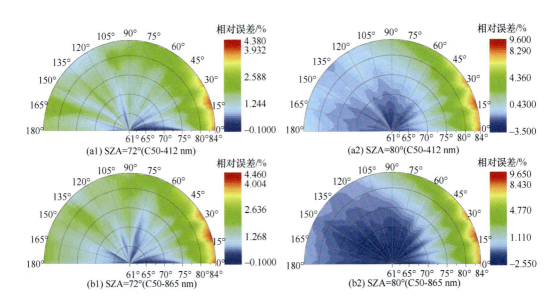

(a1) SZA=72°(C50-412 nm)　　　　　(a2) SZA=80°(C50-412 nm)

(b1) SZA=72°(C50-865 nm)　　　　　(b2) SZA=80°(C50-865 nm)

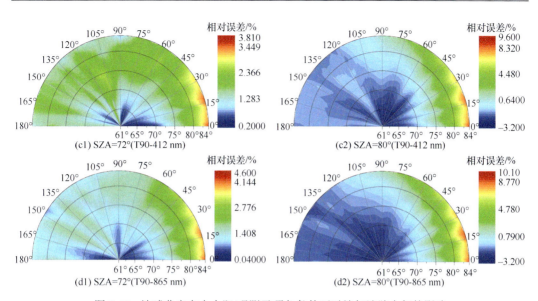

图 2.47　地球曲率在大太阳/观测天顶角条件下对纯气溶胶大气的影响

(1)、(2) 对应的太阳天顶角（SZA）分别为 72°和 80°；半圆图的半径为观测天顶角，范围为 60.55°～84.55°；圆周方向为相对方位向

表 2.8　当观测天顶角为 64.91°、78°和 84.55°时，针对纯气溶胶大气，平行平面分层和平行球面分层假设下的相对误差最大值

观测天顶角/(°)	太阳天顶角/(°)	相对误差/%			
		C50-412 nm	C50-865 nm	T90-412 nm	T90-865 nm
64.91		<1.67	<1.40	<1.60	<1.79
78	20	<1.66	<1.41	<1.85	<1.60
84.55		<1.66	<1.49	<2.37	<2.23
64.91		<1.92	<1.86	<2.35	<1.88
78	50	<2.19	<2.14	<2.60	<2.09
84.55		<1.30	<1.23	<1.34	<1.20
64.91		<1.43	<1.07	<1.44	<1.58
78	72	<2.03	<2.00	<2.70	<2.15
84.55		<4.37	<4.45	<3.80	<4.60
64.91		<1.85	<2.38	<1.97	<2.44
78	80	<2.11	<2.41	<2.16	<2.42
84.55		<9.57	<9.63	<9.58	<10.06

2.5.2.3　大观测天顶角条件下地球曲率对 Mie 散射的影响

根据上述混合大气与纯大气分子大气的辐亮度结果，本节计算得到大观测天顶角条件下混合大气中 Mie 散射贡献的总辐亮度，结果如图 2.48 和图 2.49 所示。在大观测天顶角范围内，对于中-低太阳天顶角条件，平行平面分层和平行球面分层的 Mie 散射辐亮度值差异较小。与图 2.28 和图 2.29 相比，随着观测天顶角的增大，Mie 散射辐亮度明显增加。当太阳天顶角增大到 80°时，辐亮度达到最大值。

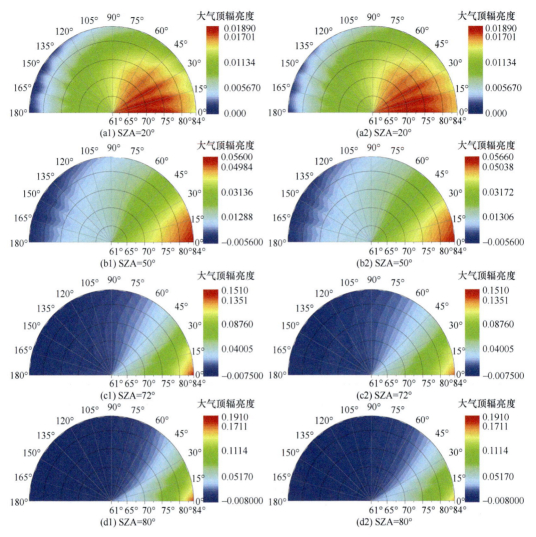

图 2.48　大观测天顶角条件下，MC-SRTM 模型在平行平面分层和平行球面分层条件下计算得到仅由
Mie 散射贡献的大气顶辐亮度（C50 气溶胶模型，412 nm）

（1）、（2）分别代表平行平面分层假设条件和平行球面分层假设条件；半圆图的半径为观测天顶角，范围为 60.55°～84.55°；
圆周方向为相对方位向

　　图 2.50 和图 2.51 设置观测天顶角范围为 60.55°～84.55°，分别对应中-低太阳天顶角（20°和 50°）和大太阳天顶角（72°和 80°）条件下地球曲率对 Mie 散射的影响。在大观测天顶角条件下，对于中-低太阳天顶角，地球曲率对 Mie 散射的影响在 C50-412、C50-865、T90-412 和 T90-865 四个气溶胶模型下分别为 2.09%、2.09%、2.54%和 2.51%。当太阳天顶角增大到 80°时，地球曲率的影响在所有气溶胶模型中最大达到 9.96%。

　　与表 2.5 类似，表 2.9 展示了观测天顶角为 64.91°、78°和 84.55°时地球曲率对 Mie 散射的影响。研究表明，当观测天顶角大于 60°且太阳天顶角小于 70°时，地球曲率对 Mie 散射的影响对于四种气溶胶模型最大达到 2.54%，当太阳天顶角增大到 80°时，地球曲率对 Mie 散射的影响接近 10%。

上述结果表明，不论是对于大太阳天顶角还是大观测天顶角，地球曲率对 Rayleigh 散射和 Mie 散射的影响都超过 2%，其中最大的影响甚至高达 10% 以上。对于水色卫星大气校正算法而言，若不对地球曲率进行校正，将导致在大天顶角（太阳天顶角大于 70° 或观测天顶角大于 60°）条件下的大气校正后得到的离水辐亮度数据精度下降，甚至可能无法得到有效的数据。因此，有必要对大天顶角条件下的大气校正算法进行地球曲率校正。

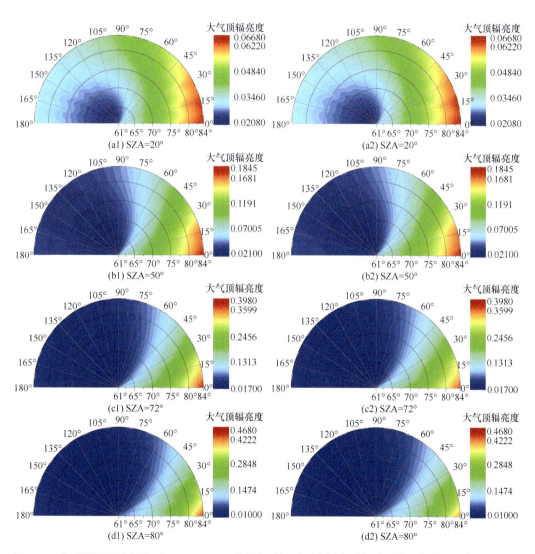

图 2.49　大观测天顶角条件下，MC-SRTM 模型在平行平面分层和平行球面分层条件下计算得到仅由
Mie 散射贡献的大气顶辐亮度（C50 气溶胶模型，865 nm）

（1）、（2）分别代表平行平面分层假设条件和平行球面分层假设条件；半圆图的半径为观测天顶角，范围为 60.55°~84.55°；
圆周方向为相对方位向

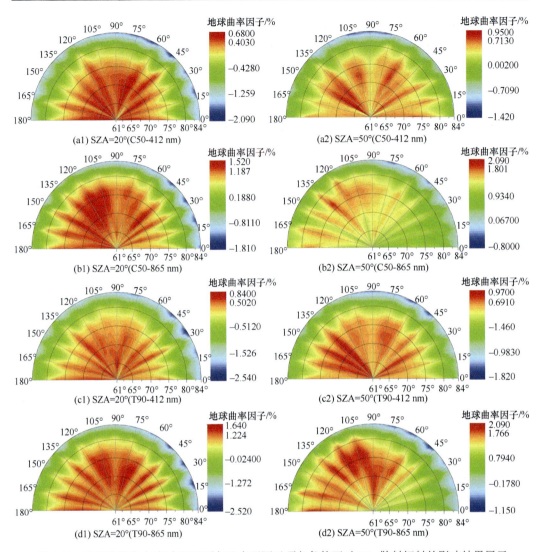

图 2.50 地球曲率在中-低太阳天顶角及大观测天顶角条件下对 Mie 散射辐射的影响结果展示
（1）、（2）对应的太阳天顶角（SZA）分别为20°和50°；半圆图的半径为观测天顶角，范围为60.55°～84.55°；圆周方向为相对方位向

2.5.3 大观测天顶角条件下地球曲率影响校正

基于 MC-SRTM 模型，本章已经针对 Aqua/MODIS 建立了球面 Rayleigh 散射查找表，并且通过 SeaDAS 软件进行了大气校正应用。结果表明，球面 Rayleigh 散射查找表在中-低天顶角条件下的校正效果与 SeaDAS 原本查找表的校正效果较为一致。然而在大太阳天顶角条件下，地球曲率影响较为明显，此时球面 Rayleigh 散射查找表大气校正的效果较好。本节使用 HY-1C/COCTS 的 L1B 数据，以验证本章建立的球面 Rayleigh 散射查找表在大观测天顶角条件下大气校正的适用性。本章选择 2019 年 9 月 11 日和 2021 年 12 月 25 日的两组 HY-1C/COCTS 的 L1B 数据（https://osdds.nsoas.org.cn/［2025-04-02］），

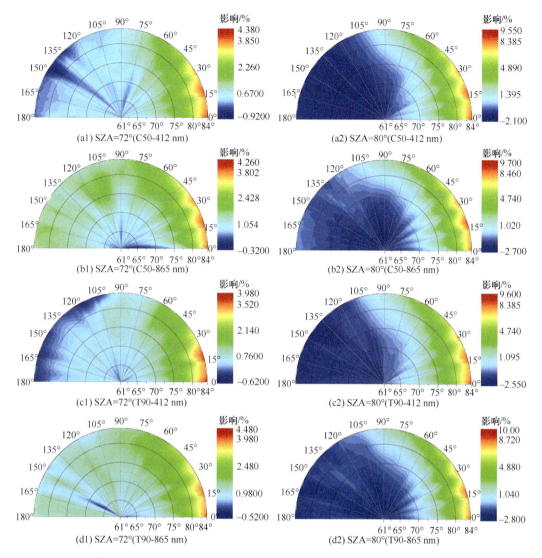

图 2.51　地球曲率在大太阳/观测天顶角条件下对 Mie 散射辐射的影响

（1）、（2）对应的太阳天顶角（SZA）分别为 72°和 80°；半圆图的半径为观测天顶角，范围为 60.55°~84.55°；圆周方向为相对方位向

中心纬度分别为 45°N 和 20°N，中心经度为 6°E 和 16°E。与 Aqua/MODIS 的 L1B 数据选择方法一样，选择这两组数据的原因是它们受云层影响较小，而且观测天顶角在轨道边缘最大达到 72°。

　　图 2.52 和图 2.53 展示了在 2019 年 9 月 11 日，采用球面 Rayleigh 散射查找表和原本的查找表对 HY-1C/COCTS 的 L1B 数据进行大气校正后得到的离水辐亮度数据的对比结果。图 2.54 和图 2.55 为 2021 年 12 月 25 日的探测数据及对比结果。从中可以看出，这两组数据在探测时，太阳天顶角都小于 60°，观测天顶角最大都达到 72°。在这种探测条件下，采用两种查找表进行大气校正得到的离水辐亮度空间分布较为一致，相关性较好。此外，对比两种查找表的归一化离水辐亮度的绝对偏差和 Rayleigh 散射辐亮度的绝对偏差，其变化趋势与 2.4.3 节 Aqua/MODIS 的结果一致。均存在球面 Rayleigh 散射查

表 2.9 当观测天顶角为 64.91°、78°和 84.55°时，Mie 散射辐亮度在平行平面分层和平行球面分层假设下的相对误差最大值

观测天顶角/(°)	太阳天顶角/(°)	相对误差/%			
		C50-412 nm	C50-865 nm	T90-412 nm	T90-865 nm
64.91		<0.62	<1.44	<0.57	<1.63
78	20	<0.36	<1.51	<0.49	<1.26
84.5		<2.09	<1.81	<2.54	<2.51
64.91		<0.95	<1.49	<0.82	<1.89
78	50	<0.75	<2.09	<0.72	<2.09
84.55		<1.42	<0.82	<1.82	<1.15
64.91		<0.72	<1.11	<0.85	<1.29
78	72	<1.91	<2.00	<1.95	<2.26
84.55		<4.36	<4.25	<3.97	<4.46
64.91		<2.06	<2.22	<1.88	<2.27
78	80	<3.33	<2.32	<3.51	<2.49
84.55		<9.54	<9.68	<9.57	<9.96

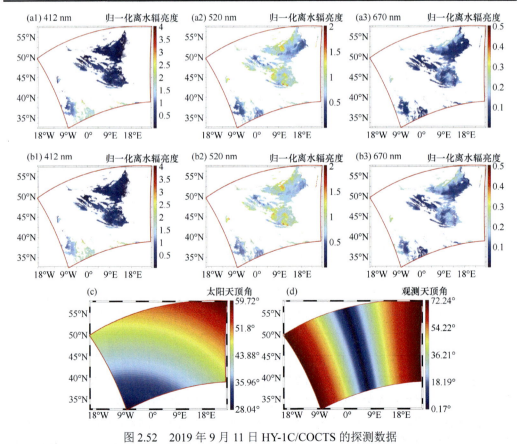

图 2.52 2019 年 9 月 11 日 HY-1C/COCTS 的探测数据

（a1）～（a3）用 COCTS 原 Rayleigh 散射查找表进行大气校正后得到的归一化离水辐亮度；（b1）～（b3）用球面 Rayleigh 散射查找表进行大气校正后得到的归一化离水辐亮度；（c）太阳天顶角；（d）观测天顶角

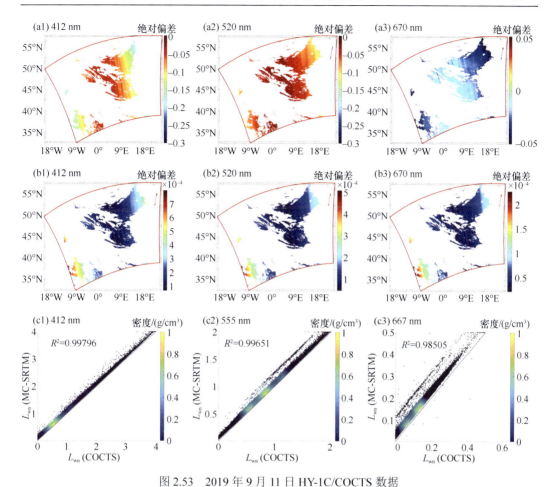

图 2.53　2019 年 9 月 11 日 HY-1C/COCTS 数据

（a1）～（a3）两种查找表大气校正后归一化离水辐亮度的绝对偏差；（b）两种查找表大气校正时 Rayleigh 散射辐亮度的绝对偏差；（c）两种查找表大气校正得到的归一化离水辐亮度密度图

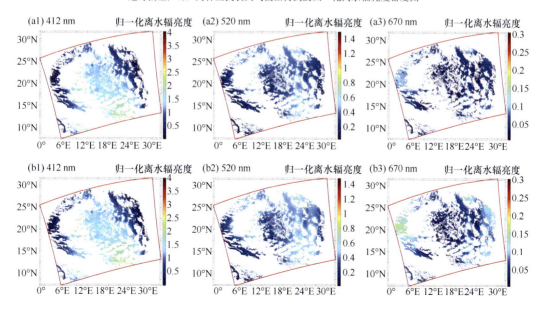

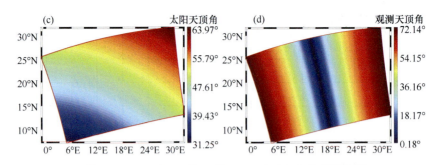

图 2.54　2021 年 12 月 25 日 HY-1C/COCTS 的探测数据

（a1）～（a3）用 COCTS 原 Rayleigh 散射查找表进行大气校正后得到的归一化离水辐亮度；（b1）～（b3）用球面 Rayleigh
散射查找表进行大气校正后得到的归一化离水辐亮度；（c）太阳天顶角；（d）观测天顶角

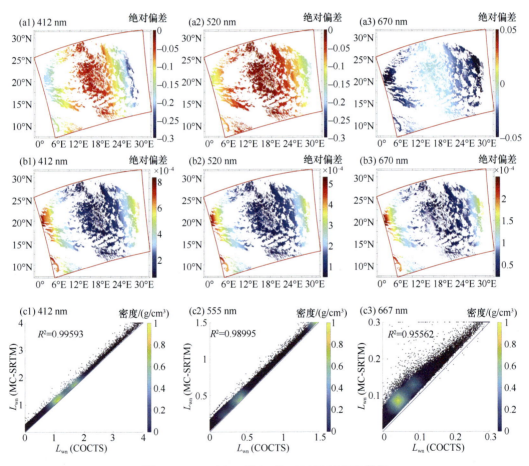

图 2.55　2021 年 12 月 25 日 HY-1C/COCTS 数据

（a1）～（a3）两种查找表大气校正后归一化离水辐亮度的绝对偏差；（b1）～（b3）两种查找表大气校正时 Rayleigh 散射
辐亮度的绝对偏差；（c1）～（c3）两种查找表大气校正后归一化离水辐亮度密度图

找表得到的归一化离水辐亮度值略大于原 Rayleigh 散射查找表的校正结果的现象，因为
在大太阳天顶角/大观测天顶角条件下，地球曲率的影响都较为明显。因此 Rayleigh 散
射查找表的校正结果会比原 Rayleigh 散射查找表的结果大，这一结果与第 2.5.1 节中关
于地球曲率对 Rayleigh 散射辐射的研究结果相符。综上所述，可以认为本章建立的球面

Rayleigh 散射查找表在大天顶角的复杂探测条件下进行大气校正得到的离水辐亮度数据具有足够的精度。

　　基于 MC-SRTM 模型，本节对大量的 HY-1C/COCTS 数据进行大气校正，并选取观测天顶角大于 60°的数据，分析球面 Rayleigh 散射查找表在大观测天顶角下大气校正的精度。本节将基于球面 Rayleigh 散射查找表进行大气校正后离水辐亮度数据与原 COCTS 查找表校正结果进行对比，建立不同天顶角条件下的密度图，如图 2.56 所示。总体来看，对于 412 nm 波段，两种查找表计算得到的离水辐亮度数据之间具有较好的相关性。此外，根据 2.5.1 节地球曲率在大观测天顶角条件下对 Rayleigh 散射影响的计算结果，平行平面分层结构条件下计算的大气顶辐亮度值高于平行球面分层结构。因此，COCTS 查找表基于平行平面分层假设进行大气校正，会造成去除了过量的 Rayleigh 散射辐亮度，导致用 COCTS 查找表进行大气校正后得到的离水辐亮度略低于球面 Rayleigh 散射查找表的校正结果。

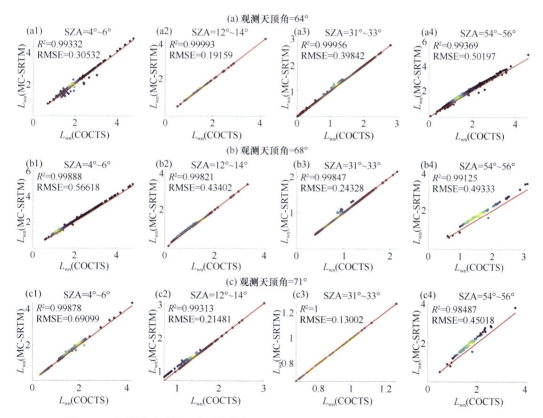

图 2.56　大观测天顶角下球面查找表和 COCTS 查找表校正标准离水辐亮度密度图

（a）～（c）对应观测天顶角分别为 64°、68°和 71°；（1）～（4）对应太阳天顶角分别为 5°、13°、32°和 55°；红色直线为 1∶1 参考线

　　本节基于 MC-SRTM 模型，在大观测天顶角条件下，对 HY-1C/COCTS 传感器进行考虑了地球曲率的 Rayleigh 散射大气校正，证明了球面 Rayleigh 散射查找表的精度，并且分析了地球曲率对 Rayleigh 散射大气校正的影响。通过上述研究，本章认为，对于极轨卫星和静止卫星在轨道边缘（观测天顶角>60°）的探测数据，特别是对于采用圆盘观

测的静止卫星，其轨道边缘观测天顶角远超过 60°，最大可以达到 90°，采用 MC-SRTM 模型，进行考虑地球曲率的大气校正可以得到精度更高的离水辐亮度数据，从而有助于提高后续海洋水色信息的反演精度，为水色信息的进一步研究及应用提供模型基础。

2.6　小　　结

水色遥感大气校正算法面临的一个挑战是大太阳天顶角（>70°）和大观测天顶角（>60°）卫星观测数据的有效处理，这些情况下需要对地球曲率影响进行校正以提高数据的准确性和利用率。针对该难题，本章基于蒙特卡罗方法建立了三维球面辐射传输模型（MC-SRTM），并通过与多个辐射传输模型的比较，验证了 MC-SRTM 模型在大太阳天顶角（>70°）和大观测天顶角（>60°）下的适用性。基于 MC-SRTM 模型，本章详细分析了地球曲率在大太阳天顶角和大观测天顶角条件下对 Rayleigh 散射和 Mie 散射的影响，建立了适用于大天顶角的球面 Rayleigh 散射查找表，并将其用于大气校正，本章的主要结论如下。

针对大天顶角（太阳天顶角大于 70°，或者观测天顶角大于 60°）条件下大气校正存在的问题，本章利用蒙特卡罗方法，考虑地球曲率、Rayleigh 散射和 Mie 散射等多方面因素，模拟了光子在大气及海面的辐射传输过程。以此为基础，建立了三维球面辐射传输模型，为后续复杂条件下的大气校正提供模型基础。为验证 MC-SRTM 模型精度，本章将其最近的 Korkin 模型的标量和矢量 Rayleigh 散射结果进行对比，结果表明两者的相对偏差不超过 1.07%，证明 MC-SRTM 模型在大观测天顶角条件下具有较好的模拟能力。与 PCOART-SA 模型的 Rayleigh 散射和 Mie 散射计算结果对比，MC-SRTM 模型在太阳天顶角大于 70°且观测天顶角小于 60°条件下，最大相对偏差为 2.67%，平均相对偏差为 0.62%，证明了 MC-SRTM 模型在大太阳天顶角下同样具有较高的模拟精度。

基于 MC-SRTM 模型，本章针对大太阳天顶角条件，模拟了三种大气（纯大气分子、纯气溶胶以及大气分子和气溶胶混合）条件下的平面和球面假设的大气顶辐亮度，得到地球曲率在三种大气条件下的影响结果。研究发现，在太阳天顶角达到 80°且观测天顶角小于 60°的条件下，地球曲率在 412 nm 波段对 Rayleigh 散射的影响最大达到 2.77%，在 865 nm 波段的影响达到 4.23%。对于相同的天顶角条件，地球曲率对混合大气、纯气溶胶大气以及混合大气中的 Mie 散射贡献的影响也较为显著，在 412 nm 波段分别达到 4.23%、5.36%和 3.37%，在 865 nm 波段分别达到 4.63%、4.97%和 4.64%。因此本章认为在大太阳天顶角条件下，有必要对水色卫星大气校正算法引入地球曲率的影响。此外，本章针对大太阳天顶角条件，建立球面 Rayleigh 散射查找表。基于该查找表，利用 SeaDAS 软件对 Aqua/MODIS 的 L1B 数据进行大气校正，将校正后的归一化离水辐亮度数据与 SeaDAS 原 Rayleigh 散射查找表的校正结果进行对比。结果表明，对于中-低天顶角，地球曲率影响较小，球面 Rayleigh 散射查找表与 SeaDAS 原 Rayleigh 散射查找表的校正结果非常一致，相关系数在 0.99 以上。对于大太阳天顶角条件，考虑了地球曲率的球面 Rayleigh 散射查找表在大气校正中表现相对较好。

在大观测天顶角条件下，本章分别计算了三种大气的平面和球面假设的大气顶辐亮度，详细分析了地球曲率在大观测天顶角条件下对 Rayleigh 散射和 Mie 散射的影响。研究发现，当观测天顶角大于 60°，且太阳天顶角小于 70°时，地球曲率对 Rayleigh 散射的影响在 412 nm 波段最大达到 2.56%，在 865 nm 时，地球曲率影响达到 9.93%。相同的天顶角条件下，地球曲率对混合大气、纯气溶胶大气以及混合大气中 Mie 散射贡献的影响在 412 nm 波段分别达到 1.89%、2.6% 和 2.54%。865 nm 波段对应的最大影响分别为 2.23%、2.23% 和 2.51%。此外，在太阳天顶角大于 70°且观测天顶角大于 60°时，综合考虑 412 nm 和 865 nm 两个波段，地球曲率对 Rayleigh 散射和 Mie 散射的影响最大分别为 10.81% 和 9.96%。因此可以认为大观测天顶角条件下，特别是当太阳天顶角和观测天顶角均较大的情况，必须在水色卫星大气校正算法中引入地球曲率的影响校正。本章针对大观测天顶角条件，进一步建立球面 Rayleigh 散射查找表，并对 HY-1C/COCTS 的 L1B 数据进行大气校正。受到地球曲率的影响，球面 Rayleigh 散射查找表在大观测天顶角条件下进行大气校正后得到的离水辐亮度略大于 COCTS 原 Rayleigh 散射查找表的校正结果。

第 3 章 晨昏水色遥感大气校正方法

3.1 引　　言

自 1978 年世界第一颗海洋水色卫星遥感器 CZCS 发射以来，水色卫星遥感已成为全球尺度海洋生态环境监测的重要手段[94-96]。通过单颗极轨水色卫星遥感器，可以每天对部分区域进行观测，实现全球覆盖通常需要 1~2 天时间，这在很大程度上推动了对海洋环境变化的实时监测与科学研究。然而，极轨卫星每天一次的观测频率难以满足近海高动态水体环境的连续监测需求，尤其是在临近中午观测时的太阳天顶角较大，以及冬季极地等高纬度海区的监测挑战。针对这一科学问题，国际上开始发展从早到晚连续观测的静止轨道水色卫星，以弥补极轨卫星监测频次不足的缺陷。然而，目前现有的水色卫星遥感技术在处理太阳天顶角大于 70°的观测数据时遇到了困难，尤其是对于静止轨道卫星的晨昏观测数据和极轨卫星冬季高纬度观测数据，缺乏有效的处理方法和精确的大气校正模型。本章致力于解决这一问题，系统开展了大太阳天顶角下的水色卫星遥感研究，并取得了一系列创新研究成果。本章的主要创新点包含以下几个方面。

首先，本章通过使用考虑地球曲率影响的海-气耦合矢量辐射传输模型 PCOART-SA，定量分析了在大太阳天顶角条件下水色三要素（叶绿素、悬浮物、黄色物质）的遥感可探测性。研究表明，即使在太阳天顶角达到 80°时，仍然可以有效探测到微小的悬浮物变化和黄色物质吸收系数变化，虽然叶绿素浓度的探测存在挑战，但在某些波段仍然可以分辨出较大的变化。

其次，本章提出了基于卫星日内多次观测样本训练的神经网络大气校正方法，成功应用于处理静止轨道水色卫星的晨昏观测数据及极轨水色卫星冬季高纬度观测数据。这种方法通过直接利用卫星一天内多时相的观测数据构建训练数据集，显著提高了在大太阳天顶角下的观测数据处理效率和准确性，实现了从早到晚逐小时海洋水色组分的精确反演。

综上所述，本章不仅是首次系统研究了大太阳天顶角下水色卫星遥感的探测能力，还提出了创新的数据处理方法和改进的反演模型，填补了静止轨道和极轨卫星在高太阳天顶角下的技术空白。这些研究成果不仅对海洋生态环境监测具有重要意义，也为我国未来自主卫星的技术发展和应用提供了重要的理论和方法支持。未来，我们期望这些成果能够促进水色遥感技术在全球范围内的广泛应用，为海洋环境保护和可持续发展做出更大的贡献。

3.2 大太阳天顶角下水色卫星探测能力

本章选择大气顶层的水体辐射信号（卫星所接收到的信号）作为研究对象，为了研究水体成分变化引起的大气层顶辐射信号变化，本章使用 PCOART-SA 模型模拟了不同水体类型和不同观测几何的大气顶层辐亮度分布[49]。本章选取信噪比（SNR）作为指标参数，假定两个观测点 a1 和 a2，当两者在观测天顶角、观测方位角和太阳天顶角相同时，两点发射出的辐亮度信号的差异则来源于水色组分的变化。水色卫星的探测极限即为卫星传感器分辨相邻两个像素之间水体成分的微小差异的能力。本章利用静止水色卫星传感器 GOCI 为例[97, 98]，使用 GOCI 具体的波段参数和信噪比（详见表 3.1）。信噪比的计算公式如下：

$$\mathrm{SNR} = L/\mathrm{NedL} \tag{3.1}$$

式中，L 为辐亮度；NedL 为等效噪声辐亮度（以 GOCI 为例，见表 3.1）。

则两个相邻像元点 a1 和 a2 点的信噪比及变化可以使用式（3.2）和式（3.3）计算：

$$\mathrm{SNR}_{a1,a2} = L_{a1,a2}/\mathrm{NedL} \tag{3.2}$$

$$\Delta\mathrm{SNR} = \mathrm{SNR}_{a1} - \mathrm{SNR}_{a2} \tag{3.3}$$

式中，$L_{a1,a2}$ 为 a1 和 a2 点的大气层顶的上行辐亮度。

在实际计算中，固定水体中各成分的含量，使用辐射传输模型 PCOART-SA 模拟得到大气顶层的辐亮度数据，除以表 3.1 中的等效噪声辐亮度，得到 SNR_{a1} 值，继而，改变水体中某一成分的含量，如叶绿素浓度，再一次模拟，得到 SNR_{a2} 值。则 $\Delta\mathrm{SNR}$ 值等于 SNR_{a1} 与 SNR_{a2} 值之差。本研究使用信噪比变化值 $\Delta\mathrm{SNR}$ 作为最终判别参数，$\Delta\mathrm{SNR}$ 表征了光谱信号的差异，$\Delta\mathrm{SNR}$ 越大越容易被水色卫星分辨出来。$\Delta\mathrm{SNR}$ 的理论分辨极限阈值设为 1，即当计算得到两点因水色成分不同造成的 $\Delta\mathrm{SNR}$ 大于 1 时，信号改变才能被卫星分辨出来。海洋水色卫星传感器在太阳天顶角较大的情况下，大气校正性能和传感器标定不确定度会降低其探测能力。因此，本章的探测极限值是水色卫星探测能力的上限。

表 3.1　GOCI 波段参数

波段	中心波段/nm	波段宽度/nm	典型输入辐亮度 / [W/ (m²·μm·sr)]	饱和辐亮度 / [mW/ (cm²·μm·sr)]	信噪比	等效噪声辐亮度 / [W/ (m²·μm·sr)]
B1	412	20	100.00	152.0	1000	0.100
B2	443	20	92.50	148.0	1090	0.085
B3	490	20	72.20	116.0	1170	0.067
B4	555	20	55.30	87.0	1070	0.056
B5	660	20	32.00	61.0	1010	0.032
B6	680	10	27.10	47.0	870	0.031
B7	745	20	17.70	33.0	860	0.020
B8	865	40	12.00	24.0	750	0.016

3.2.1　叶绿素浓度探测极限

在确定了使用两个相邻像元的 $\Delta\mathrm{SNR}$ 作为水色卫星探测能力的研究参数后，可以进行具体水色要素的研究，本节研究了水色卫星叶绿素浓度探测极限。具体方法为固定水体中其他要素浓度、太阳天顶角和观测天顶角等，针对三种水体，即清洁水体（CHL=0.05μg/L，TSM=0.1mg/L，忽略 CDOM）、大陆架水体（CHL=1μg/L，TSM=1mg/L，CDOM=0.15m^{-1}）和富营养化水体（CHL=5μg/L，TSM=1mg/L，CDOM=0.2m^{-1}），仅改变水体中叶绿素浓度，使用 PCOART-SA 进行模拟。图 3.1 展示了当叶绿素浓度变化为 0.01μg/L 时，大气顶层所接收到的 ΔSNR（443nm 波段）。由图 3.1 可知，观测方位角对 ΔSNR 影响较小，但观测天顶角对 ΔSNR 的影响是显著的，表现为 ΔSNR 随着观测天顶角的增大而减小（从 15 减小到 1）。这表明，离水辐亮度信号在穿过长距离的大气路径时迅速衰减，且大气散射背景噪声影响增大，降低了到达大气顶层的水色信号强度，使得卫星更难分辨水色信号（ΔSNR 较低）。考虑到大气校正和仪器定标的不确定性，我们认为当叶绿素浓度变化引起的大气顶层信噪比变化大于 1 时［图 3.1（b）中红色直线为 ΔSNR=1，高于红线的点为信噪比变化大于 1 的值］，则卫星能探测到。如图 3.1（b）所示，对于清洁水体，当太阳天顶角等于 30°时，观测天顶角小于 30°的卫星叶绿素探测能力比观测天顶角大于 50°时高 10 倍以上（ΔSNR 减小到十分之一），而当观测天顶角小于 30°，0.01μg/L 的叶绿素浓度变化所引起的 ΔSNR 值远远大于 1，这表明在这个观测几何下，该类型的水体中 0.01μg/L 的叶绿素浓度能够容易被探测到。对于陆架水体和富营养化水体中 0.1μg/L 和 0.2μg/L 的叶绿素浓度变化，其引起的 ΔSNR 远远低于相应的清洁水体。当观测天顶角大于 40°时，ΔSNR 值下降到 1 以下，这表明高叶绿素浓度水体中叶绿素浓度的变化比清洁水体更难探测，而观测天顶角过大时，卫星对微小的叶绿素浓度变化的探测是极具挑战性的。为了研究太阳天顶角的影响，我们选取固定观测天顶角 30°，并在讨论部分对观测天顶角的影响进行分析。

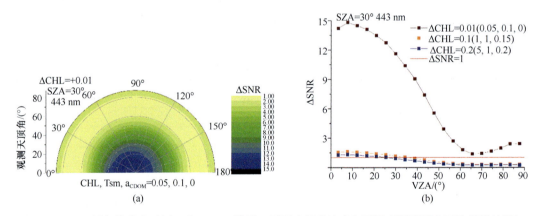

图 3.1　ΔSNR 模拟值分布示例（在 443nm 波段，不同叶绿素浓度和不同观测天顶角下的模拟结果）

　　图 3.2 展示了当观测天顶角为 30°时，在不同水体类型和不同太阳天顶角下，叶绿素浓度信号的可探测性（ΔSNR）和探测极限值。可以看到，太阳天顶角变化在三种类型的水体所引起的 ΔSNR 是非常显著的，当太阳天顶角从 30°增加到 80°时，443nm 波段的信号可探测性降低到原来的不到十分之一。在清洁水体中，当太阳天顶角小于 67°时，0.01 μg/L 的叶绿素浓度变化所引起 ΔSNR 大于 1，即能被探测器所观测到；而当太阳天顶角大于 70°时，ΔSNR 太小，大气顶层的水色信号则难以分辨。在大陆架水体中，

只有当太阳天顶角小于 34°时，0.1 μg/L 的叶绿素浓度变化才能被卫星探测到。针对大陆架水体，我们还模拟了 0.2 μg/L 的叶绿素浓度变化（未在图 3.1 中展示），研究表明，当太阳天顶角大于 50°之后将无法探测到。针对富营养化水体，0.2 μg/L 的叶绿素浓度变化在所有太阳天顶角下都无法被探测到。

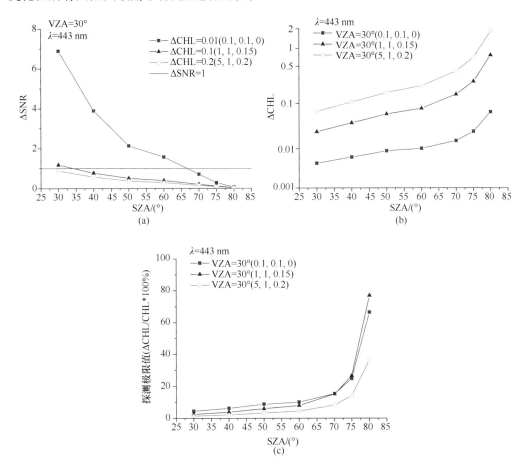

图 3.2　当 VZA=30°时，不同水体类型和不同太阳天顶角下，叶绿素浓度信号的可探测性（ΔSNR）和探测极限值

正方形、三角形和圆形分别代表清洁水体、大陆架水体和富营养化水体

　　光学厚度增大，紫外波段到蓝光波段的衰减增强，所以在太阳天顶角较大时叶绿素浓度的变化很难被探测到。为了定量化不同水体类型和太阳传感器观测几何下的水色信号探测能力，必须对 ΔSNR 进行线性插值，在 ΔSNR=1 时的叶绿素浓度变化值即为卫星探测极限值。图 3.2（b）展示了不同情况下卫星叶绿素浓度探测能力的定量化结果。可以看到，水体叶绿素探测能力受太阳天顶角的影响巨大，卫星可探测到的最小叶绿素浓度变化随太阳天顶角的增大而增大。图 3.2（b）的纵坐标轴为对数坐标轴，可知当太阳天顶角从 30°增加到 70°时，叶绿素浓度探测极限值缓慢增大，而当太阳天顶角超过 70°后，极限值迅速增大。当太阳天顶角等于 30°时，清洁水体的叶绿素浓度探测极限值为 0.0044 μg/L，当 SZA 从 30°增加到 70°，可探测到的叶绿素浓度增加到 0.015μg/L（约增

加了 3 倍），而当 SZA=80°时，可探测到的叶绿素浓度增加到 0.066μg/L（约 15 倍）。卫星对于富营养化水体的叶绿素探测能力远低于清洁水体，在不同的太阳天顶角下，卫星的叶绿素探测能力可能衰减 30 倍以上，这是由于在叶绿素浓度较高的水体中，色素的强吸收作用会造成大气顶层接收到的信号衰减。图 3.2（c）展示了叶绿素浓度探测极限占水体中的比例，图中折线清楚地展示了当太阳天顶角大于 70°时卫星叶绿素探测能力的迅速衰减。例如，当太阳天顶角等于 30°，使用 443nm 波段，清洁水体中可探测到的叶绿素浓度为 0.0044μg/L（占背景叶绿素浓度的 4.4%），陆架水体中为 0.024μg/L（占 2.4%），富营养化水为 0.069μg/L（占 1.38%）。而当太阳天顶角等于 80°时，三种水体中叶绿素浓度的探测极限分别为 0.066μg/L（占 66%）、0.770μg/L（占 77.0%）和 1.834μg/L（占 36.7%）。总的来说，模拟结果显示，大太阳-传感器的观测几何会显著影响水色信号的探测能力，当太阳天顶角大于 70°，噪声信号过大，需要提高卫星的信噪比来探测水体中叶绿素浓度变化。

3.2.2 CDOM 探测极限

CDOM 的吸收光谱曲线从紫外到蓝光波段（小于 490nm）迅速衰减，CDOM 浓度的变化在这个光谱区域最为敏感。本章选择 412nm 波段作为 CDOM 探测极限的研究波段（所选用示例卫星 GOCI 的 8 个波段中对 CDOM 最为敏感的波段），研究了两种水体，即陆架水体（CHL=1μg/L，TSM=1mg/L，CDOM=0.15m^{-1}）和富营养化水体（CHL=5μg/L，TSM=1mg/L，CDOM=0.2m^{-1}）的 CDOM 变化所引起的大气顶层信号改变。将 CDOM 吸收系数的变化设置为 0.001m^{-1}进行了模拟。图 3.3 展示了不同太阳天顶角与水体类型中 CDOM 的探测极限值。如图 3.3（a）所示，在中低太阳天顶角下，CDOM 变化所引起的大气顶层信号变化较大，能够被卫星观测到，而随着太阳天顶角的增大，CDOM 信号的可探测性迅速下降。当太阳天顶角小于或等于 70°时，CDOM 吸收系数 0.001 m^{-1}的变化能够被探测到；而当太阳天顶角大于 70°，该变化引起的 ΔSNR 值小于 1，即无法被探测到。我们同样模拟了两倍的 CDOM 吸收系数变化（0.002m^{-1}），可以看到，在太阳天顶角较小时这可以显著提高信号的可探测性，而当太阳天顶角大于 70°时，两倍 CDOM 变化依然无法被探测到。图 3.3（b）展示了 CDOM 探测极限的定量化结果。两种水体类型 ΔSNR 值差距不大，CDOM 变化是 ΔSNR 值的主导因素。我们还模拟了其他水体的结果，发现悬浮物浓度较高的水体中，CDOM 变化所引起的信号变化比低悬浮物浓度水体高 300 多倍，这说明水体中悬浮物能够增强后向散射作用，增大水色卫星对于 CDOM 的探测能力。图 3.3（c）展示了水色卫星 CDOM 探测极限值占水体中 CDOM 的比例，可以看到，即使在太阳天顶角极大时，水色卫星也可以探测到水体中 CDOM 的 5%左右变化。

3.2.3 悬浮物浓度探测极限

悬浮物浓度的反演通常是基于光谱波段中红光波段和绿光波段的反射率和辐亮度。

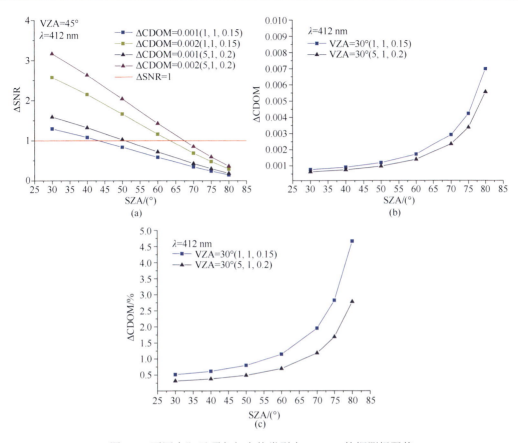

图 3.3　不同太阳天顶角与水体类型中 CDOM 的探测极限值

在含沙水域中，悬浮物对于更长光谱波段如红光、近红外波段离水辐亮度具有显著的贡献，因此悬浮物浓度反演算法也常用到这些波段。本章选取红光波段 670nm 作为研究波段，并针对三种具有代表性的水体类型进行了模拟研究。三种水体类型为低浑浊度水体（CHL=1μg/L，TSM=1 mg/L，CDOM=0.15 m^{-1}）、中等浑浊度水体（CHL=1μg/L，TSM=20 mg/L，CDOM=0.2 m^{-1}）和高浑浊度水体（CHL=1μg/L，TSM=100 mg/L，CDOM=0.2 m^{-1}）。将悬浮物浓度的变化分别设置为 0.1 mg/L、1 mg/L 和 2mg/L 进行了模拟。图 3.4 展示了不同太阳天顶角与水体类型中悬浮物浓度的探测极限值。与叶绿素相同的是，太阳天顶角对于不同水体类型中悬浮物浓度的探测都有显著的影响。在三种浑浊程度的水体中，当太阳天顶角从 30°增加到 80°时，0.1 mg/L、1 mg/L 和 2mg/L 的悬浮物浓度变化所引起的大气顶层 ΔSNR 值降低到原来的 1/8～1/6（分别从 3.7、27.38 和 14.41 下降到了 0.63、4.64 和 2.27）。通过线性插值和外推，定量化了不同水体类型和太阳天顶角下的悬浮物浓度探测极限，结果如图 3.4（b）所示。在中等太阳天顶角下（30°），三种水体类型在大气顶层可探测到的悬浮物浓度变化值分别为 0.0014mg/L、0.025 mg/L 和 0.131 mg/L。而当太阳天顶角从 30°增加到 80°时，卫星对于三种水体悬浮物浓度的探测能力衰减了 7 倍以上，分别为 0.016 mg/L、0.211 mg/L 和 0.911 mg/L。关于悬浮物浓度在低浑浊度水体中的可探测性研究，我们的模拟结果与 Pahlevan 等[99]的结果一致，在中等观测天顶角

（40°）和太阳天顶角下（50°），结果分别为 0.0065mg/L 和 0.009mg/L。然而，在太阳天顶角较大时，我们的结果为 0.211mg/L，Pahlevan 等模拟得到的结果为 0.1mg/L。这种差异可能是模拟中使用的背景成分浓度（在我们的研究中 CHL=1.0μg/L，TSM=1.0 mg/L，CDOM=0.15 m^{-1}；而在 Pahlevan 等的研究中 CHL=0.5μg/L，TSM=0.5 mg/L，CDOM=0.045 m^{-1}）和选择的波长不同（在我们的研究中为 670 nm，在 Pahlevan 等的研究中为 650 nm）。此外，参考水色卫星传感器的信噪比存在较大差异，这将得到不同的探测极限值。此外，Pahlevan 等的工作没有考虑地球大气层的曲率和偏振效应，这可能会导致模拟的大太阳天顶角下大气顶层辐射有严重误差。所引起的大气顶层信号改变恰能被水色卫星探测到的悬浮物浓度所占原水体的比例在图 3.4（c）中显示。由图 3.4 可知，微小的悬浮物浓度变化会引起信号可探测性的显著变化，即使在太阳天顶角较大时，悬浮物浓度 2%的变化仍然可以探测到。

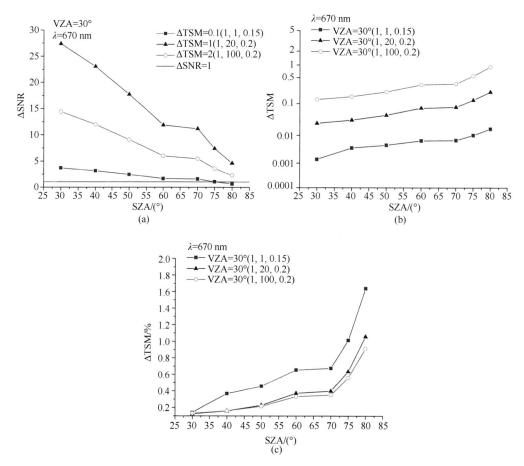

图 3.4　不同太阳天顶角与水体类型中悬浮物浓度的探测极限值

3.3　大太阳天顶角下静止水色卫星资料大气校正

3.3.1　静止卫星神经网络大气校正模型

3.3.1.1　神经网络训练数据集

大气顶层总辐亮度由瑞利散射辐亮度、气溶胶散射辐亮度、瑞利气溶胶多次散射辐亮度、太阳耀斑辐亮度、白帽辐亮度和离水辐亮度构成。根据 Gordon 等的研究[100]，瑞利散射辐亮度可以使用矢量大气辐射传输模型精确地计算出来。白帽辐亮度、太阳耀斑辐亮度等也可以直接估算。气溶胶类型和厚度在空间和时间范围内都有很大的变化，因此很难估计气溶胶散射贡献量。于清澈开阔的海洋水域，由于在近红外波段对纯海水的强烈吸收，可以通过假设离水辐亮度为零（暗像元假设）来估计气溶胶在近红外波段的散射辐射。然而，在沿海地区，高度浑浊的水域在近红外波段有显著的贡献，这使得标准大气校正失效。尽管现在已经有很多针对二类水体的大气校正模型，但这些算法存在高估气溶胶贡献的现象，这会导致反演得到的遥感反射率产品存在明显偏差。

由于精确估算和去除气溶胶贡献是非常困难的，我们使用了一种神经网络方法，通过绕过气溶胶散射辐亮度的计算，直接获得遥感反射率产品。神经网络大气校正模型能否成功处理卫星数据，关键在于神经网络训练数据集的构建。首先将瑞利校正辐亮度定义为

$$L_{rc}(\lambda) = L_t(\lambda) - T(\lambda)L_g(\lambda) - tL_{wc}(\lambda) - L_r(\lambda) \tag{3.4}$$

在式（3.4）中，右侧的项可以从 SeaDAS 中获取，同时，太阳天顶角、太阳方位角、观测天顶角和观测方位角也通过 SeaDAS 计算得到。值得注意的是，由于地球曲率的影响，SeaDAS 中的瑞利散射查找表在大太阳天顶角下存在很大的不确定性。因此，这里使用了 Xu 等生成的考虑地球曲率的新瑞利散射查找表[101]，该表基于 PCOART-SA 模型（考虑地球曲率效应的海气耦合系统矢量辐射传输模型），适用于大太阳天顶角的观测环境。为了避免由 GOCI 波段响应函数对瑞利散射校正造成的误差，我们使用通用瑞利散射查找表研究了 GOCI 波段响应函数的影响。结果如图 3.5 所示，在太阳天顶角为 20° 和 80°时，波段响应函数对瑞利散射辐射的影响可以忽略不计（分别小于 0.096%和 0.204%）。

本章从韩国卫星海洋中心获取了 2018 年云层覆盖率较小（海洋区域云层覆盖小于 60%）的 GOCI L1B 级数据。为了保证训练数据集在不同季节的代表性，每月选取 40～90 幅卫星影像，最终共选出 760 幅 GOCI 影像用来提取训练数据集。由于混浊近岸海域的大气校正精度较差，我们根据 SeaDAS 生成的二级产品中的浑浊水体标志，选择了清澈的开阔海域建立训练数据集。此外，基于 2 级产品，以下四个标准用于提取高质量的遥感反射率数据集。

（1）首先检查 3×3 像元框中有效遥感反射率像素的百分比（不包括陆地像素）。如果大于 50%，则通过以下质量评估进一步检查框中的数据，否则将该数据丢弃。

（2）计算 3×3 像元框中有效遥感反射率值的平均值和标准差（SDs）。我们将遥感

反射率值超出平均值±1.5SD 范围的像素丢弃。

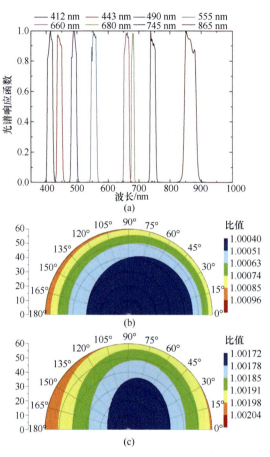

图 3.5　（a）为 GOCI 波段响应函数；（b）和（c）为太阳天顶角 20°和 80°时 412nm 处瑞利散射辐亮度 L_r（等效波段）与 L_r（高光谱）的比值；L_r（等效波段）是使用等效瑞利光学厚度的结果，L_r（高光谱）是用光谱响应函数加权的高光谱计算结果；在（b）和（c）中，径向和圆周方向分别表示传感器的观测天顶角和太阳-传感器的相对方位角

　　（3）重新计算剩余有效像素的平均值和标准差，并确定变异系数（CV）（SD 除以平均值）以检查空间异质性。如果 CV 小于 0.15，则下一步采用该像元框，否则丢弃。

　　（4）利用白天 8 次 GOCI 观测的 4 个中间时段的值来检验遥感反射率的时间稳定性。如果四个观测值的 CV 小于 0.15，则采用该像元框训练神经网络模型，否则丢弃。

　　标准（1）～（3）保证了所选用的训练数据在空间范围内的一致性，避免了仪器或杂散云引起的噪声；标准（4）保证了所选用的训练数据在时间范围内的一致性，避免了水华或强流引起的水体快速变化。

　　在提取出高质量的中午时段的遥感反射率数据集后，根据相同的位置和时间窗对中午时段的遥感反射率和晨昏时段的瑞利校正辐亮度进行匹配。基于海洋生物处理小组（ocean biological processing group）提出的用于卫星和实测数据匹配的时间窗口，我们采用了一个 3h 的时间窗口来匹配中午遥感反射率数据集和晨昏时段的瑞利校正辐亮度。

具体来讲，当地时间 08:55 的瑞利校正辐亮度和 11:55 的遥感反射率相匹配，当地时间 15:55 的瑞利校正辐亮度和 12:55 的遥感反射率相匹配。值得注意的是，我们忽略了 3h 内遥感反射率的空间和时间的变化，这对于开阔海洋水域是合理的。

最终，我们总共提取了 1614217 条一一对应的数据集，用于训练和测试神经网络，分别以 8 个 GOCI 波段的瑞利校正辐亮度和遥感反射率作为输入和输出参数。对于这个训练数据集，太阳天顶角范围为 0°～88.7°，因此涵盖了从低到高的几乎所有太阳天顶角（图 3.6）。

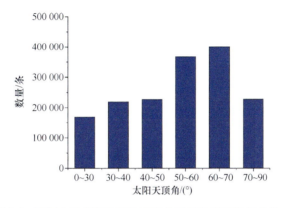

图 3.6　不同太阳天顶角下的高质量遥感反射率数据的分布

3.3.1.2　神经网络大气校正模型的训练

神经网络方法是预测、识别、函数逼近和模式分类的有力工具。根据以往的研究，具有非线性激活函数的神经网络可以近似模拟非线性过程[102]。因此，训练一个神经网络来寻找瑞利校正辐亮度和遥感反射率之间的关系是可行的。在构造神经网络时，需要根据输入输出参数、训练样本和函数复杂度来确定中间层（或隐层）和神经元的最佳数目。通过对单层神经网络模型和多层（三隐层）神经网络模型的比较，发现单层神经网络具有与多层模型相似的精度，但训练数据所需的时间较少。因此，我们选择单层神经网络作为模拟工具。我们还比较了不同数目神经元的效果，最终决定使用神经元的数量为 11 个。

简单地说，本章建立了一个从瑞利校正辐亮度到遥感反射率的具有单个隐含层的神经网络。所建立的神经网络模型包括输入层、输出层和隐含层，隐含层中包含 11 个神经元。输入层共有 11 个元素，包括 8 个 GOCI 波段的太阳天顶角、观测天顶角、相对方位角和瑞利校正辐亮度，它们都来自于晨昏时段的 GOCI 数据，即当地时间 8:55 和 15:55 的观测结果。输出层共有 8 个元素，即 8 个 GOCI 波段的遥感反射率，来自于中午时段的 GOCI 数据，即当地时间 11:55 和 12:55 的观测结果。输入和输出参数的规范化过程由嵌入 MATLAB 神经网络工具箱中的 premnmx、tramnmx 和 postnmx 函数自动完成。此外，我们使用 k-fold 方法交叉验证来避免过度拟合。首先，将初始训练数据集分为 10 个部分。选择其中一部分作为训练的交叉验证部分，其余 9 部分用来训练神经网络。对每个部分重复 10 次交叉验证，然后取 10 个结果的平均值，得到最终的交叉验证估计值。该方法的优点是重复使用随机生成的部分进行训练和验证，每次都对结果进行验证。隐含层神经元的传递（激活）函数采用双曲正切 sigmoid 函数，隐层神经元用线性函数传递到输出。另外，采用 Levenberg-Marquardt 反向传播算法对网络进行训练。神经网络的初始值由系统随机获取，取值范围为 0～1，训练时权重值和偏差值迭代更新。使用训练目标（即中午时间段的遥感反射率）和神经网络输出结果的均方根误差之间的均方根误差来评估训练结果。一旦均方根误差增加或迭代次数超过 1000 次，训练就会停止。最后在 MATLAB 中实现了上述过程。

神经网络准备好后，利用训练数据集对所建立的模型进行训练和测试。将整个训练数据集分为模型训练数据集和精度评估数据集，分别占总数据集的 70% 和 30%。由于模型训练和评估数据集是从整个训练数据集中随机选取的，因此这些数据集的太阳天顶角范围与整个训练数据集几乎相同，如图 3.6 所示。

3.3.1.3 实测数据集

为了测试新建立的神经网络大气校正模型的性能，需要使用实测数据集进行精度检验。本章使用了 GOCI 观测区域的三个实测站位 AERONET-OC（Aerosol Robotic Network-Ocean Color）收集的现场实测的遥感反射率数据，其分布如图 3.7 所示。AERONET-OC 是为了支持不同尺度的大气研究而开发的，其测量数据来自世界各地的 CE-318 分布式自主太阳光度计，通过安装在灯塔、海洋监测塔和石油塔等海上平台上的 CE-318，提供了测量离水辐射的能力[103]。通过标准化测量流程，在卫星海洋水色验证中发挥了重要作用。AERONET-OC 站点通过标准化测量获取实测水色参数，即①使用单一测量系统和协议在不同地点执行；②使用相同的参考源和方法校准；③使用相同的代码进行处理。本章将所下载的实测数据集分为了两部分，第一部分包括了 2013～2019 年的 Ieodo 站位、2015～2019 年 Socheongcho 站位和 2011～2012 年 Gageocho 站位（该站位仅在 2011 年和 2012 年有实测数据）所有的实测数据；第二部分包括来自于三个 AERONET-OC 站位的大太阳天顶角（大于 70°）现场遥感反射率数据。第一个部分的数据集共计有 217 个现场实测遥感反射率数据；第二个部分的数据集共计有 63 个数据。值得注意的是，由于算法失效和云层覆盖，GOCI 反演得到的数据和现场实测数据之间的最终成功匹配数量少于数据集的总数。

算法精度评估所使用的统计参数包括绝对百分比误差（APD）、相对百分比误差（RPD）和均方根误差（RMSD），计算公式如式（3.5）～式（3.7）所示：

$$RPD(\%) = 100\% \times \frac{1}{N}\sum_{i=1}^{N}\frac{Y_i - X_i}{X_i} \tag{3.5}$$

$$APD(\%) = 100\% \times \frac{1}{N}\sum_{i=1}^{N}\left|\frac{Y_i - X_i}{X_i}\right| \tag{3.6}$$

$$RMSD = \sqrt{\frac{\sum_{i=1}^{N}(Y_i - X_i)^2}{N}} \tag{3.7}$$

式中，X_i、Y_i 和 N 分别为实测值、反演值和样本数。

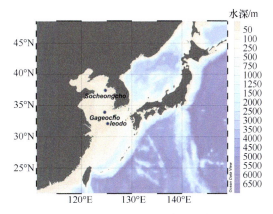

图 3.7　三个 AERONET-OC 实测站位的分布

3.3.2　静止卫星神经网络大气校正模型精度评估

3.3.2.1　卫星数据集评估

　　为了检验静止卫星神经网络大气校正模型的精度，本章使用卫星数据集来评估该模型的精度。图 3.8（a）～（f）展示了基于卫星数据集的神经网络大气校正模型在不同太阳天顶角下的精度。可以看到，虽然在太阳天顶角较大时神经网络模型精度有所下降（太阳天顶角为 60°～70°和 80°～88°时，APD 分别为 6.75%和 10.89%），但新的模型依然可以在太阳天顶角为 80°～88°时工作。为了测试神经网络大气校正模型对于输入瑞利校正辐亮度噪声的敏感性，在卫星数据集中对输入瑞利校正辐亮度加上了 5%的随机误差，结果如图 3.8（g）～（h）所示（由于篇幅所限，这里仅给出了太阳天顶角 50°～60°和 80°～88°引入噪声的结果）。通过比较图 3.8（c）与图 3.8（g）和图 3.8（f）与图 3.8（h），发现在太阳天顶角为 50°～60°和 80°～88°时，瑞利校正辐亮度的 5%随机误差使 APD 分别从 7.88%增加到 12.74%和从 8.30%增加到 15.98%。表 3.2 展示了将 5%随机误差加入瑞利校正辐亮度中所引起的误差增量。由表 3.2 可知，对于极大的太阳天顶角（如超过 80°），该模型对大气顶层处输入的辐射噪声非常敏感。例如，对于 490nm 波段，5%的随机误差导致太阳天顶角为 50°～60°和 80°～88°时的 APD 增量分别为 3.70%和 8.64%。

　　图 3.9 展示了由神经网络大气校正模型反演得到的遥感反射率值在 8 个 GOCI 波段的结果。由散点图可知，神经网络模型在 GOCI 全部波段的反演结果都围绕在 1∶1 线附近。总的来说，反演的遥感反射率值与已知值一致，相关系数都大于 0.93，在较短的波段相关系数更高。神经网络大气校正模型在各个波段表现的统计参数如表 3.3 所示。在除了紫光波段的可见光波段，绝对误差百分比都在 6%左右（443nm、490nm、555nm、660nm 和 680nm 的 APD 值分别为 5.95%、4.97%、6.14%、7.41%和 7.84%）。在近红外波段，相对较高的 APD 和 RPD 值是由于这些波段的遥感反射率值较低引起的。这些结果都表明，所建立的神经网络大气校正模型能够准确地学习训练数据集。

　　尽管神经网络能够很好地学习训练数据集，但如果训练数据集中存在误差，会对训练好的神经网络造成多少影响也需要进行定量化研究。我们分别在训练数据集的中午遥

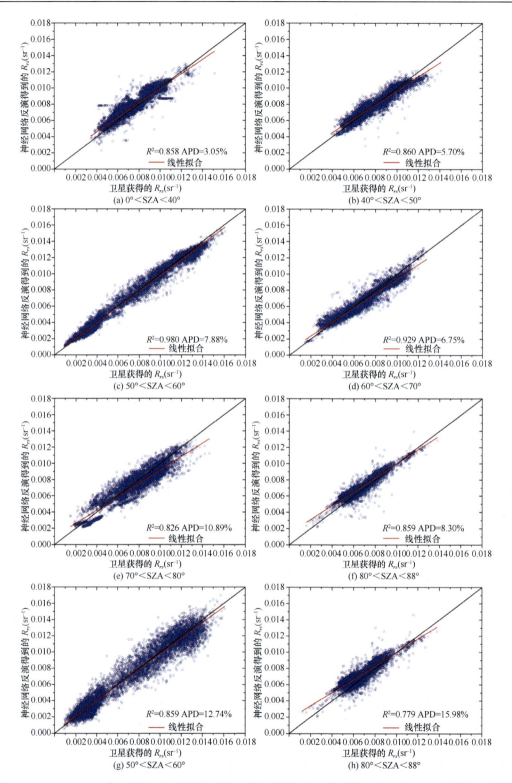

图 3.8　（a）～（f）为在不同太阳天顶角范围，用神经网络大气校正算法反演的遥感反射率与卫星数据集的比较；（g）～（h）与（a）～（f）相同，但在输入瑞利校正辐亮度时加上 5%的随机误差

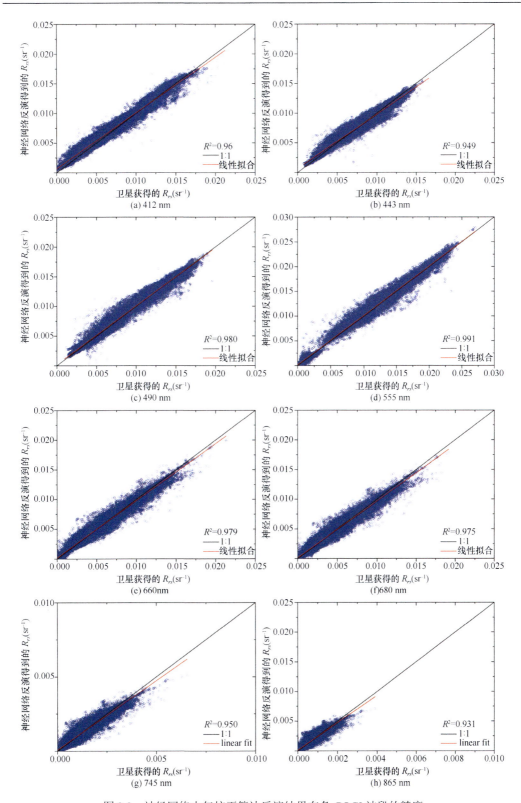

图 3.9　神经网络大气校正算法反演结果在各 GOCI 波段的精度

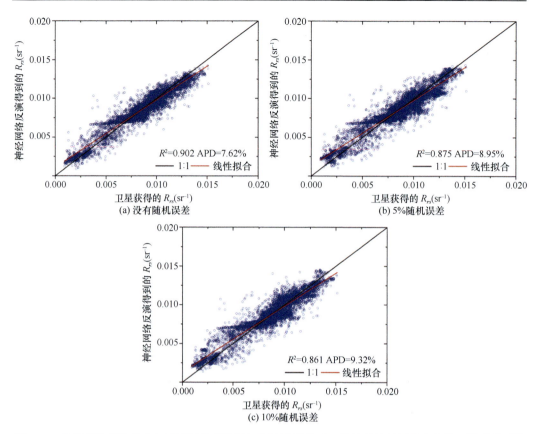

图 3.10　在训练数据集的中午遥感反射率数据加入随机误差后，训练的神经网络大气校正模型的反演结果

表 3.2　向瑞利校正辐亮度添加 5% 的随机误差导致的算法误差增量

波段	412nm（50°～60°）	443nm（50°～60°）	490nm（50°～60°）	555nm（50°～60°）	660nm（50°～60°）	680nm（50°～60°）	745nm（50°～60°）	865nm（50°～60°）
RMSD/（sr⁻¹）	0.00029	0.00029	0.00031	0.00024	0.00012	0.00013	0.00003	0.00001
APD/%	5.61	4.86	3.70	3.68	7.35	8.39	4.28	3.71
RPD/%	0.95	2.07	0.26	2.89	4.18	4.53	5.14	3.33
波段	412nm（80°～88°）	443nm（80°～88°）	490nm（80°～88°）	555nm（80°～88°）	660nm（80°～88°）	680nm（80°～88°）	745nm（80°～88°）	865nm（80°～88°）
RMSD/（sr⁻¹）	0.00052	0.00048	0.00042	0.00033	0.00028	0.00024	0.00007	0.00005
APD/%	9.61	7.68	8.64	8.94	13.02	12.58	16.49	16.25
RPD/%	8.11	4.59	0.96	4.51	11.23	11.73	13.24	13.01

感反射率值上添加 5% 和 10% 的随机误差，并研究了这些误差对神经网络大气校正算法的影响。图 3.10 展示了在训练数据集中引入误差后，神经网络大气校正算法的反演结果与真实值之间的比较。可以看到，引入误差后的神经网络算法反演结果依然围绕在 1：1 线附近，在训练数据集的中午遥感反射率数据中引入 5% 的随机误差后，绝对误差百分比值仅从 7.62% 增加到 8.95%。而当引入 10% 的随机误差后，绝对误差百分比值也仅增加到 9.32%。这些结果表明，训练数据集的不确定性对生成的神经网络大气校正模型影响有限。

表 3.3 神经网络大气校正模型在各个波段表现的统计参数

波段	412 nm	443 nm	490 nm	555 nm	660 nm	680 nm	745 nm	865 nm
				训练数据集				
N	1134217	1134217	1134217	1134217	1134217	1134217	1134217	1134217
RMSD/sr	0.00048	0.00037	0.00035	0.00041	0.00045	0.00041	0.00008	0.00007
APD/%	8.07	4.63	3.79	5.59	6.28	7.26	9.16	10.47
RPD/%	0.27	0.69	1.17	−0.96	−1.17	−1.57	2.45	1.12
				评估数据集				
N	480000	480000	480000	480000	480000	480000	480000	480000
RMSD/sr	0.00069	0.00056	0.00057	0.00066	0.00055	0.00054	0.00011	0.00013
APD/%	10.97	5.95	4.97	6.14	7.41	7.84	14.07	16.01
RPD/%	0.74	0.96	1.28	2.41	−2.16	−1.94	7.15	7.62

3.3.2.2 实测数据集评估

利用 AERONET-OC 的现场实测数据进一步验证了所建立算法的准确性。图 3.11（a）～（e）展示了每个 GOCI 波段的反演值和实测值之间的比较（来源于实测数据集的第一部分，即 Socheongcho、Gageocho 和 Ieodo 三个站位所有太阳天顶角的数据）。作为比较，集成在 SeaDAS 中的标准大气校正算法（NIR 迭代大气校正算法）和在 GDPS 中的 KOSC 大气校正算法的反演结果也展示在图中。总体而言，使用神经网络大气校正算法（蓝点）反演获得的遥感反射率值比使用 NIR 和 KOSC 算法获得的遥感反射率值更接近于实测真值，这表明神经网络算法具有良好的性能。值得一提的是，新的神经网络算法有效地反演得到了 193 个匹配点，而 NIR 和 KOSC 算法分别为 136 个和 154 个有效点。

图 3.11（f）展示了当太阳天顶角超过 70°时，在全部波段三种算法的反演结果。很明显，在大太阳天顶角下，神经网络算法的结果（蓝点）比其他两种算法（红点和绿点）更靠近 1∶1 线，精度更高。此外，与 NIR 算法（115 个有效点）和 KOSC 算法（140 个有效点）相比，神经网络算法反演得到了更多的有效点（240 个有效点，超过了其余两种算法近两倍）。

表 3.4 展示了使用三个 AERONET-OC 站位获取的实测数据对神经网络大气校正算法、NIR 迭代算法和 KOSC 算法的精度评估。总体而言，神经网络算法的相对误差和均方根误差最小，以 443nm 波段为例，三种算法的相对误差分别为 29.89%，91.54%和 36.00%，均方根误差分别为 0.00164、0.00310 和 0.00182，这说明了神经网络算法具有更高的精度。Ahn 和 Park[104]基于朝鲜半岛周边的现场实测数据，评估了 GOCI 遥感反射率的产品精度，其在 443nm、490nm 和 555nm 的相对误差分别为 22.4%、18.3%和18.3%。神经网络算法的精度略低于他们的验证结果（在这个三个波段分别为 29.89%、22.17%和23.76%）。这是由于神经网络算法使用中午的 GOCI 遥感反射率产品作为训练数据，这个产品是由 SeaDAS 中的标准大气校正算法反演得到的，因此，标准大气校正算法的不确定性也传递给了神经网络大气校正模型。此外，我们用于验证算法的实测数

据包含了大太阳天顶角下的数据，与仅处理中低太阳天顶角数据的标准大气校正算法相比，神经网络模型的验证结果较差一些是合理的。

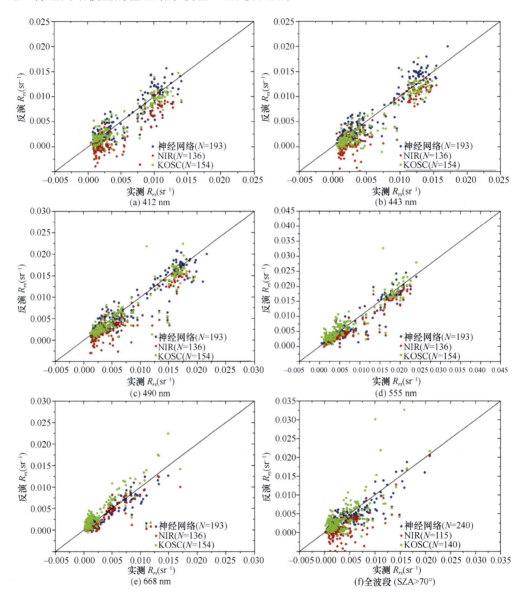

图 3.11　三种大气校正算法和 AERONET-OC 现场实测数据反演的遥感反射率的比较

（a）～（e）单个波段的比较；（f）为所有太阳天顶角度大于 70°实测数据的比较

表 3.5 展示了仅使用大太阳天顶角的数据评估三种算法的结果。可以看到，在太阳天顶角较大时，三种算法的精度都有所下降，但 NIR 算法精度下降最为显著，而神经网络算法的精度下降最小。例如，在 490nm 处，对于 NIR 算法，均方根误差、绝对误差和相对误差值从 0.00304 sr^{-1}、51.03%和-47.51%增加到 0.00499sr^{-1}、87.60%和-87.03%，但对于神经网络算法，仅从 0.00202 sr^{-1}、22.17%和-8.11%增加到 0.00253 sr^{-1}，30.41%和-6.80%。因此，神经网络算法明显更适用于处理大太阳天顶角数据。

表 3.4　使用三个 AERONET-OC 站位获取的实测数据对神经网络大气校正算法、NIR 迭代算法和 KOSC 算法进行精度评估得到的统计参数

波段	N	R^2	RMSD（sr^{-1}）	APD/%	RPD/%
412nm NN	193	0.842	0.00179	36.95	−0.83
443nm NN	193	0.896	0.00164	29.89	0.84
490nm NN	193	0.894	0.00202	22.17	−8.11
555nm NN	193	0.918	0.00215	23.76	−15.79
668nm NN	193	0.822	0.00142	40.43	6.90
412nm NIR	136	0.675	0.00368	121.97	−117.17
443nm NIR	136	0.773	0.00310	91.54	−80.30
490nm NIR	136	0.834	0.00304	51.03	−47.51
555nm NIR	136	0.918	0.00234	29.68	−25.99
668nm NIR	136	0.749	0.00156	53.36	−50.06
412nm KOSC	154	0.832	0.00165	42.27	2.62
443nm KOSC	154	0.874	0.00182	36.00	−24.08
490nm KOSC	154	0.852	0.00227	22.56	−6.20
555nm KOSC	154	0.863	0.00249	42.75	27.54
668nm KOSC	154	0.719	0.00231	85.07	65.07

表 3.5　使用三个 AERONET-OC 站位获取的大太阳天顶角数据对神经网络大气校正算法、NIR 迭代算法和 KOSC 算法进行精度评估得到的统计参数

波段	N	R^2	RMSD（sr^{-1}）	APD/%	RPD/%
412nm NN	48	0.708	0.00194	39.35	14.24
443nm NN	48	0.695	0.00182	34.60	9.08
490nm NN	48	0.701	0.00253	30.41	−6.80
555nm NN	48	0.801	0.00231	29.97	−18.70
668nm NN	48	0.844	0.00158	41.40	−30.83
412nm NIR	23	0.253	0.00565	144.98	−144.98
443nm NIR	23	0.340	0.00563	132.88	−132.88
490nm NIR	23	0.362	0.00499	87.60	−87.03
555nm NIR	23	0.769	0.00256	41.13	−41.13
668nm NIR	23	0.437	0.00203	63.19	−61.06
412nm KOSC	28	0.496	0.00209	44.10	−6.47
443nm KOSC	28	0.487	0.00273	44.91	−38.51
490nm KOSC	28	0.428	0.00325	36.95	−4.86
555nm KOSC	28	0.615	0.00381	83.58	69.51
668nm KOSC	28	0.563	0.00373	139.28	122.08

3.4　大太阳天顶角下极轨水色卫星资料大气校正

3.4.1　极轨卫星神经网络大气校正模型

3.4.1.1　神经网络训练数据集

为了训练神经网络，我们从美国国家航空航天局（NASA）的海洋水色网站获取了 2017 年和 2018 年的 MODIS Aqua L1B 级数据（选取的图像在海洋中的云覆盖率小于

60%）。为确保已建立的训练数据集在不同季节具有代表性，每个月都选取了 5～25 幅卫星影像，结果在 2017 年和 2018 年共选取 532 幅影像。

与静止卫星神经网络大气校正模型相似，由于精确估算和去除气溶胶贡献是非常困难的，我们使用了神经网络方法来绕过气溶胶散射辐亮度的计算来获得准确的遥感反射率产品。适用于极轨卫星的大气校正模型，需要将太阳天顶角较小时的遥感反射率产品和太阳天顶角较大时的瑞利校正辐亮度产品相匹配。而训练数据集的选择规则如下。

（1）首先检查 3×3 像元框中有效遥感反射率像素的百分比（不包括陆地像素）。如果大于 50%，则通过以下质量评估进一步检查框中的数据，否则将该数据丢弃。

（2）计算 3×3 像元框中有效遥感反射率值的平均值和标准差（SDs）。我们将遥感反射率值超出平均值±1.5SD 范围的像素丢弃。

（3）重新计算剩余有效像素的平均值和标准差，并确定变异系数（CV）（SD 除以平均值）以检查空间异质性。如果 CV 小于 0.15，则下一步采用该像元框，否则丢弃。

（4）在 MODIS-Aqua 每天的观测数据中，选择中间时段的值（2～4 个）来检验遥感反射率的时间稳定性。如果数个观测值的 CV 小于 0.15，则采用该像元框训练神经网络模型，否则丢弃。

标准（1）～（3）保证了所选用的训练数据在空间范围内的一致性，避免了仪器或杂散云引起的噪声；标准（4）保证了所选用的训练数据在时间范围内的一致性，避免了水华或强流引起的水体快速变化。

在提取出高质量的太阳天顶角较小的遥感反射率数据集后，根据相同的位置和时间窗将遥感反射率和太阳天顶角较大的瑞利校正辐亮度进行匹配。基于海洋生物处理小组（ocean biological processing group）提出的用于卫星和实测数据匹配的时间窗口，采用了3h 的时间窗口来匹配中午遥感反射率数据集和晨昏时段的瑞利校正辐亮度。本章忽略了3h 内遥感反射率的空间和时间的变化，这对于开阔海洋水域是合理的[105]。

最终，我们总共提取了 1477611 条一一对应的数据集，用于训练和测试神经网络，分别以 10 个 MODIS-Aqua 波段的瑞利校正辐亮度和遥感反射率作为输入和输出参数。对于这个训练数据集，太阳天顶角范围为 0°～85°，因此涵盖了从低到高的几乎所有太阳天顶角（图 3.12）。

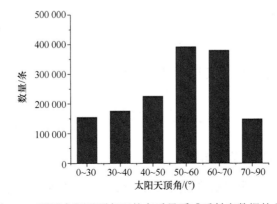

图 3.12　不同太阳天顶角下的高质量遥感反射率数据的分布

　　训练数据集中的遥感反射率、瑞利校正辐亮度、太阳天顶角、观测天顶角和相对方位角等都通过 SeaDAS 处理得到。

3.4.1.2　实测数据集

　　为了测试所建立的神经网络大气校正算法的性能，我们使用了 10 个 AERONET-OC站位（即 Socheongcho、Cove_seaprism、Mvco、Wavecis、Galata_Platform、Gloria、Thornton_C-power、Venise、Zeebrugge 和 Ieodo 站点）收集的实测遥感反射率数据，AERONET-OC 站位的具体分布如图 3.13 所示。共有 128 个现场实测遥感反射率数据来验证神经网络大气校正算法的反演结果。值得注意的是，由于算法失效或云层的覆盖，反演结果和实测遥感反射率之间的最终匹配数量少于这个总数。

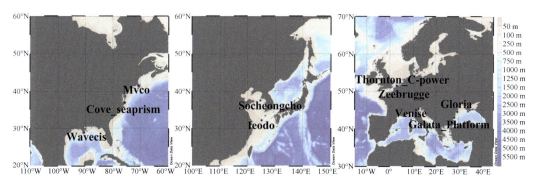

图 3.13　AERONET-OC 实测站位的分布（Socheongcho、Cove_seaprism、Mvco、Wavecis、Galata_Platform、Gloria、Thornton_C-power、Venise、Zeebrugge 和 Ieodo）

　　由于 AERONET-OC 站位提供的光谱数据是归一化离水辐亮度（L_{wn}），因此，我们将神经网络算法反演的遥感反射率转换到归一化离水辐亮度进行比较。公式如下：

$$R_{rs}(\lambda,\theta,\varphi) = L_{wn}(\lambda,\theta,\varphi)/F_0(\lambda) \tag{3.8}$$

式中，$F_0(\lambda)$ 为不同波段的平均大气层外太阳辐照度。

　　AERONET-OC 数据由 411nm、442nm、490nm、530nm、551nm 和 668nm 处的遥感反射率值组成，这些值对应于 MODIS 波段 412nm、443nm、488nm、531nm、555nm 和667nm。为了检验微小波长差异对验证结果的影响，我们使用 NASA 全球实测水体生物-光学数据集（NOMAD，最初基于 NASA 海洋生物处理组的实测海洋生物光学数据集）来比较 550nm 和 555nm 处的遥感反射率值。值得注意的是，AERONET-OC 和MOIDS-Aqua 波段之间的最大波长差为 4nm（AERONET-OC 为 551nm，MOIDS-Aqua为 555nm）。结果如图 3.14 所示，两个波段处的相对误差为 2.9%。考虑到 MOIDS-Aqua555nm 波段的 20nm 带宽和 4nm 差（551nm 和 555nm）的影响有限，在本章研究中忽略了 AERONET-OC 和 MODIS-Aqua 测量波段上的细微差别。

　　算法精度评估所使用的统计参数包括绝对百分比偏差（APD）、相对百分比偏差（RPD）和均方根偏差（RMSD），计算公式如式（3.5）～式（3.7）所示。

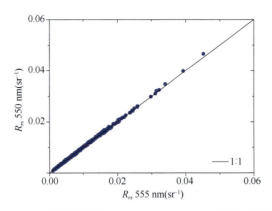

图 3.14　NOMAD 实测数据集中 555nm 和 550nm 波段遥感反射率的比较

3.4.2　极轨卫星神经网络大气校正模型精度评估

3.4.2.1　卫星数据集评估

与静止卫星相似，本章首先使用卫星数据集评估了适用于极轨卫星的神经网络大气校正模型。图 3.15 展示了由神经网络大气校正算法获得的遥感反射率在每个 MODIS-Aqua 波段与评估数据的真实值之间比较的散点图。在不同的波段，反演得到的遥感反射率与真值基本一致，散点围绕在 1∶1 线附近，线性相关系数 R^2 都大于 0.94。NN-AC 算法性能的统计结果如表 3.6 所示，可以看到，均方根误差、绝对误差和相对误差分别小于 0.00080 sr^{-1}、16.86% 和 8.30%。近红外波段相对较高的相对误差是由于这些波段的遥感反射率值很低导致的。这些结果表明，所建立的神经网络-大气校正算法能够准确地学习训练数据集。

图 3.16 展示了基于卫星数据集的新神经网络大气校正算法在不同太阳天顶角下的反演结果。可以看出，在不同太阳天顶角下，算法精度也不同，而当太阳天顶角较大时，算法的精度并没有明显下降。例如，在 35°～45° 范围内，R^2 为 0.971，相对误差为 13.99%，而在范围为 70°～90° 时，R^2 为 0.886，相对误差为 11.06%。这说明所训练的神经网络算法适用于大太阳天顶角的观测条件。

训练数据集中所使用的遥感反射率产品的不确定性会影响所建立算法的精度。为了检验这种影响，我们分别在训练数据集中遥感反射率加入 5% 和 10% 的随机误差，并检验这些误差对最终算法的影响。图 3.17 展示了在训练数据引入随机误差后，所建立的神经网络算法的反演结果。在 488nm 波段，将 5% 的随机误差增加到正午时间的遥感反射率上，模型的相对误差从 9.94% 提高到 15.30%。而将随机误差增加 10%，模型的相对误差增加到 21.17%。这些结果表明，训练数据集中的遥感反射率误差对最终的算法有一定影响，所以在筛选训练数据集时应该尽量避免误差。

3.4.2.2　实测数据集

利用 AERONET-OC 站点的实测数据进一步验证了所建立算法的准确性。图 3.18（a）～（e）展示了基于实测遥感反射率数据集，将神经网络大气校正算法反演结果与实测数据进行对比，作为对比，NIR 迭代大气校正算法的结果也展示在图中。总体而言，与 NIR 算法相比，神经网络算法（红点）反演的结果更接近于 1∶1 线，这表明新的神经网络算法具有较高的精度。图 3.18（f）展示了大太阳天顶角较大时（所使用的实测数据太阳天顶角都大于 70°）两种算法的反演结果。显然，在太阳天顶角较大时，神经网络算法比 NIR 算法精度更高。此外，神经网络算法比 NIR 算法反演得到的有效数据要多（考虑所研究的几个波段，神经网络算法共反演得到了 96 个有效数据，而 NIR 算法为 78 个有效数据）。

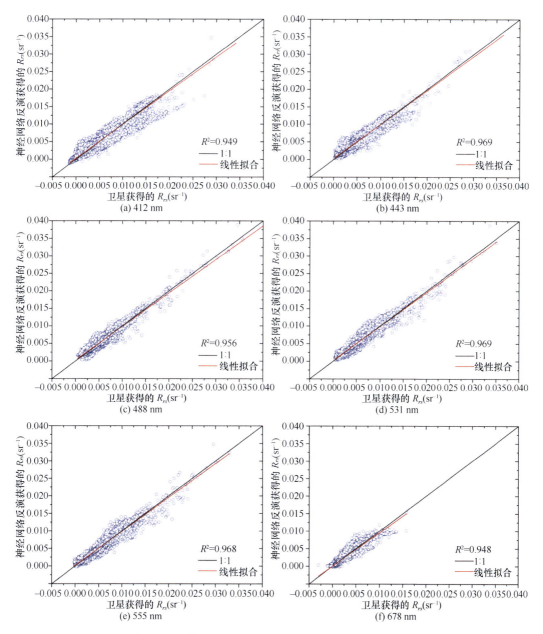

图 3.15　神经网络反演结果与卫星数据集真值的比较

表 3.6　使用卫星数据集评估神经网络大气校正算法的统计参数

波段	412 nm	443 nm	488 nm	531 nm	555 nm	678 nm
N	443000	443000	443000	443000	443000	443000
RMSD（sr^{-1}）	0.00080	0.00062	0.00052	0.00044	0.00042	0.00042
APD/%	11.09	12.54	9.94	8.16	12.96	16.86
RPD/%	0.89	5.02	4.06	2.92	5.87	8.30

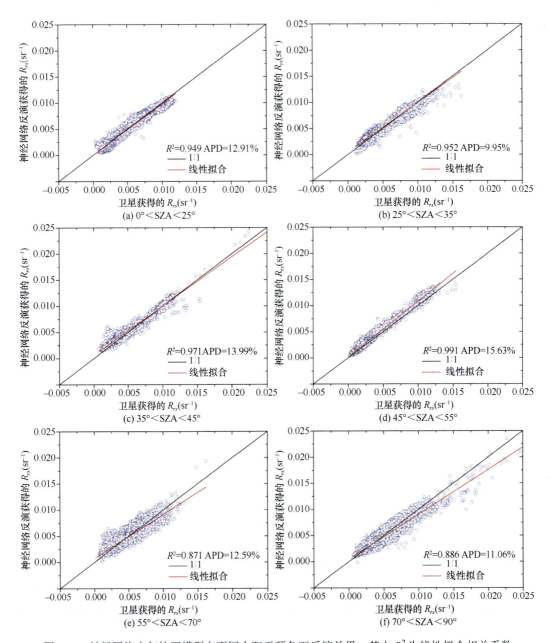

图 3.16　神经网络大气校正模型在不同太阳天顶角下反演效果。其中 R^2 为线性拟合相关系数

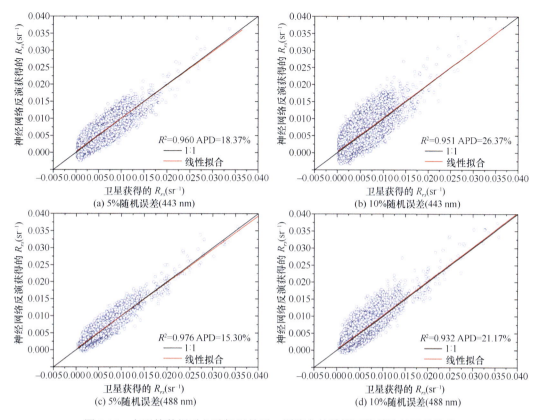

图 3.17　在训练数据引入随机误差后，所建立的神经网络算法的反演结果

表 3.7 给出了使用实测数据集评估神经网络大气校正算法和 NIR 算法的统计参数。总体而言，神经网络算法具有较小的相对误差和均方根误差值，这说明神经网络算法具有较高的性能。Goyens 等基于在法属圭亚那沿海和北海英吉利海峡附近巡航的现场数据验证了 MODIS-Aqua 产品的精度，发现在 412nm、443nm、488nm、531nm 和 555nm 处，遥感反射率产品的相对误差分别为 36%、21%、13%、11% 和 11%[106]。与它们的结果相比，神经网络算法的相对误差值较高（分别为 22.29%、23.11%、20.96%、23.14% 和 21.61%）。这是由于本章所建立的神经网络模型是使用太阳天顶角较小的遥感反射率数据作为训练数据的，这些数据是由 SeaDAS 中的标准大气校正算法反演得到的，因此标准大气校正算法的不确定性将传递到已建立的神经网络算法中。此外，用于验证算法的数据包含了很多大太阳天顶角的实测结果，因此与仅处理低至中等太阳天顶角条件的标准大气校正算法相比，相对误差值更大是合理的。

表 3.8 给出了使用大太阳天顶角实测数据集评估神经网络大气校正算法和 NIR 算法的统计参数。显然，在太阳天顶角较大的情况下，两种算法的性能都有所下降，而神经网络大气校正算法的性能优于 NIR 算法（神经网络和 NIR 算法的相对误差分别为 32.83% 和 43.60%）。由表 3.8 可知，神经网络算法大大提高了大太阳天顶角下遥感反射率的反演精度。

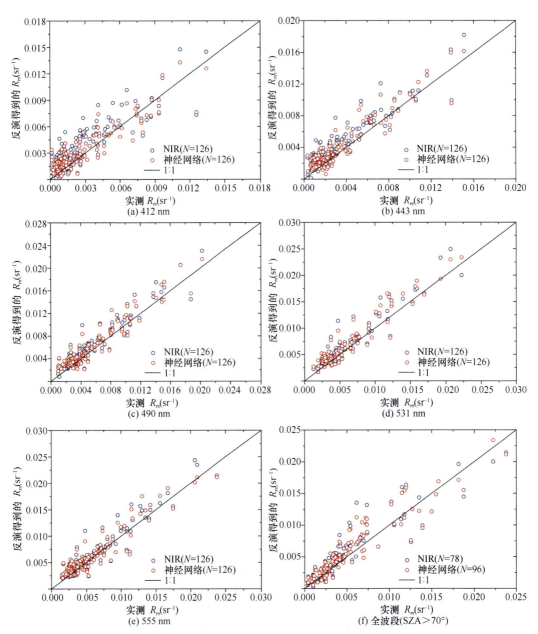

图 3.18　神经网络大气校正算法反演结果与实测数据的对比

（a）～（e）为每个波段的对比结果；（f）为大太阳天顶角较大时，两种算法的反演结果

表 3.7　使用实测数据集评估神经网络大气校正算法和 NIR 算法的统计参数

波段	N	R^2	RMSD（sr^{-1}）	APD/%	RPD/%
412nm NN	126	0.824	0.00099	22.29	11.32
443nm NN	126	0.884	0.00107	23.11	15.38
488nm NN	126	0.898	0.00131	20.96	13.40
531nm NN	126	0.906	0.00166	23.14	16.74
555nm NN	126	0.891	0.00143	21.61	11.25

续表

波段	N	R^2	RMSD（sr^{-1}）	APD/%	RPD/%
678nm NN	126	0.937	0.00070	34.29	17.63
412nm NIR	126	0.748	0.00148	41.67	31.15
443nm NIR	126	0.864	0.00129	30.72	26.69
488nm NIR	126	0.902	0.00136	22.85	17.77
531nm NIR	126	0.900	0.00182	24.81	20.37
555nm NIR	126	0.880	0.00146	19.31	11.66
678nm NIR	126	0.889	0.00062	30.67	12.94

表 3.8　使用大太阳天顶角实测数据集评估神经网络大气校正算法和 NIR 算法的统计参数

算法	N	R^2	RMSD（sr^{-1}）	APD/%	RPD/%
NN	94	0.873	0.00189	32.83	24.26
NIR	78	0.843	0.00218	43.60	34.03

3.5　大太阳天顶角下水色要素半分析反演

3.5.1　使用数据

3.5.1.1　实测数据

NASA 建立了一个全球范围内的实测海洋生物光学数据集（SeaBASS）来进行水色卫星的真实性检验和算法构建等工作[107]。SeaBASS 数据集中包括大量同步的辐射观测和浮游植物色素浓度测量。SeaBASS 中的 NOMAD 数据集包括大量按照一致步骤获取的辐射测量、固有光学特性和浮游植物色素浓度等[108]。最新版本的 NOMAD 数据集包括从赤道到极地在不同纬度区域采集的 3400 多个样本站，其水体类型从混浊的沿海水域到清澈的开阔海洋水域不等。这是适用于卫星海洋水色算法开发和产品验证的高质量数据集。由于 NOMAD 数据集中有些会缺少某个波段的遥感反射率数据或叶绿素浓度等数据，根据本研究的要求，对这些数据进行了仔细筛选，最终选用了 1243 个数据，包含了 6 个波段（412 nm、443 nm、490 nm、510 nm、555 nm 和 660 nm）的遥感反射率和叶绿素浓度。这些数据来源于不同的太阳天顶角观测条件，研究区域包含了高纬度地区和低纬度地区，研究水体类型包括了一类水体和二类水体。站位具体分布如图 3.19 所示。

SeaBASS-NOMAD 数据集中没有相应太阳天顶角的记录，因此需要计算每个采样数据的太阳天顶角。为此，本章采用 Woolf 提出的一种简单方法，计算公式如下：

$$\cos\theta_s = \sin\Phi * \cos\delta + \cos\Phi * \cos\delta * \cos(h) \qquad (3.9)$$

式中，θ_s 为太阳天顶角；Φ 为采样维度；δ 为太阳赤纬；h 为时角。

图 3.20 展示了所选 NOMAD 数据的太阳天顶角分布。可以看到，28.84%的样品是

在太阳天顶角较小的条件下进行的观测（SZA<40°），55.88%的样品在中等太阳天顶角条件下进行的观测（SZA=40°～70°），15.28%的样品在大太阳天顶角条件下进行的观测（SZA>70°）。

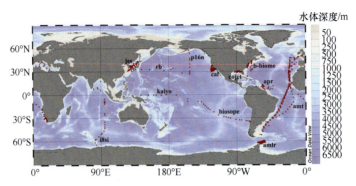

图 3.19　所选用的 NOMAD 数据集的采样站位
不同的航次名字标注在站位点旁边

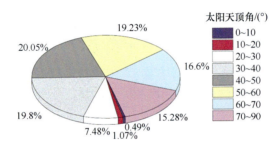

图 3.20　不同太阳天顶角数据占选取的 NOMAD 数据的百分比

3.5.1.2　模拟数据集

为了分析及改进叶绿素半分析反演模型在大太阳天顶角下的反演精度，基于 Hydrolight 辐射传输模型，在给定太阳天顶角度、水体组分浓度（叶绿素浓度、悬浮物浓度、CDOM 吸收系数）和底部与边界条件下，模拟了不同水体在 400～800nm（$\Delta \lambda = 1$ nm）光谱范围内的 5000 组光谱数据[7, 63]。在这些模拟中，叶绿素浓度的范围为 0～80 mg/m^3，CDOM 吸收系数为（443 nm）为 0～20 m^{-1}，悬浮物浓度为 0～80 g/m^3。每一组数据都是在这些成分范围内随机生成的，所有数据在这个范围内呈指数分布。为了检验太阳天顶角的影响，每组数据被分配一个随机的太阳天顶角。在这些输入之下，Hydrolight 能够模拟出不同类型的水体中辐亮度的分布及相关的参数（如遥感反射率、漫衰减系数）。

3.5.1.3　卫星拟数据集

为了验证太阳天顶角对卫星叶绿素浓度产品的影响，从韩国海洋卫星中心（Korea Ocean Satellite Center）下载了日本海某地区的 GOCI 二级数据并用半分析算法生成了相应的叶绿素浓度产品。GOCI 在白天每小时提供 8 个光谱波段（波段中心为 412 nm、443 nm、490 nm、555 nm、660 nm、680 nm、745 nm 和 865 nm）的中等空间分辨率数据

（500×500 m）。利用 GOCI 数据能够监测短期沿海海洋现象，如悬浮泥沙动态、赤潮、河流羽流和潮汐变化。在本研究中，针对日本海的特定区域（图 3.21），下载了 2015 年 2 月 2 日 GOCI 全天 8 次的观测数据，该区域是西北太平洋的半封闭深海边缘海。选择这一地区的原因为，在冬季 GOCI 的第一次和最后一次观测太阳天顶角往往超过 70°，此外，在这一地区的盆地，水域的浮游植物的生物量在一天之内是稳定的。

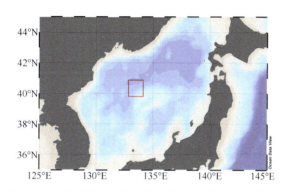

图 3.21　在日本海中部的研究区域（如图中红框所示）

3.5.2　研 究 方 法

3.5.2.1　半分析方法

半分析算法利用辐射传输方程（radiative transfer equation）的近似解以及水的光谱形状来求解水色组分浓度[100, 109]。与纯经验算法不同，半分析算法通常对不同的地理区域或水体类型不敏感，适用性较广。半分析算法的计算过程是基于表观光学量和固有光学量之间的关系，具体计算公式如下：

$$L_{wn} = \frac{tF_0(\lambda)}{n_w^2} \sum_{i=1}^{2} g_i [u]^i \tag{3.10}$$

$$u(\lambda) = \frac{b_b(\lambda)}{b_b(\lambda) + a(\lambda)} \tag{3.11}$$

式中，t 为海气透过率；g_i 为理想海洋中蒙特卡罗模拟得出的系数；$a(\lambda)$ 为总吸收系数；$b_b(\lambda)$ 为总后向散射系数；$u(\lambda)$ 为后向散射系数与吸收系数和后向散射系数之和的比值。

利用归一化的离水辐亮度，可以反演得到水体的总吸收系数和后向散射系数。其中，总吸收系数包括纯水、浮游植物色素和 CDOM 的吸收系数；总后向散射系数包括纯水和悬浮颗粒物的后向散射系数。目前，现行的主要半分析算法为 Lee 等提出的 QAA 算法和 Maritorena 等提出的 GSM01 算法[110]，这两种算法都被集成在 SeaDAS 处理系统中，用于处理全球的卫星数据。

这两种模型使用不同的计算方法，来反演单个水体成分的吸收系数和后向散射系数。QAA 模型根据遥感反射率数据，估算吸收系数和颗粒后向散射系数，再通过经验模型分解为浮游植物色素和 CDOM 的吸收。在这项研究中，QAA 的最新版本是从 IOCCG 网站下载的（http://ioccg.org/group/lee/［2025-04-03］），可以从 6 个波段的遥感反射率（412nm、443nm、490nm、510nm、555nm 和 670nm）推导各水体组分的吸收系数。叶绿素浓度可以由浮游植物比吸收系数（a^*_Φ）来进行计算，具体公式如下：

$$a^*_\Phi(443) = A * \exp\{B * \tanh(C * \ln([Chla]/D))\} \tag{3.12}$$

式中，A 和 D 为描述曲线对称点纵坐标和横坐标的参数；B 为图的渐近线；C 为曲线接近渐近线的速度（$A=0.44$，$B=1.05$，$C=-0.60$，$D=0.7$），$Chla$ 代表叶绿素浓度。

所使用的 a^*_Φ 波段选择了一个较短的波长（443nm），这是由于在这个波段浮游植物吸收较强。这个公式考虑了因浮游植物色素浓度、颗粒大小和打包效应变化引起的 a^*_Φ（443）改变。

与之不同的是，GSM01 算法采用了一组固定的参数，这些参数是根据使用统计优化程序的现场测量数据得出的。该模型使用合成数据进行评估，并调整模型参数以使其在全球海洋中的性能最大化。在参数调整合适的情况下，GSM01 算法在全球范围内都能有很高的反演精度。GSM01 模式的优点是能够同时获得吸收系数和后向散射系数，使其能够探索全球海洋的性质。在这项研究中，GSM01 模型是从 IOCCG 网站下载的（http://ioccg.org/group/lee/［2025-04-07］），本章使用它从遥感反射率数据估算叶绿素浓度。

3.5.2.2 使用神经网络模型从遥感反射率反演 u 值

为了方便计算，本章使用式（3.13）将水体表面之上的遥感反射率转换为次表层遥感反射率：

$$r_{rs} = \frac{R_{rs}}{T + \gamma Q R_{rs}} \tag{3.13}$$

式中，$T=t_-*t_+/n^2$，其中 t_- 为从水表面之下到水面之上的辐射透过率，t_+ 为水面之上到水面之下的辐射透过率，n 为水体折射率；γ 为水到空气中的反射系数。

结合式（3.13）、式（3.10）和式（3.11），就可以通过次表面遥感反射率反演得到总吸收系数和后向散射系数。另一方面，R_{rs} 可以使用 $u(\lambda)$ 值进行评估 [$(R_{rs}(\lambda)=g_0*u(\lambda)+g_1*u(\lambda)^2$]。根据文献的记录，$T\approx0.52$，$\gamma Q\approx1.7$，$g_0$ 与 g_1 分别等于 0.0949 和 0.0794，或 0.0895 和 0.1247。使用半分析模型反演叶绿素浓度时，这些模型参数未进行实际测量，它们会随太阳天顶角和颗粒散射相位函数的变化而变化，这表明，从卫星数据中反演生物光学特性的精度可能受到太阳天顶角的影响。

反演固有光学参量的精度与归一化离水辐亮度的精度息息相关，归一化离水辐亮度可使用式（3.14）计算：

$$L_{wn} = \frac{(1-\rho)(1-\rho^*)F_0R}{n_w^2 Q(1-rR)} \tag{3.14}$$

式中，ρ 为水体表面的菲涅耳反射率；ρ^* 为下行天空辐照度在水体表面的菲涅尔反射反照率；F_0 为平均大气层外的太阳辐照度；R 为水体表面之下的辐照度反射率；n_w 为水体折射率；Q 为上行辐照度和恰在海表面之下的辐照度的比值。

其中 ρ^* 值取决于太阳天顶角。太阳天顶角越大，二项反射效应越强，Morel 等[111,112] 使用数值辐射传输模型计算了二项反射校正因子（与太阳天顶角、观测方位和风速等相关），对于固定叶绿素浓度的一类水体，使用这些校正因子能够将天顶方向的大气和水体中的固有光学参数转换为最低点观测方向的值。Morel 等基于蒙特卡罗模型，检测了 R 值随太阳天顶角的变化，并发现 R 值与太阳天顶角余弦值线性相关，其斜率随分子后向散射与总后向散射比值的变化而变化[3, 4, 111, 112]。在式（5.6）中，Q 值也会因太阳天顶角的变化而改变。综上所述，虽然归一化离水辐亮度表征了水体的光学性质，它的值是由水色成分决定的，但在使用半分析模型计算时，太阳天顶角会影响到它的计算精度。

由于太阳天顶角的复杂影响，估算不同太阳天顶角度下的参数 $u(\lambda)$ 是很困难的。因此，本研究使用神经网络方法代替以往的经验模型。任何连续函数都可以用含有一个隐含层和双曲正切函数的神经网络来表示。神经网络体系结构由输入层、中间层、隐藏层和输出层组成。一旦将训练数据输入网络中，隐藏层和输出层中的神经元就会通过激活功能转换输入信号。如果确定了神经网络结构、隐藏层数量和神经元数量，输入和输出之间的关联最终取决于与每个连接相关联的加权函数，这些值通过有监督的学习技术获得。最后，通过程序对神经网络参数进行调整，使实际输出达到最优解，具体流程如图 3.22 所示。

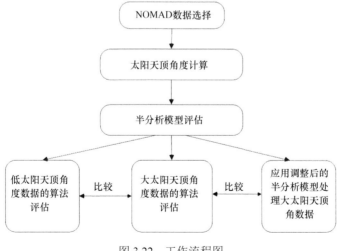

图 3.22　工作流程图

在本研究中，我们训练了一个简单的单隐层神经网络，以建立大太阳天顶角下遥感反射率与参数 $u(\lambda)$ 之间的关系。神经网络有三层：一个输入层、一个输出层和一个隐藏层，共有 10 个神经元。输入层有两个参数，包括太阳天顶角（θ_0）和特定波段的遥感反射率（412nm、443nm、490nm、510nm、555nm 和 660nm 中的一个）。输出层只有一个元素，即 $u(\lambda)$ 值。该神经网络采用 Levenberg-Marquardt 反向传递算法进行训练。神经元的传递（激活）函数选择双曲正切函数，使用线性传递函数将隐藏层链接到输出层。培训数据基于随机选择的数据集，该数据集包含 70% 的总模拟数据（5000 个样本），并使用剩余的 30% 模拟数据进行测试。此外，为了使神经网络算法更为稳健，对噪声的敏感度更低，训练数据集中添加了 10% 的均匀分布噪声。模拟数据集中的参数随机变化范围如下：对于海洋颜色成分，Chla 为 0～100 mg/m³，CDOM 为 0～10 m⁻¹，TSM 为 0～100 g/m³，太阳天顶角为 25°～85°。

3.5.3 半分析模型精度评估

3.5.3.1 太阳天顶角度对半分析模型的影响

使用来自 SeaBASS-NOMAD 数据集的实测遥感反射率作为 QAA 和 GSM01 模型的输入数据，并将模型反演得到的叶绿素浓度与实测值比较。其中，QAA 模型共使用 1114 组数据，GSM01 模型共使用 1074 组数据。利用反演的叶绿素浓度和实测叶绿素浓度之间的相关关系，评估区域和全球水域整个叶绿素浓度范围内的模型精度（图 3.23）。对于清澈的大洋水体，QAA 模型和 GSM01 模型的表现都相当好，大部分站位都反演得到了合理的叶绿素浓度。在混浊的沿海水域，QAA 模型反演得到的叶绿素浓度存在高估的现象，而 GSM01 模型则在部分站位存在低估的现象。沿海地区 QAA 模型和 GSM01 模型反演的叶绿素浓度的低精度可能是由于这些水域的生物光学性质不同于原始 QAA 模型和 GSM01 模型中使用的参数。此外，在浑浊的沿海水域，所使用的浮游植物比吸收系数可能不适用，从而导致了这些模型的高估或低估。

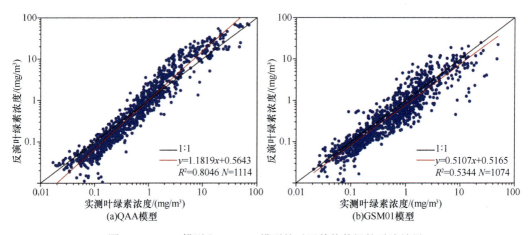

图 3.23 QAA 模型和 GSM01 模型的对于整体数据的反演结果

为了进一步确定这些模型由于不同太阳天顶角度而产生的误差，将模型结果在不同的太阳天顶角度范围进行了比较，样本数分别为 211 个、195 个、265 个、223 个、193 个和 156 个。图 3.24 显示了不同太阳天顶角范围内的相对误差。当 SZA<30° 时，QAA 模型和 GSM01 模型的误差较低，两个模型的误差随太阳天顶角度的增大迅速增大，当

SZA 从 30°增加到 70°时，相对误差从 33.5%迅速增加到 50.1%，这会导致 1.5 倍的叶绿素浓度反演误差。表 3.9 中展示了统计参数，移除大太阳天顶角（>70°）数据后的模型精度也同样展示在表 3.9 中。这些结果都表明，在中低太阳天顶角条件下，半分析模型能够较好地估计叶绿素浓度，而在大太阳天顶角条件下，模型精度会显著下降。

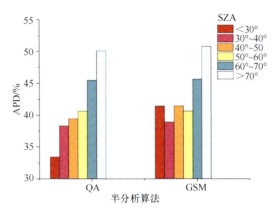

图 3.24　QAA 和 GSM01 模型的对于整体数据的反演结果统计参数

表 3.9　QAA 和 GSM01 模型的统计结果

	QAA（全体数据）	GSM01（全体数据）	QAA（移除大太阳天顶角数据）	GSM01（移除大太阳天顶角数据）
N	1243	1243	1087	1087
RMSE/（mg/m³）	1.89	1.29	1.63	1.19
APD/%	40.87	43.27	34.76	37.22
RPD/%	8.69	−5.99	1.83	−5.93

3.5.3.2　大太阳天顶角下模型的反演精度

使用 156 组太阳天顶角大于 70°的实测数据对 QAA 模型和 GSM01 模型进行精度评估。作为对比，另一组 195 组太阳天顶角在 30°~40°的实测数据也进行了同样的处理。如图 3.25 所示，当太阳天顶角在 30°~40°时，QAA 模型在低叶绿素浓度水域存在低估现象，高叶绿素浓度水域存在高估现象，而太阳天顶角大于 70°时，QAA 模型反演得到了严重高估的结果。当太阳天顶角在 30°~40°时，GSM01 模型反演结果基本围绕在 1∶1 线附近，而太阳天顶角大于 70°时，GSM01 模型反演结果出现了明显的离散。表 3.10 展示了两模型在不同太阳天顶角度范围内反演精度的统计结果。总体而言，在太阳天顶角较低的情况下，两模型整体表现较好，QAA 和 GSM01 模型的均方根误差和相对误差值几乎相同，而太阳天顶角度较大时，两模型的均方根误差增大了超过 1 倍，相对误差增大了超过 30%。

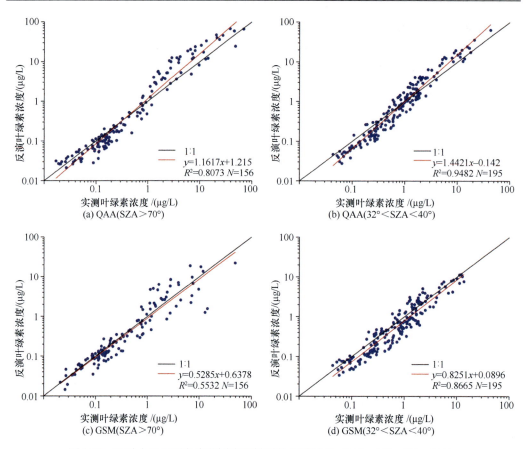

图 3.25　两种太阳天顶角度范围内两模型的反演结果（30°~40°，70°~90°）

表 3.10　两种太阳天顶角度范围内两模型反演结果的统计参数

	QAA	GSM01
RMSE/（mg/m³） SZA=30°~40°（N=195） SZA=70°~90°（N=156）	1.54 3.68	1.36 3.16
RPD/% SZA=30°~40°（N=195） SZA=70°~90°（N=156）	4.35 23.53	−12.94 5.68
APD/% SZA=30°~40°（N=195） SZA=70°~90°（N=156）	38.32 50.09	38.92 50.76

3.6　小　　结

　　静止水色卫星能够有效地监测沿海海洋动态变化，但是传感器在观测时不可避免地受到太阳天顶角的影响，同样，极轨卫星在高纬度地区进行观测时，也会面临大太阳天顶角的观测环境。在大太阳天顶角条件下，现有的水色遥感器能否有效探测？以及大气校正算法能否满足精度需求？目前尚不清楚。此外，现行的叶绿素反演半分析模型都是使用强光照下的研究体系进行构建的，那么它们能否在大太阳天顶角度下适用是未知的。因此，本章针对大太阳天顶角下的水色遥感进行了研究，本章主要研究结论如下。

（1）在海气耦合矢量辐射传输模型 PCOART-SA 的基础上，对静止卫星海洋水色传感器进行辐射探测灵敏度分析，在不同类型水域，针对太阳天顶角较大的情况下研究了信号的可探测性。将特征波段（叶绿素浓度为 443nm，悬浮物浓度为 667nm，CDOM 吸收系数为 412nm）的信噪比变化值（ΔSNR）和等效噪声辐亮度（NedL）作为研究水色卫星探测能力的参数，再模拟得到不同水体环境（包含三种水体，清洁水体、大陆架水体和浑浊水体）下以及不同观测几何条件下的 ΔSNR 值，以定量化水色卫星的叶绿素浓度、悬浮物浓度和 CDOM 吸收系数的探测极限值。分析表明，太阳-传感器几何条件的变化对叶绿素浓度、CDOM 和悬浮物浓度的信号探测能力有较大的影响。太阳天顶角较大时，离水辐射信号占大气顶层总信号的比例明显降低，因此，水色卫星针对水色三要素的探测能力显著下降。

当太阳天顶角等于 80° 时，在清洁水体、陆架水体和浑浊水体中，叶绿素浓度的探测极限分别为 0.066μg/L、0.770μg/L 和 1.834μg/L（变化量约为背景浓度的 30% 以上），CDOM 的探测极限约为背景浓度的 5%；悬浮物浓度的探测极限分别为 0.016 mg/L、0.211 mg/L 和 0.911 mg/L（变化量约为背景浓度的 2% 左右）。总的来说，在大太阳天顶角条件下（超过 70°），静止水色卫星仍然具有探测水色要素变化的能力，但相比较而言，在大太阳天顶角下，水体中叶绿素浓度变化探测相对较为困难，而 CDOM 和悬浮物浓度微小变化容易被探测。

（2）提出一种新的神经网络大气校正模型来处理早晚观测的 GOCI 卫星资料。与传统的算法不同，神经网络算法直接从瑞利校正辐亮度提取出遥感反射率。此外，与以往由辐射传输模拟数据集训练的神经网络算法相比，本章直接使用 GOCI 卫星数据来训练神经网络模型，避免了在太阳天顶角较大的情况下生成精确训练数据集困难的问题。根据训练数据集的太阳天顶角分布，新的神经网络算法可以处理太阳天顶角高达 85° 的 GOCI 数据。

首先通过卫星数据集评估算法精度，说明所建立的神经网络大气校正模型是可信的；其次将神经网络算法用于处理日本海和西太平洋区域的时间序列数据，说明神经网络算法的反演效果是稳定的；最后使用来自三个 AERONET-OC 站的现场实测数据验证神经网络算法。对于所有的 GOCI 可见光波段，新算法反演得到的遥感反射率值与实测值一致性较高，表现出比 NIR 和 KOSC 算法更高的精度，特别是对于太阳天顶角较大的晨昏时间段数据。

一系列的精度评估说明了神经网络大气校正模型的可靠性，因此可以将其应用在处理静止水色卫星的数据上。结果显示，将神经网络算法应用在不同区域，不同太阳天顶角环境下，都能很好地处理卫星数据，可以反演得到晨昏时间段的遥感反射率，而 NIR 和 KOSC 算法在太阳天顶角较大时常常失效。基于神经网络算法，还可以从早到晚逐小时反演海洋水色成分的浓度（如叶绿素浓度、悬浮物浓度等），这为研究海洋生态环境日变化提供了重要的卫星观测数据。总的来说，新的神经网络算法在处理大太阳天顶角的静止海洋水色卫星数据方面具有较高的精度，在不同的大气和海洋条件下能够正常工作，并且能够恢复以往标准大气校正算法无法处理的数据。

（3）提出了一种新的神经网络大气校正算法来处理大太阳天顶角条件下的 MODIS-Aqua 卫星数据。本研究利用 MODIS-Aqua 卫星数据本身对神经网络模型进行训练，避免了在大太阳天顶角下产生精确模拟训练数据集的困难。神经网络大气校正结果使用来自 AERONET-OC 站的现场实测遥感反射率数据进行了验证。对于所有 MODIS-Aqua 卫星的可见光波段，所建算法反演的遥感反射率值与实测值一致性较好，尤其是在太阳天顶角较大的情况下，表现出比 NIR 算法更好的性能。将该算法应用于 MODIS-Aqua 卫星数据，结果表明，该算法在晴朗的开阔海域，即使在太阳天顶角较大的情况下，能获得稳定的遥感反射率，这是 NIR 算法无法实现的。基于神经网络算法反演的海洋水色成分（如叶绿素浓度），可以为海洋生态环境研究提供重要的卫星观测数据。将神经网络算法应用在高纬度地区的冬季卫星数据上，能够大量地恢复以往使用标准大气校正算法处理失败的卫星数据，并且可以用来研究多年来高纬地区海洋水域的叶绿素浓度变化。总的来说，新的神经网络算法在处理大太阳天顶角观测到的 MODIS-Aqua 数据方面的性能令人鼓舞。神经网络算法在不同的大气和海洋条件下能够很好地工作，并且能够恢复标准算法以往失效的卫星数据。此外，本研究提出的神经网络算法也可用于解决其他极轨卫星（VIIRS）在高纬度大太阳天顶角的数据处理难题。

（4）评估和改善两种广泛使用的半分析模型（QAA 和 GSM01）在大太阳天顶角条件下的反演精度。首先使用全球实测水体生物–光学数据集（SeaBASS-NOMAD）评估模型精度。QAA 和 GSM01 两个模型的误差随太阳天顶角度的增大迅速增大。在太阳天顶角较低的情况下，两模型整体表现较好，QAA 和 GSM01 模型的均方根误差和相对误差值几乎相同，而太阳天顶角度较大时，两模型的均方根误差增大了超过 1 倍，相对误差增大了超过 30%。随后，根据半分析算法的计算过程，本章分析大太阳天顶角下算法精度下降的原因。在适当的输入参数和边界条件下，使用 Hydrolight 辐射传输模拟，得到了神经网络训练数据集，使用训练数据集训练神经网络，得到了适用于大太阳天顶角观测条件的 $u(\lambda)$ 值模型。

使用全球实测水体生物–光学数据集 NOMAD 验证了改进后的算法 QAA-NN 和 GSM01-NN，结果表明，对于太阳天顶角较大的情况，与原有的 QAA 模型和 GSM01 模型相比，使用神经网络模型构建的 $u(\lambda)$ 模型提高了 QAA 模型和 GSM01 模型的反演精度。

第 4 章　浑浊水体紫外大气校正方法

4.1　引　　言

海洋水色遥感首先需要对卫星获得的大气顶（TOA）辐亮度数据进行大气校正，剔除掉包含大气分子瑞利散射和气溶胶散射等在内的程辐射，得到能够反映水体信号的离水辐亮度信息，再利用已建立的各类遥感信息算法模型估算水色参数。可见光-近红外谱段水色遥感的大气校正研究经历了几十年的发展历程，在大洋清洁水体已经建立了成熟的算法框架，并成功实现业务化应用。而对于受陆源物质影响较大的近海和内陆水体，由于近红外波段的强烈散射作用，传统算法会对气溶胶散射的贡献高估，从而导致对离水辐亮度的低估甚至产生负值结果的情况；另一方面，由于受到人类活动的影响，近岸水域的大气气溶胶往往拥有较强的吸收性[113]，使得大气校正的难度大大增加。因而针对近岸浑浊水体和内陆复杂水体的大气校正受到广泛关注。

Wang 等基于高浑浊水体近红外波段离水辐射不可忽视，但短波红外波段离水辐射仍可近似为 0 的事实，提出了利用短波红外波段来代替近红外波段进行二类水体大气校正（SWIR 算法），确定合适的气溶胶模型外推至可见光范围。该算法取得了很好的业务化应用效果，已被集成到 SeaDAS 水色处理软件中[114, 115]。然而这一算法所参考的短波红外通道距离可见光的光谱区间过长，在外推的过程中，随着计算波段与参考波段的光谱距离增大，外推估算误差就会难以避免地逐渐放大。

紫外波段在以我国近海为代表的高浑浊水体中，具有离水辐亮度信号较低的特点，而且其外推距离相对短波红外通道也更近，因此可用于此类水体大气校正算法的参考波段。He 等提出假设紫外波段离水辐亮度为零的算法（UV 算法），并在浑浊水体取得了较好效果[47]，但当时国际主流水色卫星并不具备紫外通道的观测能力，因此该算法往往以 412nm 代替。

现如今随着各国卫星遥感载荷技术的发展，越来越多的传感器添加了紫外通道，如我国的 HY-1C/D[116]与下一代的 HY-1E/F 卫星均扩展了 2 个紫外通道，日本的 GCOM-C 卫星[117]和韩国的 GOCI-Ⅱ静止卫星也增加了 380nm 的通道，NASA 的 PACE 卫星同样将其观测光谱的范围扩展至 350nm。因此如今真正地具备了将紫外通道数据应用到混浊水体的大气校正算法中的能力，我们将通过本章介绍紫外水体的光谱特性、紫外大气校正算法的构建以及对应的应用情况。未来，我们期望这些研究进展成果能够促进近岸浑浊水体水色遥感技术的发展，为相关研究提供更充足准确的数据支持。

4.2 　紫外水体光谱特性

4.2.1 　水色三要素对紫外离水辐射的影响

为了探究水色三要素对紫外波段离水辐射的影响，我们采用单因子控制变量方法（变量水色要素包括 Chl、SPM、CDOM），分析当上述物质组分发生改变时，紫外波段离水辐射的变化。为了便于分析，我们对三个参考波段 325nm、355nm 和 385nm 模拟结果进行研究。

1. Chl 对紫外水体辐射特性的影响

筛选出三个参考波段中其他条件相同，Chl 浓度不同的遥感反射率 R_{rs} 数据，并计算其平均值，绘制出平均值随浓度变化的结果，如图 4.1 所示。

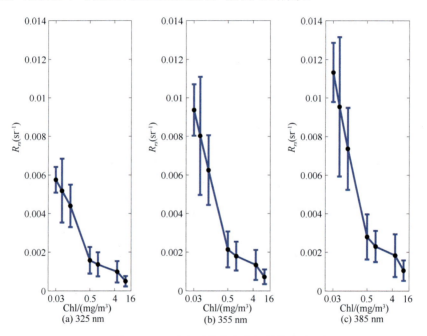

图 4.1 　Chl 浓度对紫外水体辐射的影响

由图 4.1 可知，三个参考波段的 R_{rs} 随 Chl 浓度的变化趋势基本一致，R_{rs} 的平均值随着 Chl 浓度的上升都呈现出下降的趋势。在典型的清洁水体条件中［C（Chl）< 0.03 mg/m^3］，紫外波段的 R_{rs} 均相对较高，平均值在 0.005 sr^{-1} 甚至达到 0.01 sr^{-1} 以上；在生产力相对较高的陆架水体［C（Chl）<0.03 mg/m^3］中，R_{rs} 相对清洁水体显著下降，绝大多数低于 0.002 sr^{-1} 的水平；而在极高生物量的近岸和内陆水体［C（Chl）< 0.03 mg/m^3］中，紫外谱段 R_{rs} 降至 0.001 sr^{-1} 以下。此外通过横向对比还可以发现，Chl 影响紫外波段 R_{rs} 的拐点浓度大约出现在 0.5mg/m^3 附近。

2. SPM 对紫外水体辐射特性的影响

同理，本章筛选出模拟数据集的三个参考波段中其他条件相同时，SPM 浓度不同的 R_{rs} 数据，并计算其平均值，绘制出平均值随浓度变化的结果，如图 4.2 所示。

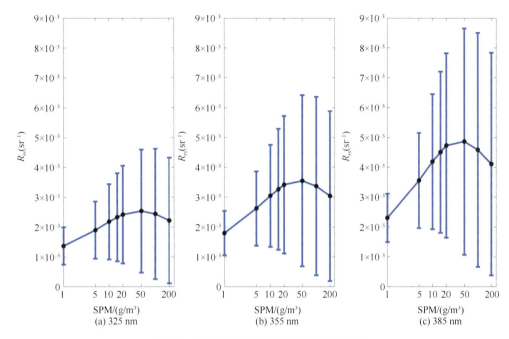

图 4.2　SPM 浓度对紫外水体辐射的影响

从图 4.2 中我们可以看到，三个参考波段的趋势依然基本保持一致。不过与 Chl 影响不同的是，SPM 在紫外波段对离水辐射的影响并没有表现出简单的抑制或加强。在大洋海水或陆架水体等 SPM 含量较少的情况下，紫外波段的 R_{rs} 会随着 SPM 浓度的增加而增加，然而当 SPM 浓度上升到 50 g/m³ 左右时，R_{rs} 的上升趋势会停止，并随着 SPM 浓度的增加而减小。在中高等浑浊的水体中，紫外波段的 R_{rs} 会明显随着 SPM 浓度的增加而减小。而通过对比图 4.1 与图 4.2 中各波段的 R_{rs} 在数值上的变化幅度可知，与 Chl 相比，SPM 在紫外波段对 R_{rs} 的影响相对较小。

针对 SPM 在紫外波段引起的 R_{rs} 变化特征，为了探究这一现象背后的机制，根据 Lee 等[109]提出的研究思路，我们分析了三个参考波段下，参数 u（λ）[式（3.11）]随 SPM 浓度改变的变化规律，如图 4.3 所示。可以明显看出参数 u 呈现出与图 4.2 中相同的变化特征，即 SPM 在紫外波段对 R_{rs} 变化规律的影响是通过吸收系数 a 与后向散射系数 b_b 的共同作用产生的。

因此接下来分析 355nm 吸收系数 a 与后向散射系数 b_b 随 SPM 浓度改变的变化趋势，如图 4.4 所示。由图 4.4 可知，尽管 a 与 b_b 的数值均随着 SPM 浓度的上升而增加，然而它们在不同浓度下的增长速率却有明显差异。当 SPM 浓度较低时（大约在 10 g/m³ 以下），吸收系数 a 的增长速度要慢于后向散射系数 b_b 的增长速度，这导致参数 u（λ）或 R_{rs} 的数值将随着 SPM 浓度的增加而上升；然而，当 SPM 浓度较高时（大约在 10 g/m³ 以

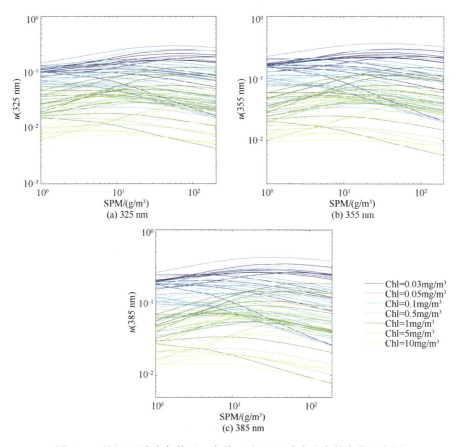

图 4.3　不同 Chl 浓度条件下，参数 u 随 SPM 浓度改变的变化示意图

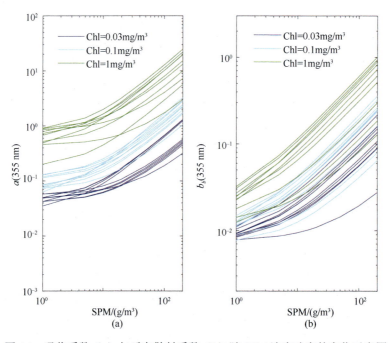

图 4.4　吸收系数（a）与后向散射系数（b）随 SPM 浓度改变的变化示意图

上），吸收系数 a 的增长速度迅速提高，而后向散射系数 b_b 的增长速度的变化则并不明显，这就导致参数 $u(\lambda)$ 或 R_{rs} 的数值将随着 SPM 浓度的增加而下降，这也解释了图 4.2 中 R_{rs} 的变化特征。

3. CDOM 对紫外水体辐射特性的影响

CDOM 由于其吸收系数随波长呈指数衰减的特征，在紫外波段有着强烈的光吸收特性[28]，因而我们通过对比 CDOM 在紫外波段的吸收系数与对应波段下的 R_{rs}，分析 CDOM 对紫外波段水体光学特性的影响。图 4.5 展示了三个参考紫外波段处，CDOM 吸收系数与其对应的 R_{rs} 的关系。可以看出随着 CDOM 吸收系数的上升，对应波段的 R_{rs} 呈显著的下降趋势。同时可以看出，a_g 较小时，R_{rs} 随 a_g 的上升而下降的速率相对更高，这证明了在海洋或陆架等 a_g 数值较小的水域中，紫外波段的 R_{rs} 对 a_g 十分敏感，因而可以使用遥感手段进行溶解有机物的探测。

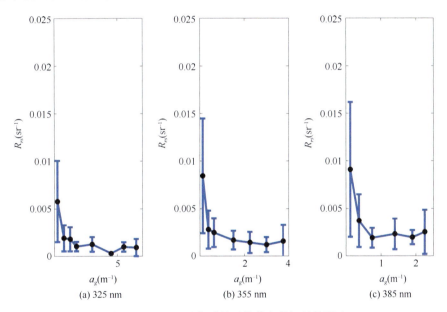

图 4.5 CDOM 吸收系数对紫外水体辐射的影响

综上所述，从 R_{rs} 的数值上看，Chl 和 CDOM 对水体紫外光谱的影响大于 SPM。因此，在一些泥沙相对较低的富营养化水中，R_{rs} 在紫外波段对 Chl 和 CDOM 高度敏感。为了综合比较 Chl 和 CDOM 在这种情况下的影响，本章分析了当模拟数据集中的 SPM 浓度固定为 $1.0\ \text{g/m}^3$ 时，R_{rs} 随 CDOM 和 Chl 吸收系数的变化特征，如图 4.6 所示。可以很明显地看出随着 a_g 和 a_{ph} 的上升，紫外谱段的 R_{rs} 迅速衰减并保持较低水平，然而，与 a_{ph} 相比，a_g 在数值上要高得多，这是由于 a_g 随着波长的减小会呈现指数增长，增长幅度远远大于 a_{ph}。因此，尽管 Chl 和 CDOM 在紫外波段中对 R_{rs} 都有明显的吸收作用，但 CDOM 的吸收作用相对更强。

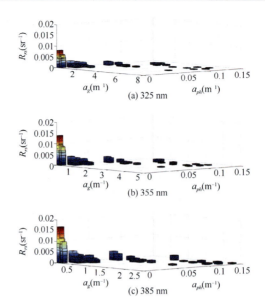

图 4.6　SPM 的吸收系数固定的情况下，在 325nm、355nm 与 385nm 波段遥感反射率随 CDOM 和 Chl 吸收系数的变化特征

4.2.2　表观和固有光学量关系在紫外谱段的适用性

R_{rs} 作为水体表观光学量（Apparent Optical Properties，AOPs）参数之一，会随着外界光照条件的改变而变化，而光在水体中的辐射传输取决于水体的固有光学量（Inherent Optical Properties，IOPs）。Lee 等[109]于 2002 年提出一种基于 R_{rs} 来反演水体总吸收系数（a）、后向散射系数（b_b）等 IOPs 参数的半分析算法（Quasi-Analytical Algorithm，QAA），该算法先通过 R_{rs} 反演出恰位于水表面之下遥感反射率 r_{rs}，关系式如式（3.13）所示。将三个紫外参考波段的 R_{rs} 数据和 r_{rs} 数据代入验证，如图 4.7 所示。

在式（3.13）中，符合大洋水体条件的经验参数 g_0 和 g_1 一般取 0.095 和 0.08，而 Lee 等[109]发现在近岸浑浊水体中，g_0 取 0.084、g_1 取 0.17 更为合适。为了验证上述系数在紫外波段的适用性，我们通过拟合模拟数据集中 R_{rs} 数据与 u 变量之间的关系，与 Lee 给出的经验公式进行对比，如图 4.8 所示。

从图 4.7 和图 4.8 中我们可以看出在紫外波段下，关于 R_{rs} 与 r_{rs}、R_{rs} 与 u 之间的关系，模拟数据拟合出的结果与 Lee 给出的计算公式均十分接近，经验公式仅在高值区有一定的高估趋势，这种趋势随着紫外波段波长的减小而略有增大。结合上文关于水色三要素对离水辐射的影响，考虑到高值区多处于三要素浓度较低的情况，这说明在二类水体中，Lee 关于 R_{rs} 与 IOPs 之间关系式的参数可以运用到紫外波段。

4.2.3　紫外与可见光谱段遥感反射率的联系

在基于暗像元的大气校正算法中，需要假设某些波段的离水辐亮度为 0，然而，即

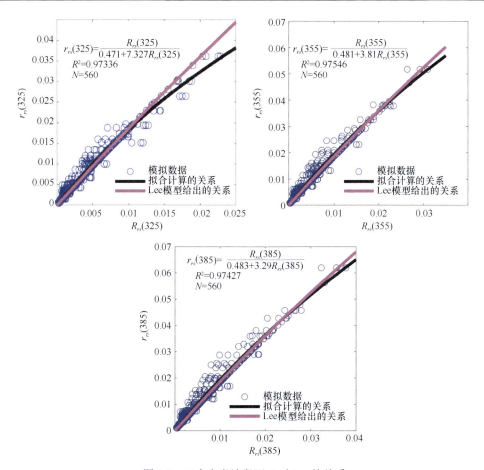

图 4.7　三个参考波段下 R_{rs} 与 r_{rs} 的关系

使在高浑浊水域中，紫外波段中仍存在一定的离水信号。因此，如果能够模拟得到紫外波段中的离水反射信号，就可以提高大气校正的准确性。Singh 等[118]通过恒河与清奈港（分别在印度的 Varanasi 和 Hooghly 地区）的实测光谱数据，建立了一个从 R_{rs}（443）估算 R_{rs}（387）的经验模型：

$$R_{rs}\left(387\right) = 0.267 \cdot R_{rs}\left(443\right)^{0.7597} \tag{4.1}$$

　　为了探究紫外与可见光谱段间 R_{rs} 的关系，我们通过模拟数据集的结果，结合式（4.1）的函数模型，分别分析了 R_{rs}（387）、R_{rs}（355）和 R_{rs}（325）与 R_{rs}（443）之间的定量关系，如图 4.9 所示。

　　除了探究模拟数据集中紫外与可见光谱段间 R_{rs} 的关系，在图 4.7（a）中还将拟合结果与式（4.1）的经验模型进行了对比。可以看出当 R_{rs}（443）的数值较低时，模拟数据集的拟合结果与经验公式的计算结果更为接近。但随着 R_{rs}（443）的数值的增大偏差也逐渐增大，我们认为这可能是因为 Singh 等用于建立模型的实测数据主要来自富营养化水体［即对应 R_{rs}（443）较低的情况］。同样地，R_{rs}（325）和 R_{rs}（355）在数值上都可以表征为 R_{rs}（443）的幂函数模型。

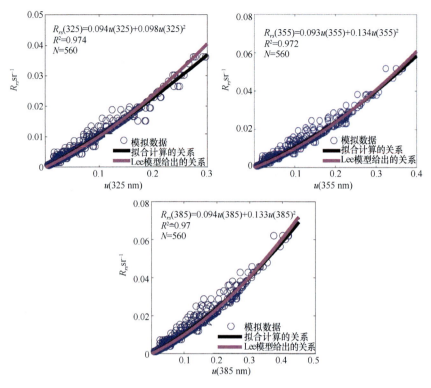

图 4.8　三个参考波段下 R_{rs} 与 u 的关系

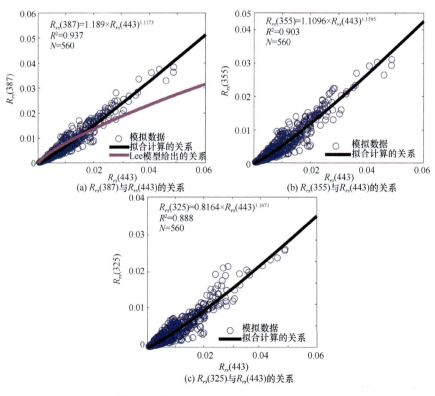

图 4.9　紫外与可见光谱段间 R_{rs} 的关系

综上所述，在二类水体中，可以利用现有的经验关系式，通过可见光的 R_{rs} 模拟计算紫外波段的 R_{rs} 数值，提高基于暗像元的大气校正算法的精度。

4.3 紫外大气校正算法构建

4.3.1 基于 6SV 模型的大气校正查找表建立

4.3.1.1 6SV 模型的设置

当前用于大气辐射传输研究以及卫星遥感数据处理的模型种类很多，包括 DISORT、MODTRAN、RT3、SCIATRAN、PCOART 以及 6S（second simulation of the satellite signal in the solar spectrum）等。其中 DISORT、MODTRAN、SCIATRAN 为标量辐射传输模型，RT3、PCOART 为矢量辐射传输模型，6S 既有标量版，也有矢量版辐射传输模型（即 6SV 模型）。

6S 辐射传输模型能够模拟无云大气条件下，$0.25\sim4.0$ μm 波长范围内大气各组分对于太阳辐射的吸收和散射作用后，卫星遥感器接收到的辐亮度等参数。本章使用的 6SV 模型是 Vermote 等在 6S 的基础上，通过引入 Stoke 其他分量的计算发展起来的，该模型充分考虑了电磁波的偏振效应，并利用多种双向反射分布函数（BRDF）模型来模拟地表的双向反射性，从而提高了该模型对于不同地物观测条件下表观反射率、大气分子散射以及气溶胶散射的模拟精度。6S 矢量版本与标量版本的不同之处具体见表 4.1。

表 4.1 6S 矢量版本与标量版本的差异

6S	6SV
标量（未考虑偏振效应）	矢量（考虑偏振效应）
对于每种具体的气溶胶相函数计算,散射角个数固定（83 个）	可以根据用户需要自定义散射角的个数，最多 1000 个
10 个结点波段	20 个结点波段
默认气溶胶垂直剖面呈指数分布	默认指数分布气溶胶垂直剖面+用户自定义气溶胶垂直剖面（0～100 km 范围内至多定义 50 层）

6SV 模型的计算可以分为正演和反演过程，前者根据用户输入的相关参数模拟计算卫星接收到的表观反射率；而后者则是模拟计算地表反射率，即大气校正的过程。

本章采用的模拟运算是正演过程，并且假设所有计算过程均处于天气晴朗、无云的条件之下。采用 6SV 模型 2.1 版本，主要输入参数如下。

几何参数（geometrical parameters）。模型中自带了一些常见卫星的几何参数，用户也可自定义几何参数，其中主要有太阳、卫星的天顶角和二者的方位角，此外还包括日期等。

大气模式（atmospheric model）。官方模型中给出了几种典型大气模式，如热带大气、中纬度夏季大气、中纬度冬季大气等。根据本章所关注的二类水体研究区基本为我国近海区域，因而这一参数选择了中纬度夏季大气，日期为 7 月 1 日。

气溶胶类型参数（aerosol model）。6SV 的气溶胶类型分为标准类型和自定义类型。其中标准气溶胶模式分为无气溶胶、大陆型气溶胶、海洋型气溶胶、城市型气溶胶、沙漠型气溶胶、生物质燃烧型和平流层模式。不同类型下的气溶胶反射率在全波段分布特点是本章的研究重点，标准类型无法满足本章实验的需求，因而我们采用自定义类型，具体参数的设置在 4.3.1.2 节展开说明。此外还需要输入气溶胶含量参数，可以选择 550nm 处的气溶胶光学厚度（aerosol optical depth，AOD）或气象能见度两种格式，本实验选择第一种作为查找表的遍历参数。

目标高度参数（altitude of target）。需要输入观测目标的海拔，所输入的数值为目标地物海拔的负值，若目标物处于海平面，则输入 0。

遥感器的高度参数（sensor altitude）。表示遥感器的海拔，其中−1000 代表遥感器为卫星观测；0 代表地面观测；−100～0 之间代表飞机观测。本实验中输入−1000。

光谱参数（spectral conditions）。6SV 模型提供了一些典型卫星的波谱函数，也可以用户自定义光谱范围。由于本实验需要模拟出紫外到短波红外波段下的辐射信号，因此本章定义光谱上下限为 0.322～1.643 μm。

激活大气订正方式。本实验的模拟参数为表观反射率，因而不需要激活大气订正方式，即 rapp<−1。

地表反射类型（ground reflectance type）。地表反射类型分为均匀地表和非均匀地表，在均匀地表条件下，又分为无方向性影响和有方向性影响两种情况，本实验选择均匀表面有方向性效应。假定定向反射率的值在光谱上是独立的，因此随后需要选择 BRDF 模块。本章选择的是海洋模块（ocean），风向方位角设置为 10°，风速设置为 5 m/s，海水盐度设置为 35psu，叶绿素浓度为 0.5 mg/m^3。需要说明的是，我们通过修改 ocean 模块的代码，将此模块下海水离水辐射这部分的信号剔除，从而避免水体自身辐射信号对瑞利散射、气溶胶散射等模拟结果产生干扰，便于本章后续对气溶胶反射率的模拟工作。

6SV 模型可从官方网站下载 Fortran 源代码，安装 MinGW 软件包后，通过修改 6SV 的 main.f 的代码，将所需参数添加后即可以脚本的格式进行运行计算，并能够逐波段输出我们所需要的表观反射率、气溶胶散射反射率等参数。

4.3.1.2　气溶胶模型构建

6SV 模型中关于自定义气溶胶的类型，提供了四种基本气溶胶粒子供用户按照需要进行组合设置，分别是灰尘类粒子、水溶性粒子、海盐类粒子和煤烟类粒子。为了确保我们查找表的适用性，我们需要扩充参与遍历的气溶胶类型的种类。

范娇等[119]利用 AERONET 在中国的五个地基观测站数据，分析了我国包括内陆地区到沿海地区气溶胶类型各组分占比情况，认为气溶胶水溶性粒子所占比重最大，一般高于 40%，而海盐性和煤烟性粒子占比最少，均低于 10%。在此基础上我们通过对大陆型、城市型和海洋型三种基本气溶胶进行组合，共计得到了 15 组气溶胶模型，其组分占比如表 4.2 所示。

表 4.2　15 组气溶胶类型的粒子占比情况　　　　　　　（单位：%）

编号	灰尘	水溶性	海盐类	煤烟
1	6.8	27.4	57	8.8
2	5.1	21.8	66.5	6.6
3	3.4	16.2	76	4.4
4	1.7	10.6	85.5	2.2
5	0	5	95	0
6	13.8	29.8	47.5	8.9
7	12.1	24.2	57	6.7
8	10.4	18.6	66.5	4.5
9	8.7	13	76	2.3
10	7	7.4	85.5	0.1
11	19.1	26.6	47.5	6.8
12	17.4	21	57	4.6
13	15.7	15.4	66.5	2.4
14	14	9.8	76	0.2
15	0	0	100	0

为了验证上述 15 种气溶胶类型的是否具有代表性，我们利用 6SV 模型模拟了它们对于气溶胶光学厚度随波长的变化情况，如图 4.10 所示。我们通过控制这 15 组气溶胶在 865nm 处光学厚度统一为 0.05［图 4.10（a）］与 0.2［图 4.10（b）］，观察了全波段下气溶胶光学厚度的变化情况，从图中可以看到，15 种气溶胶光学厚度随着波长的增加呈现先分散再集中最后又分散的整体趋势，在光谱两端光学厚度的数值有着较大的分布范围，这说明本章定义的气溶胶类型有足够的变化范围，能够支撑我们后续以此查找表为基础的大气校正算法的开发。

4.3.1.3　查找表生成

在完成对 6SV 模型的搭建与调整，构建气溶胶类型后，我们可以开始进行全波段下 6SV 辐射传输查找表的构建。

该查找表的主要遍历参数如下：

（1）太阳天顶角：0°～80°，步长为 5°；

（2）观测天顶角：0°～80°，步长为 20°；

（3）相对方位角：0°～180°，步长为 30°；

（4）气溶胶类型：15 种自定义气溶胶；

（5）865nm 处气溶胶光学厚度：0.05～0.7，步长为 0.05。

最终得到一个包含 10 万余条数据的 6SV 查找表，为探究全波段下气溶胶散射的分布规律提供了保障。

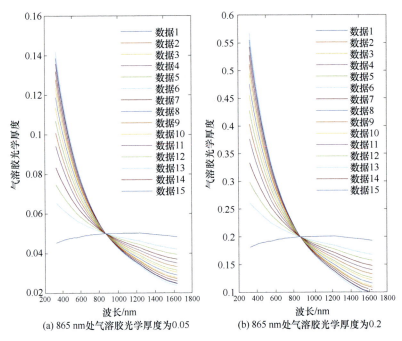

(a) 865 nm 处气溶胶光学厚度为0.05　　　　(b) 865 nm 处气溶胶光学厚度为0.2

图 4.10　15 种气溶胶在全波段下气溶胶光学厚度的变化特点

4.3.2　气溶胶散射校正模型构建

在完成 6SV 查找表的构建后，需要系统地分析大气辐射传输正演过程中，不同条件下表观反射率、瑞利散射反射率、气溶胶散射反射率的变化特征。其中由于瑞利散射仅与几何观测条件及波长相关，而本章所建立的 UV-SWIR 算法通过假定紫外、短波红外波段离水辐射为 0，得到两端的气溶胶散射贡献，因此研究重点在于结合查找表，探究出如何利用紫外、短波红外两处气溶胶散射反射率内插得到全波段的气溶胶贡献数据。

4.3.2.1　全波段下大气顶反射率及各贡献占比

本章的 6SV 查找表在剔除了离水辐射这部分的信号干扰后，可以通过输出的各个波段下的 TOA 反射率以及瑞利散射、气溶胶散射反射率进行研究分析。查找表中输出数据的光谱分辨率为 2.5nm，因此在分析全波段辐射信号的变化规律同时，我们选取了 15个波段（325nm、355nm、385nm、412nm、443nm、490nm、555nm、660nm、680nm、745nm、865nm、1005nm、1240nm、1540nm、1640nm）的数据作为后续分析的依据，这些波段多位于卫星各个波段的中心波长上。通过与 6SV 模型提供的大气透过率数据对比，也可以发现这些波段基本都位于大气窗口上，如图 4.11 所示。

以太阳天顶角为 40°、观测天顶角为 40°、相对方位角为 60°这一观测条件为例，图 4.12 展示了 15 种气溶胶在 865nm 处气溶胶光学厚度为 0.2 时全波段范围的 TOA 反射率变化情况（图 4.12 中曲线部分），同时我们分析了 15 个参考波段下的具体情况，分别提取出大气分子瑞利散射贡献和气溶胶散射贡献，对 15 种气溶胶条件取平均值，并分析各参考波段中，上述两种贡献对 TOA 反射率的占比情况。

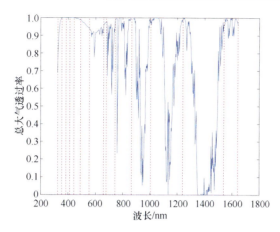

图 4.11　全波段下大气透过率及所选择参考波段分布图

需要指出的是，图 4.12 中在波长大于 1μm 的范围出现了一些占比很小的非大气分子或气溶胶粒子的贡献，这部分是水面反射，数值较小，只有在 TOA 反射率数值较低的短波红外范围才能体现出一定的占比，不影响后续的分析工作。

从图 4.12 可以看出，15 种气溶胶模型的 TOA 反射率随波长的变化规律基本一致，除了紫外波段（300～380nm）会出现一个波峰，其余范围内反射率变化的整体趋势是随波长的增加而减小。结合图 4.11 与图 4.12 我们可以得知，紫外波段反射率的骤降与这一范围内大气透过率迅速减小有关，从 355nm 到 325nm，大气透过率从约等于 1 减小到 0.65，因此在 UV-SWIR 算法的研究中，紫外区间的参考波段选择优先考虑 350～400nm 这一范围。

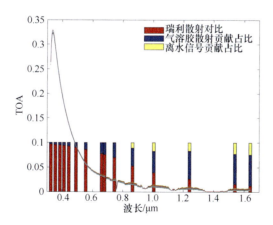

图 4.12　太阳天顶角为为 40°、观测天顶角为 40°、相对方位角为 60°、865nmAOD 为 0.2 时 15 种气溶胶模型的全波段 TOA 反射率变化以及各个参考波段下各组分贡献占比图（不考虑离水辐亮度）

图 4.12 还展示了各波段各组分占比情况。随着波长的增加，瑞利散射贡献占 TOA 反射率的比重逐渐降低，而气溶胶散射的贡献占比则逐渐提高。在紫外波段和可见光的短波范围，瑞利散射的贡献高达 80%～90%，而到了 1000nm 以上的短波红外范围，这部分贡献则降至 10% 以下。这些结果都说明，在大气校正中，以紫外作为参考波段时，

瑞利散射的精确计算将直接影响最终的校正结果；而以短波红外作为参考波段时，瑞利散射的贡献非常小，由于此时 TOA 反射率自身数值较小，因而卫星遥感器在这一范围内的信号探测能力以及数据精度是影响大气校正的重要因素。

瑞利散射反射率 ρ_r 的数值仅与观测几何的参数相关，当太阳天顶角、观测天顶角与相对方位角确定后即可精确计算出。我们结合 6SV 查找表数据探究了 ρ_r 与上述参数的关系。图 4.13 展示的是太阳天顶角为 40° 时，6 个参考波段下 ρ_r 关于观测天顶角与相对方位角的变化规律。可以看到，在各波段下 ρ_r 与观测天顶角基本呈现出正相关的变化趋势，ρ_r 随着观测天顶角的增大而增大，而随着相对方位角的增大，ρ_r 则呈现出一个逐渐减小的趋势，并且这种趋势在波长较短（即 ρ_r 数值较大）的情况下更为明显。

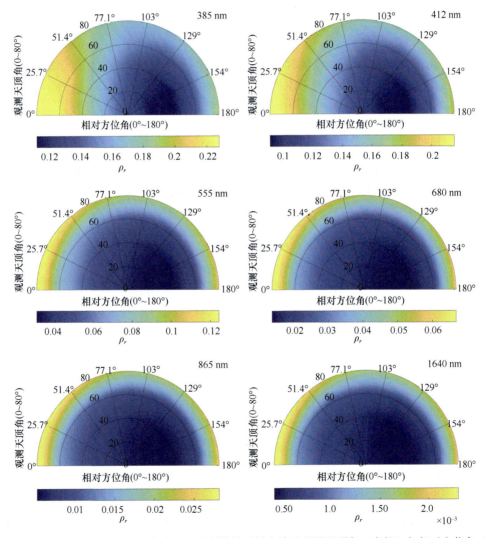

图 4.13　太阳天顶角为 40° 时，各波段下瑞利散射反射率关于观测天顶角（半径）与相对方位角（圆心角）的变化示意图

此外我们进一步探究了 ρ_r 与太阳天顶角之间的关系。在图 4.14 中，我们固定相对

方位角为 60°，统计了 6 个参考波段中不同观测天顶角下 ρ_r 与太阳天顶角之间的变化关系，结果显示随着太阳天顶角的增大，ρ_r 在各波段均显示出上升的变化趋势，这是由于当天顶角增大时，太阳辐射所穿过的大气路径会相应增加，从而导致大气分子的散射作用增强，使得 ρ_r 提高。6SV 模型中的瑞利散射部分的计算结果是稳定的，因此本章关注的重点在于气溶胶散射部分。

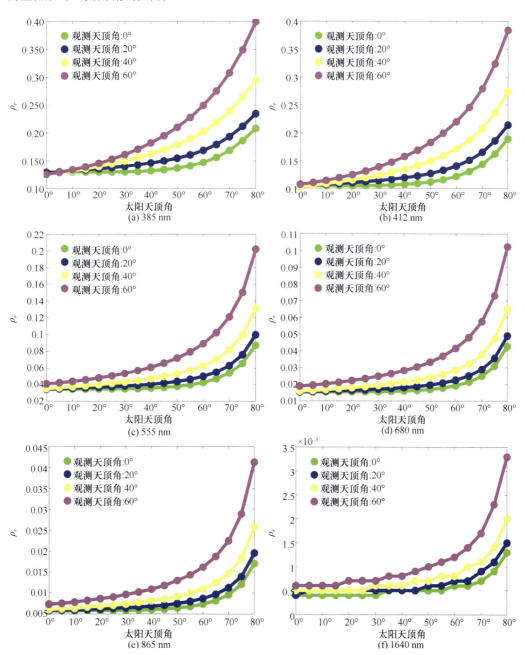

图 4.14　相对方位角为 60°时，各波段下瑞利散射反射率关于太阳天顶角与观测天顶角的变化示意图

4.3.2.2 气溶胶散射"谱形"函数构建

关于全波段 TOA 反射率变化规律的研究目的是整体把握本章所建立的 UV-SWIR 算法，研究的重点是完成对全波段气溶胶反射率的模拟，因此本章的研究思路是通过拟合函数的方法，利用光谱两端的数据得到接近的气溶胶散射"谱形"。

本章所建立的 UV-SWIR 算法是在 He 等[47]的紫外算法以及 Wang 等[114,115]的短波红外算法基础上发展出来的。在紫外算法中，通过假设紫外波段离水信号为 0，得到紫外波段气溶胶散射反射率 ρ_a（UV），再结合中等精度散射外推模型[120]得到近红外气溶胶散射反射率 ρ_a（NIR），在此基础上进行可见光波段的校正。

$$\rho_a(\text{NIR}) = \rho_a(\text{UV}) \left[\varepsilon(\text{NIR}_S, \text{NIR}_L) \right]^{-(\text{NIR}_L - \text{UV})/(\text{NIR}_L - \text{NIR}_S)} \tag{4.2}$$

而短波红外算法是通过假设短波红外波段离水信号为 0，再根据气溶胶的光学特性外推出近红外气溶胶散射反射率 ρ_a（NIR），在此基础上进行可见光波段的校正。

由此可以看出，这两种算法都涉及中等精度散射外推模型，在该模型下气溶胶散射的函数类型为指数函数。然而上述函数类型的光谱使用范围多为可见光至近红外范围，对于本章跨越紫外—短波红外波段的新算法而言，这种基于指数函数的外推模型是否依旧适用，需要进一步讨论与证明。

我们从 6SV 查找表中提取出全波段下气溶胶反射率，以太阳天顶角 40° 为例，图 4.15 展示了 865nm 处气溶胶光学厚度为 0.05 与 0.4 两种条件下，15 种气溶胶模型在不同几何观测条件下的分布规律。

从图 4.15 中可以看出，当大气浑浊程度较低时，即气溶胶光学厚度较小时，如图 4.15（a）所示，查找表中 15 种气溶胶模型的反射率在不同几何观测条件下的分布规律基本一致，均是随波长的增加而下降，且在紫外–近红外范围下降较快，在近红外–短波红外范围下降程度较小，因而可以考虑使用指数函数或幂函数等类型对"谱形"进行拟合。

然而当大气浑浊程度较高时，如图 4.15（b）所示，在部分几何观测条件下，气溶胶反射率在紫外–可见光的短波波段范围内（即 300~600nm 范围），出现了一个波峰的形状，通过对比表 4.2，可以发现在短波出现这种"波峰"趋势的气溶胶模型多为烟煤类粒子占比超过 2% 的情况，作为对比，那些烟尘类粒子占比不足 0.2% 的模型则依然呈现气溶胶反射率单调衰减的趋势。我们认为这种情况的出现，在于烟煤类粒子作为典型的强吸收性气溶胶，当大气浑浊程度较高时（即气溶胶光学厚度较大），它们在紫外–可见光的短波范围内的强吸收性，使得这一范围内的气溶胶反射率显著下降。我国海域受到大陆影响强烈，吸收性气溶胶有着较为广泛的分布[113]，因而我们有必要对这种情况进行不同函数类型的拟合。

查找表中可用于计算的参考波段为紫外的三个波段（325nm、355nm 和 385nm）和短波红外两个波段（1240nm 和 1640nm），因此可以综合分析找出最合适的波段组合。

对于第一种情况，本章参考 Wang 中等精度气溶胶散射外推模式建立指数函数或幂函数类型[120]，分别如下：

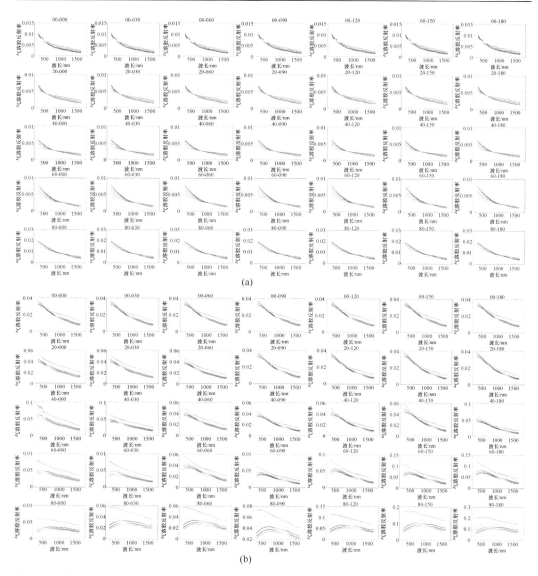

图 4.15　太阳天顶角为 40°、观测天顶角为 0～80°、相对方位角为 0～180°时 15 种气溶胶反射率的全波段分布

（a）865nm 处气溶胶光学厚度为 0.05；（b）光学厚度为 0.4

$$\varepsilon(\lambda, \lambda_0) = \frac{\rho_a(\lambda)}{\rho_a(\lambda_0)} \tag{4.3}$$

$$\varepsilon(\lambda, \lambda_0) = \exp\left[c(\lambda_0 - \lambda)\right] \tag{4.4}$$

$$\varepsilon(\lambda, \lambda_0) = a\lambda^b + c \tag{4.5}$$

　　其中，式（4.3）为外推波段与参考波段的气溶胶反射率比值，式（4.4）与（4.5）分别是指数函数与幂函数的拟合类型。指数函数只需要两个参考波段参与计算，紫外和短波红外各一个波段，以 325nm 和 1640nm 的组合为例，图 4.16 展示了以指数函数建立气溶胶散射外推模式的拟合效果，从图 4.16 中可以看出，指数函数的拟合效果在波段

的中心范围，即 500～1000nm 范围模拟结果误差较大，与 6SV 查找表的对比中显示出明显的高估，因而指数函数不适合作为我们 UV-SWIR 算法的拟合函数。

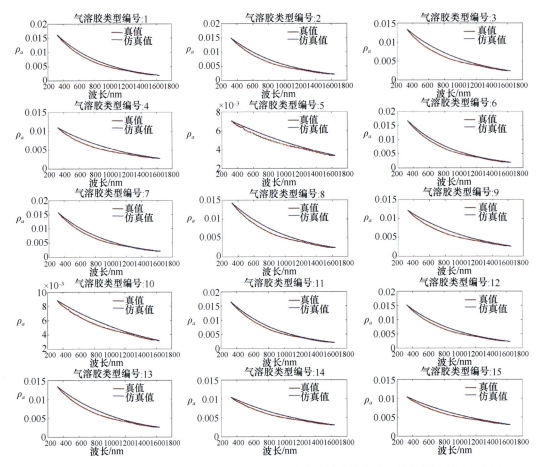

图 4.16　15 种气溶胶模型在以 325nm 和 1640nm 为参考波段的指数函数外推模型拟合结果
太阳天顶角为 40°，观测天顶角为 60°，相对方位角为 120°，865nm 处 AOD 为 0.05

式（4.5）包含三个未知系数，因而幂函数需要三个波段参与计算，考虑到实际卫星波段设置以及参考波段之间的距离对拟合效果的影响，本书选择一个紫外波段、两个短波红外波段参与计算。以 325nm、1240nm 和 1640nm 的组合为例，为了便于观测，图 4.17 展示了部分气溶胶模型幂函数的拟合效果并与指数函数结果进行对比。从图 4.17 中可以看出，幂函数的拟合效果在全波段更好，并且在 500～1000nm 范围内相对于指数函数的结果有了明显的提升。

与此同时，图 4.18 展示的是 6 个参考波段中，指数函数与幂函数拟合结果的相对误差随观测天顶角以及太阳天顶角变化的情况，该图清楚地说明了幂函数拟合结果有着更小的相对误差。因而在大气浑浊程度较低时，即气溶胶反射率随波长单调衰减的情况下，幂函数是更好的拟合函数类型。

对于 6SV 查找表中出现的第二种情况，由于气溶胶反射率随波长的变化规律为先上升后下降，在参与计算的波段数较少的情况下，很难找出一个特定的函数类型能较为完美地实现全波段下的数据拟合，因而我们考虑使用分段函数去解决这一问题。

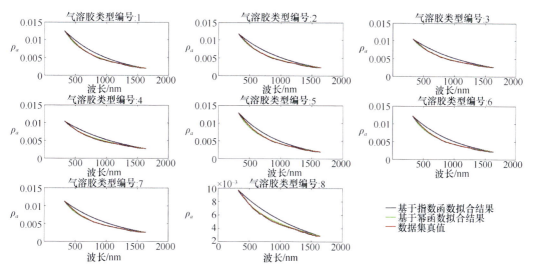

图 4.17　部分气溶胶模型在幂函数与指数函数条件下的拟合效果

太阳天顶角为 40°，观测天顶角为 60°，相对方位角为 120°，865nm 处 AOD 为 0.05

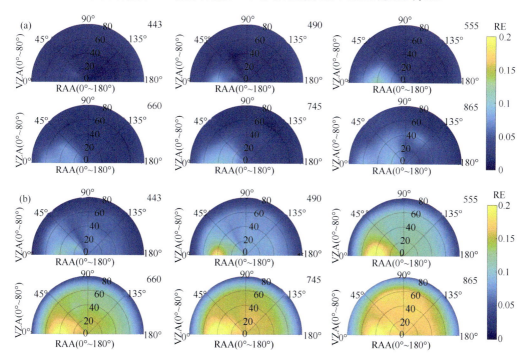

图 4.18　太阳天顶角 40°下，865nm 处气溶胶光学厚度为 0.05 时，幂函数（a）与指数函数（b）拟合结果的在不同波段下相对误差对比图，半径代表观测天顶角（0°～80°），圆心角代表相对方位角（0°～180°）

结合气溶胶反射率的变化规律，我们建立的分段函数为二次函数与一次函数的组合：

$$\varepsilon\left(\lambda, \lambda_0\right) = a\lambda^2 + b\lambda + c \tag{4.6}$$

$$\varepsilon(\lambda,\lambda_0) = a\lambda + b \tag{4.7}$$

式（4.6）和式（4.7）即分段函数的两段表达式，分别适用于紫外–近红外波段，近红外–短波红外波段，其中的临界波段我们暂定为 800nm，关于临界波段的筛选对拟合结果的误差分析将在下一节进行分析。

本章先通过两个短波红外波段的数据，代入第二段的一次函数中获得近红外–短波红外波段的气溶胶反射率；接下来通过 ρ_a（UV）与 ρ_a（800）以及第二段的斜率数据代入式（4.6），通过联立方程组最终求解出第一段的函数系数。通过这种方法，本书对 6SV 查找表中存在"波峰"谱形的气溶胶模型进行拟合通过这种分段函数可在全波段较好的模拟大气较浑浊条件下，气溶胶反射率的分布特征，满足通过较少的波段数据实现大气校正的目的。

最终本书建立了结合幂函数与分段函数的气溶胶反射率的拟合函数框架，为了综合分析该框架的拟合效果，我们以太阳天顶角为 40°、865nm 处气溶胶光学厚度是 0.5 的情况为例，分析不同几何观测条件下 15 种气溶胶模型的平均拟合相对误差。该条件下能确保幂函数与分段函数均有足够的气溶胶模型进行拟合实验并统计相对误差，结果如图 4.19 所示。从图 4.19 中我们可以看出，在 412～1005nm 范围内，不同波段的相对误差随几何观测条件的分布，以及相对误差在数值上呈现的结果都不尽相同，但是基本在全波段内相对误差都控制在 10% 以下，证明了拟合函数的拟合效果基本能满足大气校正的需求。

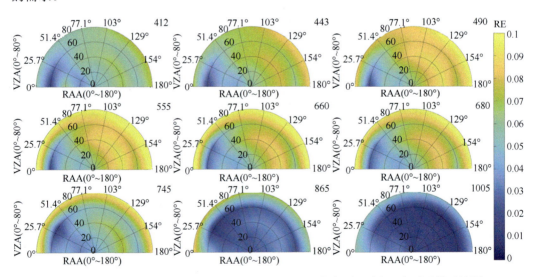

图 4.19　太阳天顶角为 40°时，拟合函数的拟合结果的在不同波段下相对误差对比图
半径代表观测天顶角（0°～80°），圆心角代表相对方位角（0°～180°），865nm 处 AOD 为 0.5

4.3.3　气溶胶散射"谱形"函数误差分析

在上一节中，我们完成了不同大气条件下拟合函数的构建，通过拟合函数可以实现对全波段气溶胶反射率"谱形"的模拟。然而对于本书的拟合函数还存在以下两个问题

需要讨论与完善。

1. 两种拟合函数的选择问题

在上一节中本书通过对 6SV 查找表中气溶胶反射率"谱形"的观察，建立了两种拟合函数，然而在处理实际卫星数据时，只能通过有限的几个波段数据实现拟合函数的选择，因此需要对气溶胶反射率变化规律进行进一步探究。

两类气溶胶反射率"谱形"的出现取决于吸收性气溶胶粒子的占比以及气溶胶光学的厚度，在浑浊大气条件下，强吸收性气溶胶会在紫外波段抑制大气辐射信号，使得该波段下气溶胶反射率出现下降的趋势。针对这一特点，我们在假设紫外和短波红外波段离水信号为 0 的前提下，将两个短波红外波段气溶胶反射率 $[\rho_a（1240）$ 和 $\rho_a（1640）]$ 外推到紫外波段，通过对比外推结果与实际的紫外波段气溶胶反射率 $\rho_a（UV）$ 的大小，实现对拟合函数类型的选择，该方法能通过有限的波段数据较好地实现拟合函数的选择这一目标，如图 4.20 所示。

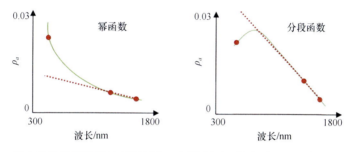

图 4.20　拟合函数种类选择的判别标准，左图为幂函数类型，右图为分段函数类型

2. 分段函数的临界波段选择问题

在以分段函数为拟合函数的情况中，临界波段暂定的是 800nm，然而不同的临界波段会对最终的拟合结果产生不同的影响。为了探究这一误差随波长的变化规律，以太阳天顶角 30° 为例，筛选出 6SV 查找表中需要采用分段函数进行拟合的气溶胶模型，分别计算临界波段为 600～900nm 时（步长 2.5nm），以及 400～900nm（步长 2.5nm）范围内的气溶胶反射率相对误差，如图 4.21 所示。

从图 4.21 中可以看出，不同的临界波段的选择在某个波段会造成不同的相对误差，而同一个临界波段在不同的光谱范围内也会产生不同的误差响应。当临界波段选择小于 750nm 时，可见光范围内的相对误差会明显增大，且在 400～500nm 会出现最大相对误差；而当临界波段选择大于 750nm 时，整个可见光至近红外波段范围内的相对误差均较低（小于 5%），不同的临界波段可能会有较小的区别，但是整体的误差响应会比 750nm 以下的临界波段小很多。

在此基础上，本书根据 6SV 查找表建立了不同太阳天顶角下，不同临界波段产生的相对误差响应，通过统计 400～900nm 的平均误差，得到可插值的数据集，在实际应用中可根据卫星数据的太阳天顶角等参数，插值筛选出最合适的临界波段用于大气校正计算。

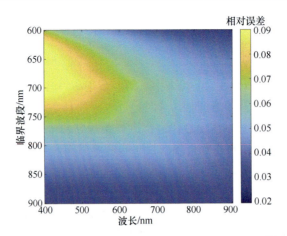

图 4.21　太阳天顶角为 30°时，不同临界波段的选取在 400～900nm 范围内相对误差响应

综上所述本章完成了对气溶胶反射率的模拟计算，算法的基本思路如下所示：

（1）利用瑞利散射查找表精确计算各波段大气分子的瑞利散射反射率；

（2）通过假设一个紫外波段，两个短波红外波段的离水信号为 0，获得这些波段的气溶胶反射率；

（3）通过 ρ_a（1240）和 ρ_a（1640）外推到紫外波段的结果，与 ρ_a（UV）进行对比，判断该水域下大气浑浊程度，决定采用哪种拟合函数进行计算；

（4）对于幂函数类型，可将三个波段气溶胶反射率数据代入模型直接求解全波段气溶胶反射率，对于分段函数类型，先根据几何观测条件与我们生成的数据集，

得到最优临界波段，再结合气溶胶反射率数据，分两段进行全波段的拟合。

在成功地建立了使用紫外和短波红外的大气校正模型 UV-SWIR 后，需要对该算法进行精度检验，因此在下一章，本书将结合实际卫星数据，对该算法进行验证与分析。

4.4　紫外大气校正算法验证

4.4.1　GCOM-C 卫星资料验证

为了检验 UV-SWIR 算法的精度，我们需要结合拥有波段范围覆盖紫外-短波红外，并能大范围覆盖我国海域的卫星数据进行验证。日本于 2017 年发射了 GCOM-C 卫星，该卫星是日本 GCOM（Global Change Observation Mission）系列的第二组卫星，第一组卫星被命名为 GCOM-W，于 2012 年发射。GCOM 系列卫星是针对碳循环和辐射传输等研究内容进行全球性的长期观察，以加深对上述过程的了解而发射的，其观测时间与 Terra 卫星相似。

GCOM-C 卫星搭载了 SGLI（Second-generation Global Imager）遥感器，其光谱覆盖范围为 380～2210nm，包括 1 个紫外波段（380nm）、8 个可见光及近红外波段和 4 个短波红外波段，此外还拥有两个热红外波段。GCOM-C 卫星为太阳同步轨道（798 km），平均 2～3 天收集一幅完整的全球数据，空间分辨率为 250～1000m，其中我们利用的紫

外波段分辨率为 250m，短波红外波段除 1630nm 为 250m 外，其余三波段（1050nm、1380nm、2210nm）均为 1000m。GCOM-C 卫星的产品分为三级，包括一级的表观辐亮度产品，二级的各类遥感参数产品，以及三级的全球尺度产品。尽管 SGLI 拥有跨越紫外-短波红外范围的光谱覆盖能力，然而现有官方产品在二类水体的表现不尽如人意，因此在这一节里我们将利用 SGLI 的 L1B 产品，结合我们得到的 UV-SWIR 算法，验证其在二类水体中的校正结果，并进一步优化算法的精度，我们选取的二类水体验证区域为太湖与杭州湾。

1. 太湖和杭州湾的水体环境特征

太湖位于长江三角洲的南缘，北依长江，东临东海，南滨钱塘江，是我国人口最密集、经济最发达的地区之一。近年来，随着太湖流域城市化进程的加速和经济的快速发展，人类生产和生活的用水量大增，致使大量的污染物排入太湖，导致太湖的水生态环境承受的压力越来越大。2018 年发布的太湖健康状况报告（http://www.tba.gov.cn/slbthlyglj/thjkzkbg/content/slth1_09f7d6b21629439f9891c7fd70ad49d8.html［2025-04-07］）指出，太湖平均营养指数为 60.3，为中度富营养，因此太湖流域属于典型的富营养化的二类水体。

杭州湾位于杭州、上海和宁波之间，西北部与钱塘江相连，东部湾口与东海相通，湾口南部散落着舟山群岛。由于钱塘江河口平面收缩强烈，湾底迅速抬升，潮差急剧增大，在钱塘江径流、长江口水流与东海潮波的共同影响下，湾内水体具有高动态、超强急流、高含沙量等特点，水体中悬浮物的平均浓度在 705～1950 mg/L，因此杭州湾地区属于典型的高含沙量的二类水体。

2. 大气分子瑞利散射校正

本书的大气分子瑞利散射贡献的计算，是通过由何贤强等给出的通用水色遥感精确瑞利散射查找表得出的[47]，该查找表是在何贤强等自主研发的海洋–大气耦合矢量辐射传输模型 PCOART 上生成的。通过与 SeaDAS 精确瑞利散射查找表结果比较（图 4.22），表明该通用查找表的计算精度优于 0.5%，且该通用查找表可用于所有水色遥感器的精确瑞利散射计算。

需要指出的是，该查找表瑞利散射光学厚度的适用范围度目前为 0～0.4，而 SGLI 数据中 380nm 处的瑞利光学厚度为 0.4467。因此在算法验证的环节，为了初步探究 UV-SWIR 算法校正结果的可靠性，本章参考 He 等[47]的研究假设 412nm 波段处离水辐射信号为 0，即将 SGLI 的第二波段作为我们算法中的紫外波段进行校正。可以预见的是，412nm 处的离水辐射信号不会为 0，这种替代方案会使得对这一波段气溶胶散射贡献的高估，最终导致校正结果与实际情况相比有所低估，因此对瑞利散射查找表范围的扩充将是我们未来下一步工作需要解决的一个问题。

这里需要说明的是，在 4.3.2.2 节的内容中，UV-SWIR 算法参与计算的短波红外波段为 1240nm 与 1640nm，然而 SGLI 数据中相对接近的波段为 1380nm、1630nm、2210nm。在实际的计算中我们选择 1630nm 与 2210nm 作为参考波段，之所以不选用更为接近的

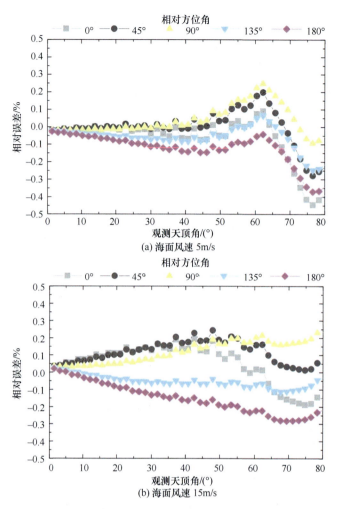

图 4.22　PCOART 模型生成的瑞利散射查找表与 MODIS 精确瑞利散射查找表在 412nm 处的相对误差对比图[9]

1380nm 波段，是因为结合图 4.11 与图 4.12 可以看到，1380nm 并不是一个大气窗口，该波段的 TOA 反射率在数值上很小，难以满足本书所建立算法的计算需要，并且实际的 SGLI 数据也证明了这一点，如图 4.23 所示，尽管 1380nm 处的波长要小于 1630nm 与 2210nm，然而 1380nm 波段的 TOA 辐亮度数据却是这三个波段中最小的，这种情况难以实现前文所构建的基于幂函数或分段函数的气溶胶反射率算法。因此本书选择 1630nm 与 2210nm 作为两个短波红外参考波段进行大气校正，这并不影响算法中拟合函数形式的选取。

3. 大气漫射透过率计算

大气漫射透过率的计算精度将直接影响离水辐亮度以及后续海洋水色信息的反演精度，本书对这一参数的计算采用的是 Gordon 和 Wang 近似模式[36]，该模式下大气漫射透过率由三部分构成，分别是臭氧吸收透过率，大气分子瑞利散射透过率及气溶胶散射透过率。

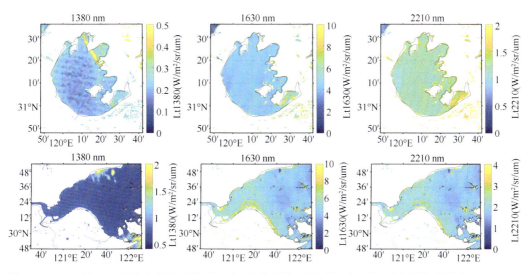

图 4.23 SGLI 的 L1B 产品在太湖区域（第一行）与杭州湾区域（第二行）的三个短波红外波段（1380 nm、1630 nm、2210 nm）数据对比

$$t_v\left(\lambda,\theta_v\right) = t_{OZ}\left(\lambda,\theta_v\right) \times t_r\left(\lambda,\theta_v\right) \times t_a\left(\lambda,\theta_v\right)$$

$$t_{OZ}\left(\lambda,\theta_v\right) = \exp\left[-\tau_{OZ}(\lambda)/\cos\theta_v\right]$$

$$t_r\left(\lambda,\theta_v\right) = \exp\left[-\tau_r(\lambda)/\left(2\times\cos\theta_v\right)\right]$$

$$t_a\left(\lambda,\theta_v\right) = \exp\left\{-\left[1-\omega_a(\lambda)F_a(\lambda)\right]\tau_a(\lambda)/\cos\theta_v\right\}$$

(4.8)

式中，θ_v 为观测天顶角；τ_{OZ}、τ_r、τ_a 分别代表臭氧、大气分子、气溶胶的光学厚度；ω_a 为气溶胶单次散射率；F_a 为气溶胶前向散射率，这里我们近似固定[$1-\omega_a\left(\lambda\right)F_a\left(\lambda\right)$] 为 0.06。

SGLI 各波段瑞利光学厚度已知，臭氧光学厚度也可由臭氧含量和波段系数计算出，因此大气漫射透过率的精度取决于气溶胶光学厚度的估算。

结合前述 6SV 查找表，我们建立出气溶胶光学厚度的计算框架，主要步骤如下：

（1）根据 UV-SWIR 算法中的判别条件，对各像元内气溶胶类型进行判别，得到该像元属于强吸收性或弱吸收性气溶胶类型；

（2）利用两个短波红外波段数据，外推估计 865nm 处的气溶胶散射反射率 ρ_a(865)；

（3）根据所得到的 ρ_a(865) 数据，结合几何观测条件，对查找表数据进行插值，得到该像元最接近的两组气溶胶模型以及其权重；

（4）计算 τ_a(865) 并结合气溶胶模型和权重，外推到各个波段，求得气溶胶光学厚度。

当气溶胶光学厚度被计算出来后，即可通过式（4.8）得到大气漫射透过率，对于绝大多数处于大气窗口的波段，均可以通过这种方法求解大气漫射透过率。

4. 大气校正结果的验证

与 4.1.2 节相同，我们下载了在无云条件下 SGLI 的 L1B 产品，时间选取 2020 年 8 月 12 日，观测时间为当地时间 10:44，我们分别对太湖区域和杭州湾区域进行了算法验证，结果见图 4.24 和图 4.25。

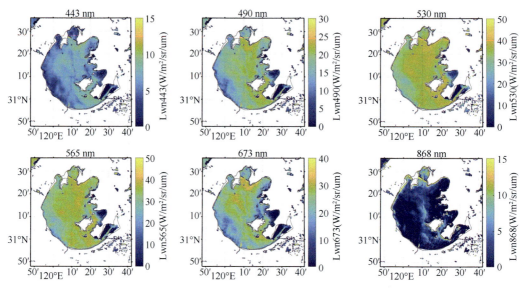

图 4.24　太湖区域在 UV-SWIR 算法下的大气校正结果（2020 年 8 月 12 日 10:44）

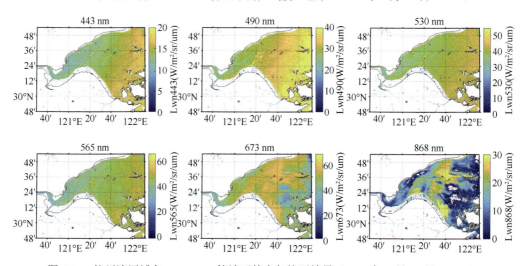

图 4.25　杭州湾区域在 UV-SWIR 算法下的大气校正结果（2020 年 8 月 12 日 10:44）

从图 4.26 和图 4.27 中我们可以看出，原本缺失数据的太湖区域和杭州湾区域，在 UV-SWIR 算法的校正下，无论是数据覆盖率还是准确率上都有了一个显著提高，仅在 868nm 波段下存在较多低值区域有待进一步探究，这说明我们的算法在富营养化及高泥沙含量的二类水体中均有一定的适用性，而对 UV-SWIR 算法精度的验证工作我们将结合实测数据在下一节进行阐述。

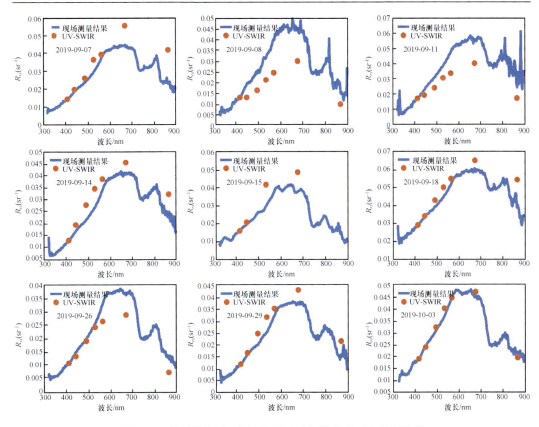

图 4.26　杭州湾海天一洲观测平台实测数据的对比验证结果

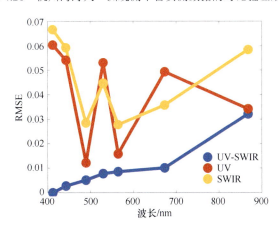

图 4.27　杭州湾海天一洲观测平台数据三种大气校正算法均方根误差对比情况

4.4.2　实测数据验证

对 UV-SWIR 算法在二类水体的适用性有了一个初步验证后，本章将结合一些具体实测数据，初步探究大气校正的精度并对目前存在的问题和缺陷加以分析讨论。

这里需要指出的是，目前使用的通用瑞利散射查找表在大气分子瑞利光学厚度这一参数上，使用范围为 0～0.4，因此难以精确计算 SGLI 数据波段 1 的瑞利散射贡献；若以波段 2 为参考波段，假设这一波段的离水辐射信号为 0，又会因为对气溶胶贡献的高估难以避免地导致最终对离水辐射信号的低估。出于对算法可行性的验证探究，这里将实测数据 412nm 处的遥感反射率转换为离水反射率，带入该波段得到修正后的气溶胶反射率结果，再结合算法进行大气校正及对比验证工作。当前阶段采用这种带入真值的手段，回避了由于紫外波段瑞利散射反射率难以计算而带来的困难，在未来完成对瑞利散射查找表进行扩充的工作后，可以利用对紫外波段的数据进行大气校正，而这种带入真值的方法未来也能够为算法精度的提高提供参照。

1. 杭州湾塔台数据验证结果

杭州湾跨海大桥于 2007 年落成通车，在杭州湾大桥中部位置建有海天一洲海上平台，平台通过匝道桥与大桥主线连接，该平台处于杭州湾内部，是一个研究高浑浊、高动态二类水体理想的光谱系统搭建平台，我们在其上建立了一个海上实测数据采集站点，用于获得高频连续水体实测光谱数据。

海天一洲站点坐标为 30.46278°N、121.12528°E。为了适应杭州湾水域高动态特征，我们设置光谱采样间隔为 15min，采样时间范围从当地时间 7:00 到 17:00。在数据采集系统中，传感器包括 2 个辐亮度传感器（L_t、L_i）和 1 个辐照度传感器（E_s）。其中 L_t、L_i、E_s 分别测量水面上行辐亮度、下行天空光辐亮度和向下辐照度，光谱覆盖范围为 320～950nm，数据的覆盖时间为 2019 年 7 月 26 日至 2020 年 7 月，仅在 2019 年 12 月因电力供应异常存在 20 天的数据中断。在数据筛选上，我们根据前人的研究，采用了一套质量控制程序来处理所有的光谱数据：

（1）如果传感器受到阴影的影响，光谱幅值会发生突变，我们对这种突变进行了剔除；

（2）计算太阳耀斑系数，对大于 0.005 的光谱予以剔除；

（3）通过比较实际大气漫射透过率和理想晴空条件（气溶胶光学厚度 0.3）下 750nm 处的大气漫射透过率的大小，来判断是否为晴空；

（4）计算太阳天顶角，剔除了太阳天顶角大于 70° 时的光谱数据；

（5）我们对 350nm 处的归一化离水辐亮度大于 3 mW/(cm^2·μm·sr) 的光谱进行剔除。

按照上述流程，我们将筛选后的数据，与 SGLI 在同一位置、同一过境时间的 L1B 数据校正后的结果进行比对，以探究算法的精度。我们选取了海天一洲平台 2019 年 9～10 月筛选后的部分实测数据作为对比真值，分别下载当日过境的 SGLI 遥感器 L1B 级数据，结合我们的 UV-SWIR 算法进行大气校正，得到的对比结果如图 4.26 所示。

从图 4.26 中我们可以看出，在将 412nm 处实测信号带入算法进行计算，即确保 412nm 处的气溶胶反射率 ρ_a（412）为准确的前提下，UV-SWIR 算法在可见光-近红外波段的校正结果与实测结果基本保持一致，误差在 555nm、673nm 与 868nm 等波段相对较大，且校正结果相对实测数值的高估与低估两种情况兼而有之。对于这种情况我们认为，一方面基于紫外与短波红外波段两端进行内插的新算法，其校正结果在中心范围内（大致处于红光–近红外波段）的误差相对于其他波段而言确实会高一些，并且图 4.28 的结果也在一定程度上证明了这一结论；另一方面对于分段函数中的临界波段的选择同样会影响最终校正结果的精度，一般而言临界波段的波长越大，对气溶胶反射率的模拟值越大，最终关于 R_{rs} 的校正结果越小，反之亦然，未来还需要加大实测数据对比验证的工作从而排除由于天气、光照等因素造成的误差。

在此基础上，利用相同数据验证了 UV-SWIR 算法、UV 算法与 SWIR 算法校正结果的均方根误差对比情况。如图 4.27 所示，UV-SWIR 算法结果的误差在各波段均小于另外两种算法，这也初步表明了基于紫外-短波红外波段内插计算气溶胶反射率的思路相对于其他算法具有一定的优势。

2. 瓯江航次实测数据验证结果

瓯江流域坐落于浙江省的南部，为浙江省第二大河流，东部临近东海，南面毗邻飞云江流域，西面和闽江流域交界。瓯江流域泥沙含量较高，是典型的内陆区域二类水体。本书采用的是 2018 年 12 月瓯江下游河段冬季光谱测量与水质参数调查航次的实测数据，使用的是美国 ASD 公司的地物光谱仪，通过在水面之上测量得到了 R_{rs} 与 L_w 等数据，作为我们大气校正算法的验证数据，其站点分布如图 4.28 所示。该航次总共采集了 16 个站点的现场数据，然而能与 SGLI 数据匹配到的只有 W1～W8 站点的数据，因此我们下载了 SGLI 与之对应的 L1B 产品数据，利用 UV-SWIR 算法进行大气校正并与实测数据比较，得到了对比结果图（图 4.29）。

图 4.28　2018 年 12 月瓯江航次站点分布图

从图 4.29 中可以看出，相较于海天一洲平台的连续观测数据，瓯江航次的校正结果匹配程度更好一些，这可能与内陆河流水面较平稳，实测数据质量更为稳定有关。而在数据误差方面，瓯江航次的对比结果显示，误差同样集中在 555nm、673nm 与 868nm 等波段，只是与杭州湾塔台结果相比相对较小，这说明目前我们的算法在这些波段的校正结果依然存在一定误差，这与区域分布或实测数据的质量并无太大关联，因此是未来我们工作有关重要的改进方向。

同样地，基于这组实测数据验证了 UV-SWIR 算法、UV 算法与 SWIR 算法校正结果的均方根误差对比情况，如图 4.30 所示，结果显示 UV-SWIR 算法结果的误差在各波段也基本小于另外两种算法。

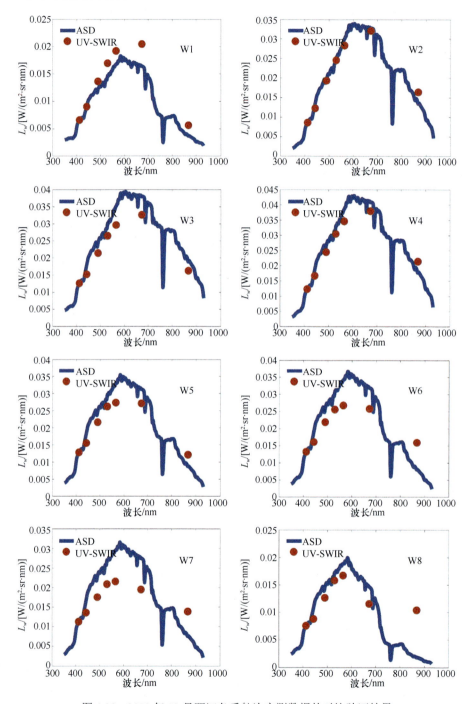

图 4.29　2018 年 12 月瓯江冬季航次实测数据的对比验证结果

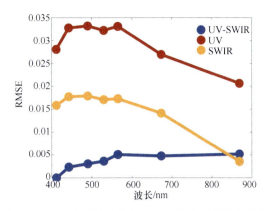

图 4.30　2018 年 12 月瓯江冬季航次数据三种大气校正算法均方根误差对比情况

4.5　紫外大气校正算法应用

4.5.1　近岸水体

　　基于杭州湾和现场实测数据验证了的 UV-SWIR-AC 算法的准确性之后，我们进一步将新算法应用于 2019 年 4 月 1 日的 SGLI 数据，分析了 118°～124°E、28°～35°N 区域的 R_{rs} 数据，该区域包含生产内陆河、浑浊沿海水域和陆架水域。如图 4.31 所示，整个影像区域各波段的 R_{rs} 有效数据均明显保持高覆盖率，特别是在苏北浅滩、长江口和

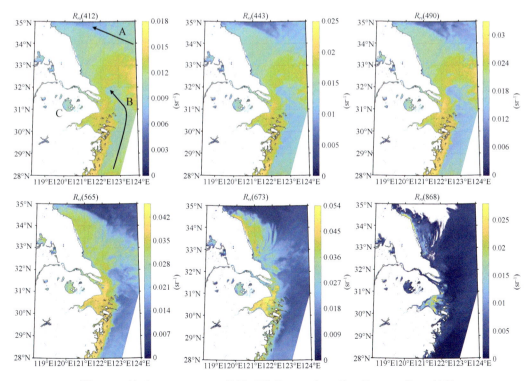

图 4.31　基于 UV-SWIR-AC 算法反演的 2019 年 4 月 1 日 SGLI 的 R_{rs} 结果

杭州湾等浑浊水域。此外，UV-SWIR-AC 算法还对典型地形和水动力特征进行了监测，Yuan 等[121]在黄海西南海岸由于沉积物跨大陆架的输送，存在浑浊水的悬浮沉积羽流，我们可以从图 4.31 的 R_{rs}（673）中清晰地分辨出这些浑浊水羽流。Liu 等[122]根据现场资料分析了洋流对黄海和东海悬浮物分布的影响，发现黄海暖流（图 4.31 中箭头 A）在春季沿东南–西北方向进入黄海中部，苏北浅层优质悬浮物向东迁移被暖流阻断，因此悬浮沉积物不能进一步向南扩散，而是在 123°E、32°N 附近向东南移动。此外，除了在长江口附近海域的沉积物，大部分的由长江携带的悬浮沉积物在被沿岸洋流携带至杭州湾区域，而台湾暖流（图 4.31 中箭头 B）及其混合了东海与台湾海峡的水团，可以达到杭州湾和长江口附近，从而影响悬浮沉积物并将其进一步向东扩散。所有这些理论都在图 4.31 中得到了支持。

作为对比，我们对同一景 SGLI 数据进行对比处理，分别采用 UV-AC 和 SWIR-AC 算法反演 R_{rs} 数据，结果如图 4.32 和图 4.33 所示。两种方法的反演结果明显存在一定程度的数据缺失，特别是在 412 nm 或 868 nm 处，缺失区域大部分是相对清洁的水域，如台湾暖流。这证明对于一类水体，UV-SWIR-AC 算法相对另外两种方法仍然具有一定的适用性，因为基于插值的方法可以减少由于只从一侧过高估计气溶胶反射率而引起的系统偏差。具体来说，通过对比图 4.32 和图 4.33 的结果可以看出，UV-AC 算法在所有波段的反演 R_{rs} 值都低于 UV-SWIR-AC 算法，因为 He 等[47]的算法原理是利用 UV 波段的气溶胶反射率估算近红外波段的气溶胶反射率，然后外推到可见光范围。从图 4.32 中 868 nm 的图像可以看出，UV-AC 算法在近红外波段的结果在很大范围内进行了过校正，从而高估了气溶胶的贡献，导致可见光各波段的 R_{rs} 相对被低估。而对于图 4.33

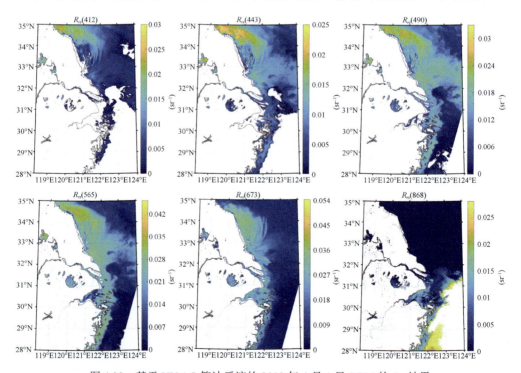

图 4.32　基于 UV-AC 算法反演的 2019 年 4 月 1 日 SGLI 的 R_{rs} 结果

中的 SWIR-AC 算法，除了 868 nm 是三种算法中误差最大的波段外，距离 SWIR 波段越远，气溶胶反射率的外推误差就越大，因此缺少有效数据的区域明显随着波长的减小而增加。

因此，本部分通过对 UV-SWIR-AC 算法在典型区域的应用，证明了新方法无论是在有效数据的覆盖范围上，还是在对二类水体（如沿海陆架水域和内陆河）校正结果的精度上，都明显优于传统的基于单波段的大气校正算法。此外，UV-SWIR-AC 算法对某些清洁海水的性能也优于上述传统算法，可为各种海洋动力学研究提供分析依据。

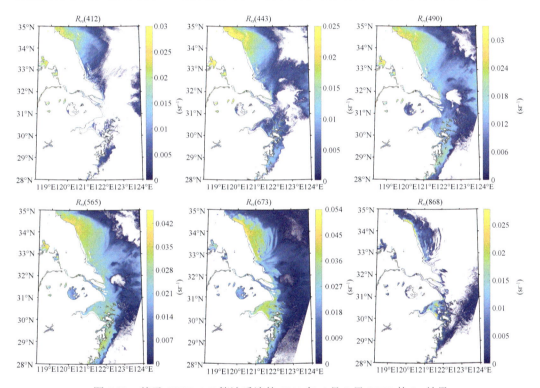

图 4.33　基于 SWIR-AC 算法反演的 2019 年 4 月 1 日 SGLI 的 R_{rs} 结果

4.5.2　内 陆 水 体

此外，我们在典型的富营养化内陆水体太湖使用相同的卫星数据验证了 UV-SWIR-AC 算法的性能。Cao 和 Han[123]提出了一种根据 NDVI 参数识别太湖有害藻华（HABs）面积的方法：

$$\mathrm{NDVI} = \frac{R_{rs}\left(\mathrm{NIR}\right) - R_{rs}\left(\mathrm{Re}\,d\right)}{R_{rs}\left(\mathrm{NIR}\right) + R_{rs}\left(\mathrm{Re}\,d\right)} \tag{4.9}$$

同样，对于 SGLI 图像，我们分别使用 673 nm 和 868 nm 波段进行计算，得到的 HABs 分布如图 4.34 所示。值得注意的是，太湖东部沿海地区生长着大量水草，对有害藻华的提取干扰较大（图 4.34 中灰色部分）[124]；因此我们通过设置 R_{rs}（868）的阈值来屏蔽该区域。结果清楚地表明，由于多条富营养化河流的注入，太湖的赤潮区主要集中在西部和西南沿海地区，这一分布与 Cao 和 Han 的结论基本吻合[123]。

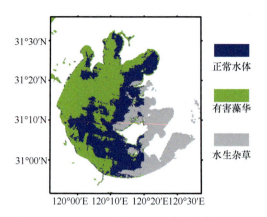

正常水体

有害藻华

水生杂草

图 4.34　2019 年 4 月 1 日 02：53（UTC）太湖 HABs 分布，基于 UV-SWIR-AC 算法处理的 SGLI 图像

4.6　小　　结

本章建立了针对紫外波段水体光谱特性的模拟数据集，探究了水色三要素在紫外波段对离水辐射信号的影响；针对现存二类水体大气校正算法存在的一些问题，提出了一种新的 UV-SWIR 大气校正算法，并将算法应用到实际卫星数据，以及与实测数据进行了对比验证。

（1）基于 Lee 数据集建立了基于紫外波段的水体光谱特性模拟数据集。

本书基于李忠平教授的可见光范围内水体光谱特性模拟数据集，以及其相对应的生物光学模型，通过将水体 IOPs 参数外推至紫外波段，利用水体辐射传输数值模型 Hydrolight，模拟得到覆盖紫外波段的离水辐亮度和遥感反射率等参数随水色三要素变化的模拟数据集。

（2）探究了水色三要素对紫外水体光谱特性的影响。

紫外波段内，Chl 对离水辐射有着显著的衰减作用，当 Chl 浓度上升到一定阶段后衰减速度将趋于缓和；CDOM 由于其吸收系数随波长呈指数衰减的特征，在紫外波段有着强烈的光吸收特性，并且在数值上，CDOM 的吸收系数要大于叶绿素吸收系数，因而对光谱信号的抑制能力也更强；SPM 在紫外波段对离水辐射的影响，并没有表现出简单的抑制或加强，随着 SPM 浓度增加，紫外波段的 R_{rs} 会先上升，当浓度达到 50 g/m^3 附近，R_{rs} 的增长会开始停止并趋于稳定，Chl 和 SPM 浓度的改变对水体紫外光谱均有影响，但 Chl 占据主导作用。

（3）建立了针对二类水体大气校正的新算法。

建立了包含强吸收性气溶胶在内的 15 种不同的气溶胶模型，并通过 6SV 辐射传输模型，模拟获得紫外–短波红外波段范围内表观反射率、瑞利散射和气溶胶散射反射率等参数，建立了一个针对二类水体辐射传输过程的查找表。

　　利用建立的查找表，本书开发出一种新型的二类水体大气校正方法。通过构建气溶胶散射反射率拟合函数的方法，以紫外波段及短波红外波段两端作为参考波段，以内插的手段模拟计算全波段气溶胶反射率，从而实现对近岸二类水体的大气校正。该算法在 SGLI 卫星数据的应用，以及同实测数据的对比验证实验中均取得了较好的结果。

第5章　强吸收性气溶胶大气校正方法

5.1　引　　言

目前具备全球覆盖功能的水色遥感传感器，主要包括 SeaWiFS（1997～2010 年）、MODIS-Terra（1999 年至今）、MODIS-Aqua（2002 年至今）、MERIS（2002～2012 年）、SNPP-VIIRS（2011 年至今）以及国产水色卫星 HY1-C/D、HY1-E/F，通过大气校正从大气顶部测量的信号中反演归一化离水辐亮度 $[L_{wn}(\lambda)]$ 或遥感反射率 $[R_{rs}(\lambda)]$[125-128]。水色遥感大气校正是水体光学特性反演的关键环节，其精度也将直接影响到全球海洋生态参数的反演[129, 130]。传统的大气校正算法通常将 NIR 或 SWIR 波段离水辐射信号假设为暗像元来确定气溶胶模式，并通过辐射传输模拟生成的查找表推导出气溶胶散射辐亮度[2, 36, 125]。虽然 NIR 和 SWIR 算法在全球非吸收性或弱吸收性气溶胶的水域中工作良好，但在一些吸收性气溶胶存在的水体中将失效[131-133]。

悬浮在空气中的吸收性气溶胶粒子对可见光短波长的光具有很强的吸收作用，对水色遥感大气校正有着不可忽视的影响[132, 134]。在靠近沙漠、生物质燃烧区和化石燃料燃烧区的沿海海洋中，吸收性气溶胶出现频率极高，影响程度较强。此外，吸收性气溶胶的垂直剖面信息对气溶胶散射辐亮度的校正也具有重要影响[132, 134]。在目前经典的大气校正中，气溶胶查找表通常是通过辐射传输模拟生成的，在模拟过程中为了提高计算速度，假设气溶胶层位于大气分子层的下面（双层大气模型）[125, 129, 130]。这种方法适用于非吸收性或弱吸收性气溶胶，但不适用于强吸收性气溶胶，主要是受到其垂向分布对气溶胶散射辐亮度估算的影响，对大气校正会产生约 30%的误差[133]。传统大气校正算法中简化的双层大气结构可能会导致在强吸收性气溶胶的情况下，沿海地区蓝光波段的气溶胶散射的辐射贡献过高估计[131, 135]，从而导致在 410～450 nm 波段大气校正反演的遥感反射率被严重低估，甚至出现负值。此外，除了吸收性气溶胶垂向分布对大气校正会产生影响外，还需要考虑卫星传感器检测不同类型吸收性气溶胶的问题[133]，因为不同类型的吸收性气溶胶对大气校正的影响程度也是不同的，其影响程度为 4%～10%。虽然目前已有一些算法能够检测到吸收性气溶胶，但通常难以对其子类型进行区分[136]。总体而言，精确校正吸收性气溶胶对大气校正的影响仍是当前水色遥感面临的主要挑战之一。因此，考虑到沿海地区存在不同类型的吸收性气溶胶，并且具有复杂多变的垂直剖面特征，开发一种针对吸收性气溶胶的大气校正算法是至关重要的。

机器学习可以准确地学习输入和输出之间的非线性关系。因此，目前已经有一些基于机器学习的大气校正算法来反演复杂大气条件下的水色遥感产品[51, 52, 97, 137]。Li 等提出了一种基于神经网络模型的水色遥感卫星大气校正算法，实现了大太阳天顶角下的大气校正[97]。Fan 等开发了一种基于神经网络的大气校正平台——OC-SMART，实现了从光谱 TOA 辐亮度中反演遥感反射率、气溶胶光学厚度和水的固有光学特性等信息[51, 52]。虽然这些方法已经在清洁水体和高浑浊水体中得到了有效的应用，但都没有考虑吸收性气溶胶的情况，因此需要建立吸收性气溶胶情况下的大气校正算法。本章将构建吸收性气溶胶垂向分布的辐射传输模拟数据集，建立一种基于辐射传输模拟和机器学习的大气校正算法——OC-XGBRT，该算法将考虑吸收性气溶胶的类型和垂向分布，实现在吸收性气溶胶情况下可见光波段的大气校正，以提升水色遥感产品的精度。

5.2　吸收性气溶胶空间分布

5.2.1　吸收性气溶胶垂向分布模型

在气溶胶暗像元反演算法中，气溶胶层的垂向分布通常表现为指数函数，这表明低层大气中气溶胶颗粒较多，高层大气中气溶胶颗粒较少[138]。气溶胶的垂向分布由标高决定，可表示为

$$\tau = \tau_{surf} \exp\left(-\frac{z_i}{h_{scale}}\right) \tag{5.1}$$

式中，z_i 为第 i 气溶胶层高度；τ_{surf} 和 h_{scale} 分别为地表气溶胶光学厚度和标高。

然而，Gordon 等（1997）指出指数分布不适合模拟吸收性气溶胶存在情况下的水体光学环境[135]。Wu 等（2017）采用高斯函数来表征来自 CALIPSO 观测的沙尘和烟尘气溶胶的垂直剖面[91]，吸收性气溶胶的高斯型垂向分布可表示为

$$\tau = \tau_m \exp\left[-\frac{(z_i - h_m)}{2\sigma^2}\right] \tag{5.2}$$

式中，τ_m 为均值高度处的气溶胶光学厚度；h_m 为气溶胶光学厚度剖面的均值高度；σ 为溶胶高度的标准差。

5.2.2　全球吸收性气溶胶空间分布特征

本章利用新的气溶胶分类算法和 AERONET 实测反演数据，推导出了海洋和沿海区域沙尘和烟尘气溶胶的光学特性和微物理特性参数。如图 5.1（a）所示，开阔大洋和沿海地区的 AERONET 站点最常检测到的气溶胶类型的空间分布，沙尘气溶胶和烟尘气溶胶分别在沙漠、生物质燃烧区附近的沿岸被识别。混合型气溶胶主要分布在沿海海洋或岛屿附近，这可能来源于工业排放和海洋型气溶胶的混合。在北美东海岸和欧洲东北海岸，大多数气溶胶被识别为非吸收性气溶胶，这些地区零星出现的烟尘气溶胶可能是由于一些小范围的工业排放产生的[139]。图 5.1（b）～（e）展示了基于 AERONET 观测数据反演的非吸收性气溶胶、烟尘气溶胶和沙尘气溶胶的复折射指数的实部和虚部、不对称参数和粒径谱分布。

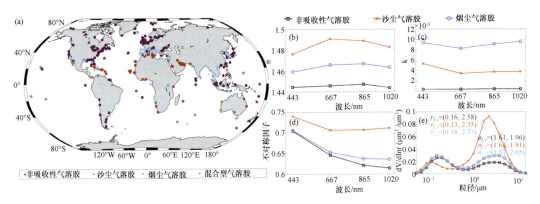

图 5.1　（a）基于 AERONET 反演数据的最常探测到的气溶胶类型在海洋和沿海地区的空间分布；（b）复折射率的实部和（c）虚部；（d）不对称因子；（e）沙尘和烟尘气溶胶的粒径谱分布

图 5.2 展示了全球开阔大洋和沿海区域 AERONET 站点的复折射指数、模态体积半径和几何标准差的空间分布，复折射指数的实部和虚部决定了气溶胶的散射和吸收特性[140]。如图 5.2（a）和（b）所示，在非洲中南部、巴西东南部和印度半岛沿岸发现了相对较高的复折射指数的虚部，高达 0.015，可能是由于这里强吸收性气溶胶的出现频率较高。由于气溶胶具有较强的散射特性，在开阔大洋和沿海区域，复折射指数的实部通常为大于 1.45。

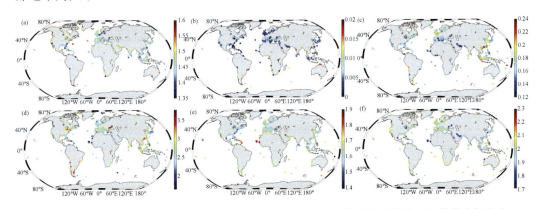

图 5.2　基于 AERONET 反演数据的开阔大洋和沿海地区气溶胶光学和微物理参数的空间分布
443 nm 处复折射率的（a）实部和（b）虚部，（c）细模态和（d）粗模态体积半径（单位为 μm），（e）细模态和（f）粗模态几何标准差（单位为 μm）

　　沙尘气溶胶的模态半径小于其他气溶胶的模态半径。如图 5.1（a）和图 5.2（c）所示，在撒哈拉沙漠和阿拉伯沙漠海岸上空，细模态体积半径相对较小（小于 0.14 μm），可能由于沙尘气溶胶的出现频率高。从图 5.2（e）和（f）可以看出，烟尘气溶胶的细模态和粗模态的几何标准差分别在 1.55～1.63 μm 和 1.98～2.12 μm 之间，这与前人的研究结果基本一致[141, 142]。此外，与其他气溶胶相比，沙尘气溶胶的细模态几何标准差较大（高达 1.75 μm），在粗模态几何标准差下较小（小于 1.95 μm）。同一类型气溶胶的粒径谱分布差异可能与其固有成分、相对湿度、风速或其他环境因素的差异有关。表 5.1 展示了 412 nm、443 nm、667 nm 和 865 nm 波段的气溶胶光学特性参数和微物理特性参数，这些参数将用于模拟吸收性气溶胶垂向分布对 TOA 反射率的影响。

表 5.1　基于 AERONET 反演数据的开阔大洋和沿海区域的 412 nm、443 nm、667 nm 和 865 nm 气溶胶光学特性和微物理特性参数

气溶胶类型	r_f	r_c	σ_f	σ_c	复折射指数（$n+\mathrm{i}k$）			
					412 nm	443 nm	667 nm	865 nm
沙尘气溶胶	0.13	2.35	1.68	1.91	1.472 + 0.0059i	1.476 + 0.0055i	1.492 + 0.0034i	1.488 + 0.0039i
烟尘气溶胶	0.18	2.73	1.57	2.05	1.457 + 0.0097i	1.459 + 0.0094i	1.466 + 0.0082i	1.467 + 0.0091i
非吸收性气溶胶	0.16	2.58	1.61	1.96	1.445+ 0.00042i	1.445 + 0.00042i	1.446 + 0.00043i	1.447 + 0.00048i

5.3　吸收性气溶胶大气校正算法

5.3.1　研究区域及数据

　　研究区域主要是经常受到沙尘气溶胶和烟尘气溶胶影响的海域，包括北非西海岸、波斯湾、北美西海岸、北美东海岸、黑海以及中国渤黄海区域，如图 5.3（k）中的红框所示。这些区域作为代表性的例子，可以验证 OC-XGBRT 算法在吸收性气溶胶情况下大气校正的性能。图 5.3（k）展示了 MODIS-Aqua 遥感数据和原位实测数据匹配的地理位置，可以发现 NASA 的 MODIS-Aqua 的 412 nm 波段遥感反射率产品在大多数位于近岸区域或内陆水域整体偏低。如图 5.3（a）～（j）所示，对比了原位实测数据和 NASA 的 MODIS-Aqua 产品中 R_{rs}（412）数值的频率分布。结果表明，这些研究区域中 NASA 的大部分 R_{rs}（412）产品为负值或低于原位实测值，这些数据质量偏低的 MODIS-Aqua

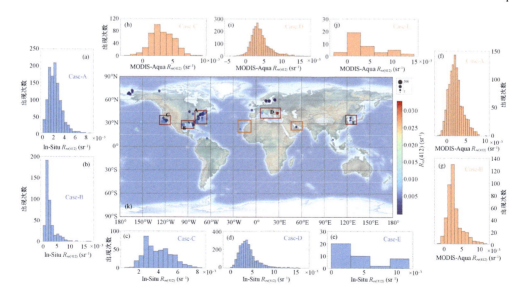

图 5.3　基于 SeaBASS 浮标和 AERONET-OC 站点实测的近海 R_{rs}（412）空间分布
圆圈的大小表示在给定范围内匹配数据的数量；（a）～（e）5 个区域（A～E）原位实测 R_{rs}（412）的频率分布；（f）～（j）5 个区域（A～E）MODIS-Aqua 的 R_{rs}（412）产品的频率分布；（k）中的两个橙色框是为大气校正的额外分析区域

水色遥感数据可能受到吸收性气溶胶的影响，也是本研究后续研究的重点区域。

本章利用 MODIS-Aqua 卫星遥感数据，以及空间分辨率为 1 km 的 L1B 级的 MODIS 数据（MYD021KM），可以从 NASA 的 1 级大气档案与分布系统（LAADS）的分布式活动档案中心下载（https://ladsweb.modaps.eosdis.nasa.gov/search/［2025-04-08］）。MODIS-Aqua 传感器有 36 个中分辨率光谱波段（21 个波段在 0.4~3.0μm；15 个波段在 3~14.5μm）。MODIS-Aqua 传感器包含了从可见光到近红外再到短波红外的光谱波段配置，这非常有利于探测近海区域的吸收性气溶胶和浑浊水体。此外，本研究还收集了 NASA 海洋生物处理组（OBGP）官方发布 MODIS-Aqua 的 L2 级遥感产品（https://oceancolor.gsfc.nasa.gov［2025-04-08］），可以与本章建立的大气校正算法结果进行对比。

瑞利散射反射率、白帽反射率和大气气体透过率的校正需要实时的气象再分析数据作为辅助数据支撑，具体包括风速、海表面气压、相对湿度、臭氧和二氧化氮浓度数据。这些辅助数据可从官方网址（https://oceancolor.gsfc.nasa.gov［2025-04-08］）下载。此外，本研究利用吸收性气溶胶垂向分布反演模型和 OC-SMART 大气校正算法分别反演气溶胶均值高度和气溶胶光学厚度信息[52]。本章研究采用从 2002~2020 年的准实时全球吸收性气溶胶均值高度作为辅助数据，以支持 OC-XGBRT 大气校正算法。吸收性气溶胶均值高度和气象再分析产品的空间分辨率为 1°×1°，在大气校正的应用过程中可通过线性插值到卫星遥感产品的分辨率。由于 OC-XGBRT 大气校正算法主要对识别为沙尘气溶胶、烟尘气溶胶和城市型气溶胶的像元进行校正，OC-SMART 大气校正算法反演的 $R_{rs}(\lambda)$ 数据作为识别为非吸收性或弱吸收性气溶胶像元的替代数据。另外，替代辐射定标也是机器学习大气校正算法的一个挑战，OC-SMART 大气校正算法使用一组与 SeaDAS 相同的替代增益因子（g-factors）来降低系统偏差。在本章研究中，采用了与 Franz 等、Werdell 等、Bailey 等以及 Mélin 和 Zibordi 相同的替代增益因子[143-146]，以实现 OC-XGBRT 算法中的替代辐射定标。

为了评估 OC-XGBRT 大气校正算法的性能水平，本研究收集了 SeaBASS 浮标和 AERONET-OC 站点原位测量的遥感反射率数据，这些数据主要为吸收性气溶胶频繁出现的沿海水域，与这些实测站点的位置如图 5.3（k）所示。SeaBASS 浮标数据是由 NASA 的 OBPG 小组维护的（https://seabass.gsfc.nasa.gov/search/［2025-04-08］），这里的 $R_{rs}(\lambda)$ 数据是由便携式光谱仪测量计算的，光谱波段包含了紫外光、可见光到近红外波段，波长范围为 350~1050 nm。AERONET-OC 实测站点利用安装在一些海上平台上的 CE-318 太阳光度计来测量 $L_w(\lambda)$。在本研究中，AERONET-OC 匹配数据包括了 411 nm 和 442 nm 波段的 $L_{wn}(\lambda)$ 值，分别对应着 MODIS-Aqua 的 412 nm 和 443 nm 波段，其中 2 级的 $L_{wn}(\lambda)$ 原位数据来自 AERONET 实测站点，可以从网站下载（http://aeronet.gsfc.nasa.gov/［2025-04-08］），$R_{rs}(\lambda)$ 可由式（5.3）计算得到：

$$R_{rs}(\lambda) = \frac{L_{wn}(\lambda)}{F_0(\lambda)} \tag{5.3}$$

本研究使用 SeaBASS 和 AERONET-OC 实测数据评估了 OC-XGBRT 大气校正算法的性能，并在吸收性气溶胶存在的情况下，将其与 NASA SeaDAS v7.5 标准 NIR 大气校正算法、POLYMER 大气校正算法和 OC-SMART 大气校正算法进行了对比，这也能进一步验证 OC-XGBRT 算法的校正水平。在数据匹配策略方面，原位测量数据与水色遥感卫星的最大时差判据为±2h，卫星遥感像元的最大变异系数设为 0.15。为了确保海面上有晴朗的天空，最小有效卫星像元的测量标准、模拟和实测的太阳辐照度之间的最大差值分别设置为 50% 和 20%。在数据匹配中观测天顶角（VZA）最大值为 60°，SZA 最大值为 75°，最大风速为 35 m/s。

5.3.2 算法构建

吸收性气溶胶大气校正算法构建方法如图 5.4 所示。基于海-气耦合矢量辐射传输模型 OSOAA 来模拟大气顶辐亮度和水体遥感反射率，然后基于机器学习方法实现吸收性气溶胶大气校正。在辐射传输模拟中，采用了一个 26 层的大气模式，这样可以更好地表示大气气溶胶的垂向分布。对于海-气耦合矢量辐射传输模型中的水体固有光学量输入参数，通过对黄色物质、碎屑在 440 nm 波段处的吸收系数 $[a_{ys}(440)、a_{dg}(440)]$，CHL 和 SPM 在 $0.001\sim0.3$ m^{-1}、$0.01\sim50$ mg m^{-3} 和 $0.01\sim100$ g m^{-3} 范围内随机选取[58, 147]，将此作为辐射传输模拟的水体光学特性的输入参数。太阳-传感器的几何条件选取策略为 SZA、VZA 和相对方位角（RAA）分别在 $0°\sim70°$、$0°\sim70°$ 和 $0°\sim180°$ 的范围内根据均匀分布随机选取[52]。对于每个吸收性气溶胶模式和波段，进行 300000 组辐射传输模拟，其中生成 250000 组作为训练数据集，另外 50000 组作为验证数据集，为建立针对吸收性气溶胶的大气校正算法提供数据支撑。在模型训练的过程中，将瑞利校正后的模拟大气顶反射率 $[\Delta\rho_{RC}(\lambda)]$、SZA、VZA、RAA、AOD 和气溶胶均值高度（AHm）作为模型的输入，以 $R_{rs}(\lambda)$ 作为模型的输出，如图 5.4 所示。

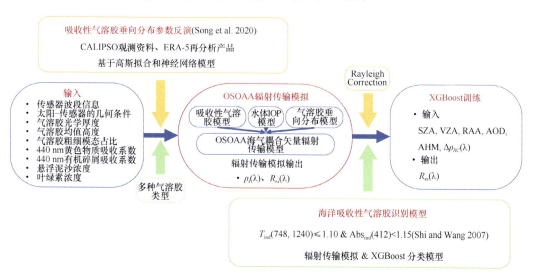

图 5.4 基于 OSOAA 辐射传输模拟和 XGBoost 机器学习，建立考虑吸收性气溶胶垂向分布的水色遥感大气校正技术框架（OC-XGBRT）

5.3.2.1 吸收性气溶胶识别算法

为了更好地处理大气校正中吸收性气溶胶的问题，必须要明确海洋上气溶胶的类型。Shi 和 Wang 开发了一种识别浑浊水体和吸收性气溶胶的检测算法[136]。在 Shi 和 Wang 的算法中，主要是基于 T_{ind}（748，1240）和 Abs_{ind}（412）两个指数来实现的，将水色遥感卫星图像像素分为浑浊水体和吸收性气溶胶存在的水体，T_{ind}（748，1240）和 Abs_{ind}（412）的计算方法如式（5.4）和式（5.5）所示：

$$T_{ind}(748,1240) = \frac{\Delta\rho_{RC}(412)}{\Delta\rho_{RC}(869)} \exp\left[-\frac{457}{121}\ln\left(\frac{\Delta\rho_{RC}(748)}{\Delta\rho_{RC}(869)}\right)\right] \qquad (5.4)$$

$$Abs_{ind}(748,1240) = \frac{\Delta\rho_{RC}(748)}{\Delta\rho_{RC}(1240)} \exp\left[-\frac{492}{890}\ln\left(\frac{\Delta\rho_{RC}(1240)}{\Delta\rho_{RC}(2130)}\right)\right] \qquad (5.5)$$

式中，$\Delta\rho_{RC}$ 为瑞利校正后的大气顶反射率，计算方法如式（5.6）所示：

$$\Delta\rho_{RC}(\lambda) = \rho_t(\lambda) - \rho_r(\lambda) \qquad (5.6)$$

式中，$\rho_t(\lambda)$ 和 $\rho_r(\lambda)$ 分别为大气顶反射率和瑞利散射反射率。

Shi 和 Wang 的算法具体步骤如下[136]：

（1）当 T_{ind}（748，1240）小于等于 1.10 并且 Abs_{ind}（412）小于等于 1.15 时，像元被识别为吸收性气溶胶；

（2）当 Abs_{ind}（412）大于 1.15 时，像元被识别为非吸收性或弱吸收性气溶胶。

然而 Shi 和 Wang 的算法并没有进一步区分不同类型的吸收性气溶胶，这会严重影响大气校正的精度，因为不同类型的吸收性气溶胶对卫星接收信号和大气校正的影响也是不同的。为了解决这个问题，提升大气校正的准确性，可将 Shi 和 Wang 的算法与机器学习分类算法结合起来，如图 5.4 中的绿框部分所示。具体的步骤如下所示。

首先，基于辐射传输模型的大量模拟数据，利用 XGBoost 的分类算法对各种类型的吸收性气溶胶（如沙尘气溶胶、烟尘气溶胶和城市型气溶胶）进行学习训练。

其次，在大气校正过程中，基于 Shi 和 Wang 的算法对存在吸收性气溶胶时的水色遥感图像像元进行识别。

最后，利用训练好的吸收性气溶胶机器学习分类算法对基于 Shi 和 Wang 的算法识别到的吸收性气溶胶像元进一步分类，将遥感像元标记为沙尘气溶胶、烟尘气溶胶和城市型气溶胶，以实现精准大气校正。

5.3.2.2 吸收性气溶胶机器学习大气校正算法

吸收性气溶胶机器学习大气校正算法的流程图如图 5.4 所示，主要包含两个机器学习子模块，分别为 $R_{rs}(\lambda)$ 的机器学习反演模块（R-XGBoost）和吸收性气溶胶机器学习分类模块（C-XGBoost），R-XGBoost 模块与 C-XGBoost 模块是不相同的。主要表现在 R-XGBoost 模块中使用的是 XGBoost 回归器，然而 C-XGBoost 模块采用的是 XGBoost 分类器。此外，这两种 XGBoost 模型的输入参数和输出参数也不相同。对于 R-XGBoost 模块而言，输入参数主要有太阳天顶角（SZA）、观测天顶角（VZA）、相对方位角（RAA）、气溶胶光学厚度（AOD）、气溶胶均值高度（AHm）和 $\Delta\rho_{RC}(\lambda)$，输出参数为考虑吸收性气溶胶垂向分布的辐射传输模型模拟的遥感反射率 $R_{rs}(\lambda)$。在辐射传输模拟过程中，本研究采用了三种吸收性气溶胶模式（沙尘气溶胶、烟尘气溶胶和城市型气溶胶）模拟了数百万组不同的水体环境下的 $\Delta\rho_{RC}(\lambda)$ 和 $R_{rs}(\lambda)$，与 OC-SMART 算法的神经网络模型的输入参数不同，本研究在输入参数中加入了 AHm 和 AOD，并在辐射传输模拟的过程中考虑了吸收性气溶胶垂向分布的影响，采用高斯型垂向分布模型，这能够有效提升模拟数据集的精度。XGBoost 模型的参数设置方案参考前人的研究，即回归树的个数为 2000，树的最大深度为 8，L2 正则化项的权重值为 0.01[148]。R-XGBoost 模块相当于从 $\Delta\rho_{RC}(\lambda)$ 到 $R_{rs}(\lambda)$ 的非线性转换器，在这个过程中可以利用太阳-传感器的几何条件（SZA、VZA 和 RAA）和气溶胶信息（AHm 和 AOD）进行校正，最终得到 $R_{rs}(\lambda)$，实现吸收性气溶胶情况下的水色遥感大气校正。

　　图 5.5 和图 5.6 展示了 OSOAA 辐射传输模型模拟的 $R_{rs}(\lambda)$ 值与 R-XGBoost 模型在 412 nm 和 443 nm 波段反演的 $R_{rs}(\lambda)$ 值的散点密度图，对比验证了 XGBoost 模型对辐射传输模拟结果的反演精度。本研究发现在沙尘气溶胶、烟尘气溶胶和城市型气溶胶存在的情况下，训练集和验证集的性能水平整体上还是比较相近的。具体而言，在三种吸收性气溶胶存在的情况下，XGBoost 模型对验证数据集估计的 $R_{rs}(412)$ 值与辐射传输模拟的真实值基本一致，R^2 大于 0.98，RMSE 小于 2.5×10^{-4} sr^{-1}。如图 5.6 所示，对于 $R_{rs}(443)$ 而言，其反演模型的 R^2 值与 $R_{rs}(412)$ 的 R^2 值相似，$R_{rs}(443)$ 的 RMSE 值均低于 2.0×10^{-4} sr^{-1}，这略低于 $R_{rs}(412)$ 的 RMSE 值。此外，在烟尘气溶胶的情况下 $R_{rs}(\lambda)$ 反演的验证结果略优于在沙尘气溶胶和城市型气溶胶情况下的验证结果，但整体上的差异不显著。

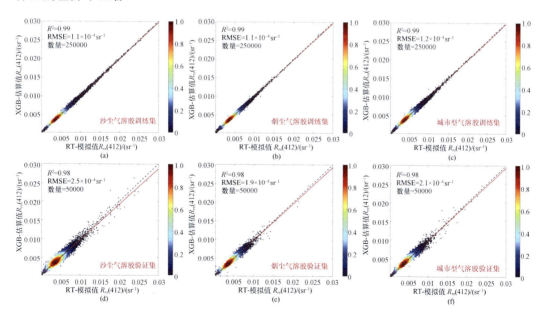

图 5.5　在（a、d）沙尘气溶胶、（b、e）烟尘气溶胶和（c、f）城市型气溶胶存在的情况下，辐射传输模型（RT）模拟的 $R_{rs}(412)$ 值与 R-XGBoost 的 $R_{rs}(412)$ 估计值的散点密度图

（a）～（c）为训练数据集；（d）～（f）为验证数据集

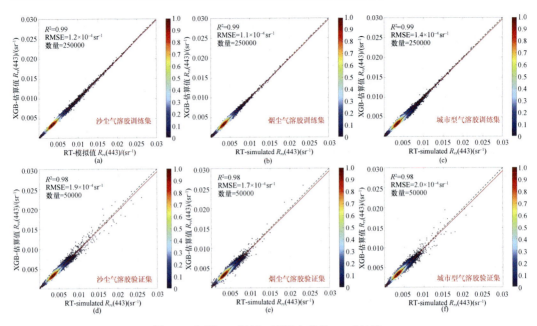

图 5.6　与图 5.5 相似，不同之处是 R_{rs}（443）

　　R-XGBoost 模块在 488 nm 和 547 nm 波段的散点密度图与 412 nm 和 443 nm 波段的散点密度图相似，反演性能很好，如图 5.7 和图 5.8 所示。总的来说，412 nm、443 nm、488 mm、547 mm 波段处训练数据集与验证数据集的性能参数差异较小，说明本研究建立的 R-XGBoost 模型能够准确学习数据集的特征，具有较强的稳定性和鲁棒性。

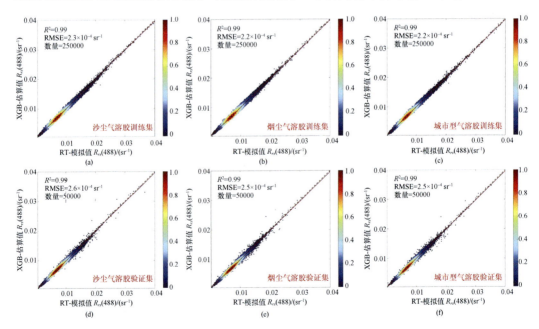

图 5.7　与图 5.5 相似，不同之处是 R_{rs}（488）

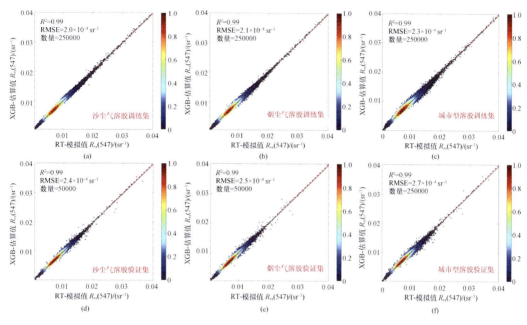

图 5.8　与图 5.5 相似，不同之处是 R_{rs}（547）

5.3.3　精度验证

图 5.3（k）中的标记展示了基于 NASA SeaDAS v7.5 的 NIR 大气校正算法反演 MODIS-Aqua 的 R_{rs}（412）产品数据和用于验证的 AERONET-OC 站点及 SeaBASS 浮标原位测量数据的位置与 R_{rs}（412）平均值，时间跨度为 2002～2018 年。通过对比图 5.3（a）～（e）和图 5.3（f）～（j），可以发现在 A～E 的研究区域里，NASA 的 R_{rs}（412）产品存在明显的低估和负值现象，本次收集的现场数据集涵盖了全球沿海区域和内陆湖泊的实测数据。

在吸收性气溶胶的情况下，图 5.9 和图 5.10 展示了 NASA 的标准 NIR 算法、OC-SMART 算法、POLYMER 算法和 OC-XGBRT 算法反演的 R_{rs}（412）与 R_{rs}（443）验证结果，其中每个像元都是独立处理的。可以发现 OC-XGBRT 算法反演的 R_{rs}（412）和 R_{rs}（443）具有较高的 R^2（均大于 0.67），RMSE 较低（均小于 5.5×10^{-4} sr^{-1}），并且平均绝对百分比偏差（APD）较低（均小于 36.9%），说明在吸收性气溶胶存在的情况下 OC-XGBRT 反演结果与原位实测值的相关性较好，且误差值小于其他三种大气校正算法。从图 5.9（e）～（h）和图 5.10（e）～（h）可以看出，在数据密度较大（高于 0.7）的区域，OC-XGBRT 算法反演值与原位实测值的偏差低于其他大气校正算法，并且 OC-XGBRT 算法能够有效地降低 R_{rs}（412）和 R_{rs}（443）的低估现象。总体而言，OC-XGBRT 大气校正算法反演的 R_{rs}（412）和 R_{rs}（443）[图 5.9（d）和图 5.10（d）]明显比使用其他三种大气校正算法获得的遥感反射率更接近原位实测值，表明 OC-XGBRT 算法具有良好的大气校正能力。

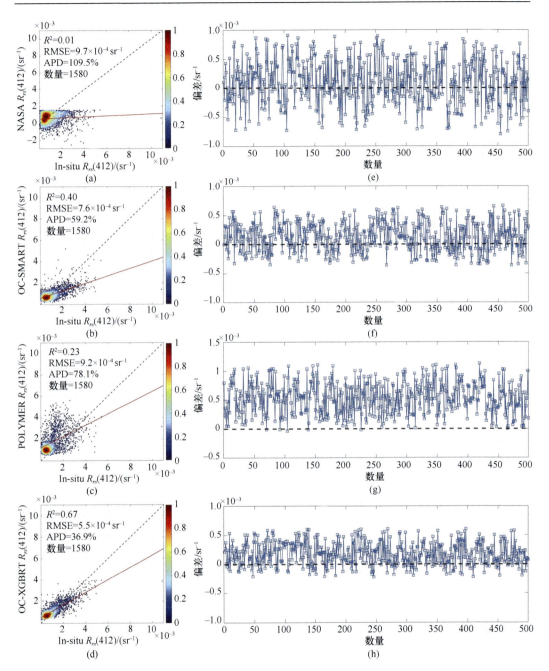

图 5.9　在吸收性气溶胶的情况下，四种大气校正算法应用在 MODIS-Aqua 遥感影像中反演的 $R_{rs}(412)$
与 SeaBASS 浮标和 AERONET-OC 站点原位实测结果的对比验证

（a）NASA 标准 NIR 算法；（b）OC-SMART 算法；（c）POLYMER 算法；（d）OC-XGBRT 大气校正算法；（e）～（h）在
散点密度图（a）～（d）中数据密度较大（大于 0.7）的区域，NASA 近红外、OC-SMART、POLYMER、OC-XGBRT 大
气校正算法反演的 $R_{rs}(412)$ 与原位测量的偏差

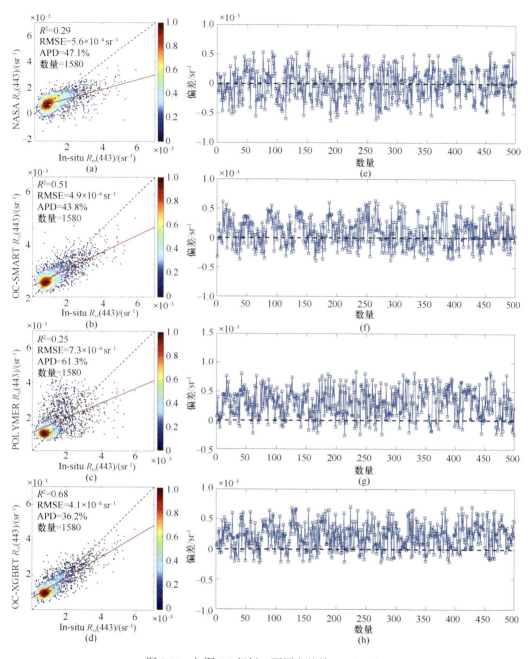

图 5.10　与图 5.9 相似，不同之处是 R_{rs}（443）

　　由图 5.9 和图 5.10 可知，经 NASA 标准 NIR 大气校正算法反演的 R_{rs}（412）产品的 R^2、RMSE 和 APD 分别为 0.01、9.7×10^{-4} sr^{-1} 和 109.5%，R_{rs}（443）产品的 R^2、RMSE 和 APD 分别为 0.29、5.6×10^{-4} sr^{-1} 和 47.1%。针对 R_{rs}（412）的反演结果，POLYMER 大气校正算法的性能统计参数（R^2、RMSE 和 APD 分别为 0.23、9.2×10^{-4} sr^{-1} 和 78.1%）整体上不够理想，但 OC-SMART 大气校正算法的性能统计参数（R^2、RMSE 和 APD 分别为 0.40、7.6×10^{-4} sr^{-1} 和 59.2%）优于 NASA 的 NIR 大气校正算法的性能统计参数（R^2、

RMSE 和 APD 分别为 0.01、9.7×10^{-4} sr^{-1} 和 109.5%）。值得注意的是，对于 443 nm 波段大气校正效果，POLYMER 算法的 APD 值高于 NASA 标准 NIR 大气校正算法的 APD 值，POLYMER 算法整体上的性能要比 OC-SMART 算法差。从图 5.9（b）和图 5.10（b）也可以看出 OC-SMART 算法的反演结果在一定程度上还是低估了短蓝波段的遥感反射率，这可能是受吸收性气溶胶垂向分布的影响。因此，模型预测的准实时吸收性气溶胶的垂向分布信息能够提高 OC-XGBRT 大气校正算法的性能。与 POLYMER 和 OC-SMART 大气校正算法相比，OC-XGBRT 算法在沙尘气溶胶、烟尘气溶胶和城市型气溶胶存在的情况下大气校正性能大幅度提升。

图 5.11 和图 5.12 展示了 NASA 的标准 NIR 大气校正算法、OC-SMART 大气校正算

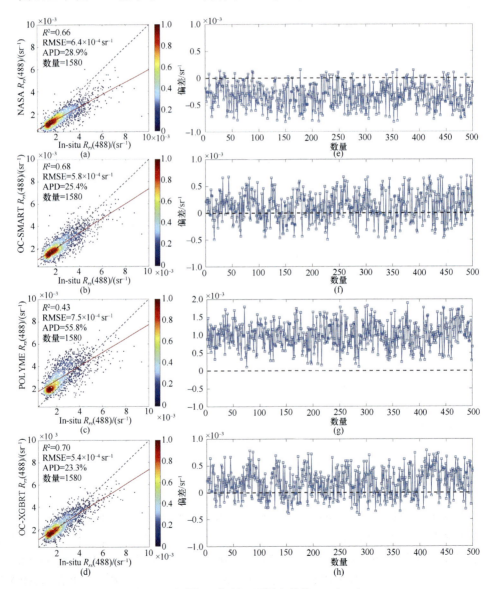

图 5.11　与图 5.9 相似，不同之处是 R_{rs}（488）

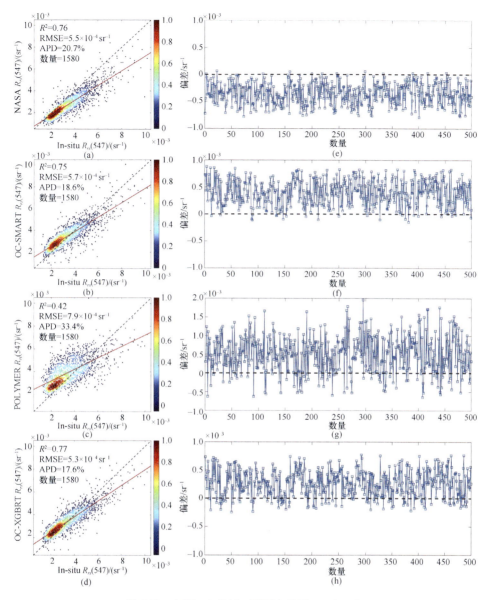

图 5.12　与图 5.9 相似，不同之处是 R_{rs}（547）

法、POLYMER 大气校正算法和 OC-XGBRT 大气校正算法反演的 R_{rs}（488）与 R_{rs}（547）验证结果，OC-XGBRT 算法反演 R_{rs}（488）的性能统计参数（R^2、RMSE 和 APD 分别为 0.70 和 5.4×10^{-4} sr^{-1} 和 23.3%）和 R_{rs}（547）的性能统计参数（R^2、RMSE 和 APD 分别为 0.77 和 5.3×10^{-4} sr^{-1} 和 17.6%）的反演结果均优于 NASA 的标准 NIR 大气校正算法 [R_{rs}（488）的 R^2、RMSE 和 APD 分别为 0.66 和 6.4×10^{-4} sr^{-1} 和 28.9%；R_{rs}（547）的 R^2、RMSE 和 APD 分别为 0.76 和 5.5×10^{-4} sr^{-1} 和 20.7%] 和 OC-SMART 大气校正算法 [R_{rs}（488）的 R^2、RMSE 和 APD 分别为 0.68 和 5.8×10^{-4} sr^{-1} 和 25.4%；R_{rs}（547）的 R^2、RMSE 和 APD 分别为 0.75 和 5.7×10^{-4} sr^{-1} 和 18.6%]。总的来说，OC-XGBRT 大气校正算法获取的 412 nm、443 nm、488 nm 和 547 nm 波段的遥感反射率均优于其他三种

算法，能够有效校正吸收性气溶胶垂向分布产生的影响。

5.4　吸收性气溶胶大气校正算法的应用

本研究提供了各种吸收性气溶胶影响下的代表性研究案例，以证明使用本研究建立的 OC-XGBRT 大气校正算法从 MODIS-Aqua 卫星遥感数据中反演的 $R_{rs}(412)$、$R_{rs}(443)$、$R_{rs}(488)$ 和 $R_{rs}(547)$ 在内陆和沿海水域的可靠性。这些研究案例包括了北非西海岸、波斯湾、北美西海岸、北美东海岸、黑海以及中国渤黄海区域，位置信息如图 5.3（k）中的红色框和橙色框所示。在接下来的内容中，将重点介绍五个内陆和沿海水域的研究情况，展示在吸收性气溶胶的情况下，经过 OC-XGBRT 算法进行大气校正后，遥感反射率的数据质量改善效果。

5.4.1　北非西海岸区域

源于撒哈拉沙漠北部的沙尘暴频繁传输到北非西海岸区域。当沙尘事件发生在该区域时，经典的 NIR 算法校正结果是无效的，无法为 MODIS-Aqua 遥感影像反演短蓝波段的遥感反射率。如图 5.13（a）所示，这里显示了 2017 年 12 月 2 日 UTC 时间 14:30 获得的 MODIS-Aqua 真彩色遥感影像，在图 5.13（a）的红框中可以清楚地识别到浅棕色的沙尘羽状流。图 5.13（b）和（c）展示了经 NASA 标准大气校正算法反演的 $R_{rs}(412)$ 和 $R_{rs}(443)$ 产品的典型案例，这里的低估和负值现象（标黑）主要受来自西非撒哈拉沙漠沙尘气溶胶的影响。吸收性气溶胶的分类结果如图 5.13（d）所示，可以发现很多被识别为沙尘气溶胶占主导的像元。此外，对比图 5.13（d）和（e），发现较大的 AOD 值（超过 0.3）出现在沙尘气溶胶占主导的区域，这也符合图 5.13（a）中沙尘气溶胶羽状流的情况。相比之下，在吸收性气溶胶的情况下，经 NASA 标准大气校正算法反演的 $R_{rs}(412)$ 和 $R_{rs}(443)$ 产品中负值或低估的现象被 OC-XGBRT 算法所改善，反演结果如图 5.13（f）和（g）所示。考虑到 OC-SMART 大气校正算法的精度优于 NASA 的 NIR 算法和 POLYMER 算法，因此在本研究中，采用 OC-SMART 大气校正算法对检测到的非吸收性或弱吸收性气溶胶的像素进行校正。

图 5.14（a）、（b）、（e）和（f）展示了 NASA 标准 NIR 大气校正算法与 OC-XGBRT 大气校正算法在北非西海岸区域反演 MODIS-Aqua 遥感卫星影像的 $R_{rs}(488)$ 和 $R_{rs}(547)$ 应用案例对比。OC-XGBRT 大气校正算法反演得到的遥感反射率结果在 488 nm 和 547 nm 波段略高于经 NIR 大气校正算法反演得到的遥感产品，但发现两种大气校正法的差异在逐渐缩小，说明吸收性气溶胶垂向分布对反演 $R_{rs}(488)$ 和 $R_{rs}(547)$ 的影响小于反演 $R_{rs}(412)$ 和 $R_{rs}(443)$ 的影响。

5.4.2　波斯湾区域

与北非西海岸区域类似，波斯湾也常年受到来自阿拉伯沙漠附近沙尘气溶胶的影响，并已成为全球沙尘事件最频繁发生的区域之一。图 5.15 展示了于 2007 年 12 月 10 日世界标准时间 10:05 获得的 MODIS-Aqua 卫星遥感影像在波斯湾区域的大气校正算法应用案例。在图 5.15（a）所示的真彩色影像中，原位测量站点的地理位置用金色五角星符号表示。在应用本研究建立的 OC-XGBRT 大气校正算法之前，通过对比经 NIR 大气校正算法反演的 R_{rs}（412）和 R_{rs}（443）产品，可以很容易在图 5.15（b）和（c）中识别出遥感反射率为负值的区域。结合图 5.15（d）可以发现，遥感反射率的负值也主要出现在以沙尘气溶胶和城市型气溶胶占主导的区域。图 5.15（d）中吸收性气溶胶的监测结果基本对应于图 5.15（a）红框内微弱的羽状沙尘气溶胶，AOD 的范围为 0.2～0.4。

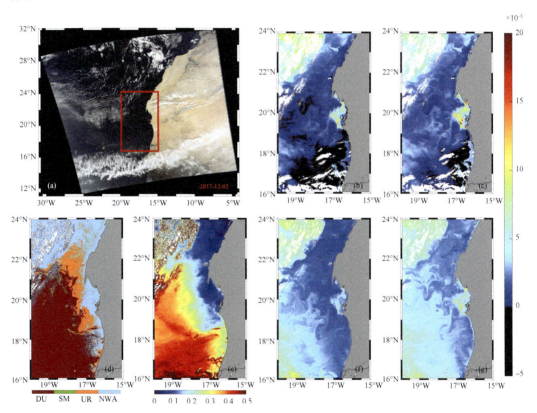

图 5.13　对比 NASA 标准 NIR 大气校正算法与 OC-XGBRT 大气校正算法在北非西海岸区域的应用案例

在 2017 年 12 月 2 日世界标准时间 14：30 获取的 MODIS-Aqua（a）真彩色图像；（a）中红色框中的（b）NASA 的 R_{rs}（412）产品；（c）NASA 的 R_{rs}（443）产品；（d）气溶胶类型；（e）412 nm 波段的 AOD；（f）OC-XGBRT 算法反演得到的 R_{rs}（412）；（g）OC-XGBRT 算法反演得到的 R_{rs}（443）。需要注意的是，DU、SM、UR 和 NWA 分别代表沙尘气溶胶、烟尘气溶胶、城市型气溶胶和非吸收性或弱吸收性气溶胶

如图 5.15（f）和（g）所示，应用本研究提出的 OC-XGBRT 大气校正算法反演 R_{rs}（412）和 R_{rs}（443），发现其校正结果有所提升，在吸收性气溶胶存在的区域明显优于 NASA 产品。NASA 产品与 OC-XGBRT 算法反演的 R_{rs}（488）和 R_{rs}（547）对比结果如图 5.14（c）、（d）、（g）和（h）所示。为了进一步评价 OC-XGBRT 算法的校正结果，图 5.15（h）展示了 NASA 标准 NIR、OC-SMART 和 OC-XGBRT 大气校正算法对

MODIS-Aqua 卫星遥感影像反演的遥感反射率光谱与现场测量结果的定量对比。OC-XGBRT 大气校正算法主要适用于部分可见光波段遥感反射率的反演，因此将 R_{rs}（667）值替换为 OC-SMART 算法的反演结果，并在图 5.15（h）中用红色十字圈进行标记。应用 OC-XGBRT 大气校正算法后，MODIS-Aqua 的遥感反射率光谱与 NASA 产品（绿线）相比得到有效改善，并且不再出现负值，如图 5.15（h）中的红色曲线所示。总的来说，OC-XGBRT 大气校正算法反演的 R_{rs}（412）到 R_{rs}（547）光谱与原位实测（蓝线）光谱比较接近，表明在吸收性气溶胶情况下大气校正的精度得到了显著改善。

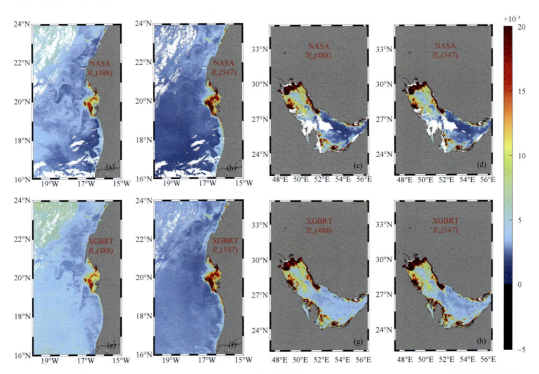

图 5.14　（a）～（d）对比 NASA 的 NIR 大气校正算法与（e）～（h）OC-XGBRT 大气校正算法在北非西海岸（a、b、e、f）和波斯湾（c、d、g、h）区域反演 MODIS-Aqua 的 R_{rs}（488）和 R_{rs}（547）应用案例

5.4.3　北美西海岸区域

北美西海岸经常受到来自周边城市工厂排放和生物质燃烧排放的细模态占主导的吸收性气溶胶（包括烟尘气溶胶和城市型气溶胶）的影响。如图 5.16 所示，MODIS-Aqua 卫星于 2003 年 4 月 19 日世界标准时间 21:35 在北美洲南部海岸线附近获取的遥感影像。如图 5.16（a）所示，红框区域附近的陆地区域可以发现数十个白色和灰色的野火位置。图 5.16（b）和（c）展示了经 NASA 标准 NIR 大气校正算法反演的 412 nm 和 443 nm 波段的 R_{rs}（λ）值在部分海岸线和岛屿附近都呈现负值。图 5.16（d）也显示这里的吸收性气溶胶类型主要为烟尘气溶胶，这可能是周围工业工厂排放和生物质燃烧排放导致的。另外，在图 5.16（e）中，AOD 数值相对较大的小部分像素被检测为非吸收性或

弱吸收性气溶胶，而不是吸收性气溶胶，结合图 5.16（a）可发现，可能是由于周边薄云的邻接效应所导致 AOD 反演值偏高，也有可能是薄云中掺杂着少量的烟尘气溶胶导致的。

将本研究开发的 OC-XGBRT 大气校正算法应用到 MODIS-Aqua 遥感影像后，发现烟尘气溶胶和城市型气溶胶占主导区域的 R_{rs}（412）和 R_{rs}（443）值显著提升，反演结果如图 5.16（f）和（g）所示，遥感反射率为负值的区域将不再出现。图 5.17（a）、（b）、（e）和（f）展示了 OC-XGBRT 算法反演的 R_{rs}（488）和 R_{rs}（547）与 NASA

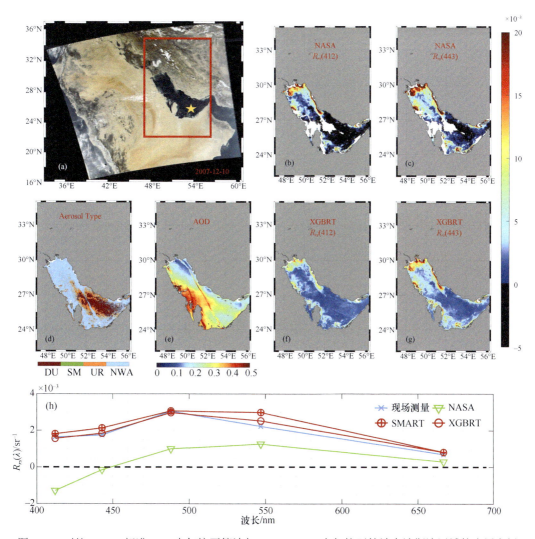

图 5.15　对比 NASA 标准 NIR 大气校正算法与 OC-XGBRT 大气校正算法在波斯湾区域的应用案例
在 2007 年 12 月 10 日，世界标准时间 10：05 获取的 MODIS-Aqua（a）真彩色图像；（a）中红色框中的（b）NASA 的 R_{rs}（412）产品；（c）NASA 的 R_{rs}（443）产品；（d）气溶胶类型；（e）412 nm 波段的 AOD；（f）OC-XGBRT 算法反演得到的 R_{rs}（412）；（g）OC-XGBRT 算法反演得到的 R_{rs}（443）；（h）NASA 的 NIR、OC-SMART 和 OC-XGBRT 大气校正算法与原位测量值之间 MODIS-Aqua 的遥感反射率光谱定量对比。需要注意的是，DU、SM、UR 和 NWA 分别代表沙尘、烟尘、城市型气溶胶和非吸收性或弱吸收性气溶胶

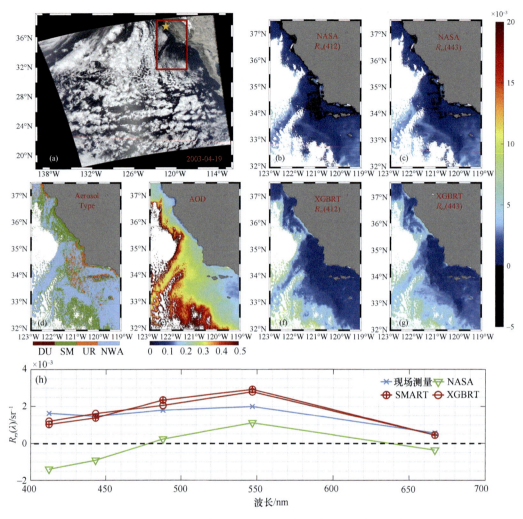

图 5.16　与图 5.15 相似，不同之处是在北美西海岸的应用案例

产品对比结果，OC-XGBRT 算法反演的结果整体上略高于 NASA 产品，在部分区域较为接近。为了进一步评估 OC-XGBRT 算法校正后 $R_{rs}(\lambda)$ 光谱形状的准确性，将校正结果与图 5.16（a）中黄色五角星处的原位实测值进行比较，可以发现 OC-XGBRT 算法反演的 $R_{rs}(412)$ 和 $R_{rs}(443)$ 值比 NASA 标准 NIR 大气校正算法反演得更合理。此外，NASA 产品在各波段的 $R_{rs}(\lambda)$ 值明显低于原位实测值，这也与图 5.17（a）、（b）、（e）和（f）的对比结果相对应。OC-XGBRT 算法获取的 $R_{rs}(412)$、$R_{rs}(443)$ 和 $R_{rs}(488)$ 反演值与原位测量值比较接近，但比 $R_{rs}(547)$ 略高一些。总的来说，OC-XGBRT 算法校正后的遥感反射率光谱形状（红线）变化与 NASA 产品的光谱形状（绿线）相似，但在数值上要大于 NASA 产品，说明 OC-XGBRT 算法能较准确地消除吸收性气溶胶带来的影响。

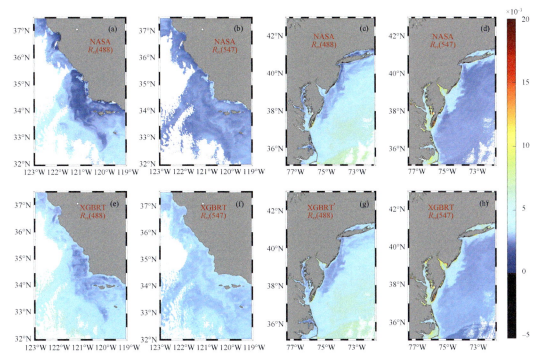

图 5.17　与图 5.14 相似，不同之处是在北美西海岸和北美东海岸的应用案例

5.4.4　黑 海 区 域

黑海附近也经常受到周围生物质燃烧和工业工厂排放的影响，并且偶尔受到来自北非撒哈拉沙漠沙尘气溶胶的影响，导致在黑海附近形成了一个混合型气溶胶的大气环境系统。本研究搜集了 2017 年 8 月 20 日世界标准时间 10：30 的 MODIS-Aqua 遥感影像，清楚地拍摄到了黑海附近多种吸收性气溶胶的污染事件。从 MODIS-Aqua 真彩色遥感影像 [图 5.18（a）] 发现，在黑海中部可以看到白色细丝状烟羽，在亚速海附近能够发现浅棕色的羽状物。这些吸收性气溶胶事件也就导致了在图 5.18（b）和（c）中黑海部分区域的 R_{rs}（412）为负值，在黑海北部部分区域的 R_{rs}（443）也为负值。同时从图 5.18（d）中也可以看出，吸收性气溶胶的类型以城市型气溶胶和烟尘气溶胶为主，在少部分区域会出现一些沙尘气溶胶，这在图 5.18（a）中也有所体现。此外，较大的 AOD（大于 0.25）主要出现在吸收性气溶胶存在的情况下，如图 5.18（e）所示。

图 5.18（f）和（g）分别显示了 OC-XGBRT 大气校正算法对 R_{rs}（412）和 R_{rs}（443）的反演结果，图 5.19（a）～（d）展示了 NIR 算法和 OC-XGBRT 大气校正算法在 488 nm 和 547 nm 波段遥感反射率的反演结果。经过对比可以发现，本研究建立的 OC-XGBRT 算法在黑海大部分区域的遥感反射率反演结果明显高于 NASA 产品。另外，本研究选择了黑海西南端一个原位实测站点进行定量对比分析，如图 5.18（h）所示。结果表明，校正后的遥感反射率与原位测量值非常接近，OC-XGBRT 与 OC-SMART 算法反演的遥感反射率之间的差异也随着波长增加而减小。由此可见，在黑海附近吸收性气溶胶存在

的情况下，OC-XGBRT 大气校正算法可以有效地提升遥感反射率的数据质量，并且提高有效数据覆盖率，获取更合理的反演结果。

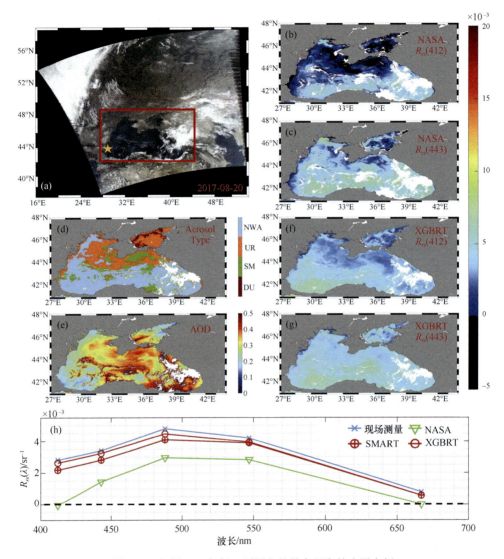

图 5.18　与图 5.15 相似，不同之处是在黑海的应用案例

5.4.5　中国渤黄海区域

中国渤海和黄海经常受到周边工业大气污染物排放的影响，同时在春季也会受到塔克拉玛干沙漠和戈壁沙漠传输过来沙尘气溶胶的影响，导致一些区域形成了多种类型混合的复杂气溶胶系统。另外，渤海和黄海属于高浑浊水体，这导致传统的大气校正算法在高浑浊水体时常是无效的。同时如果有吸收性气溶胶存在的情况下，大气校正会更加困难。图 5.20 展示了这种情况的研究案例，该遥感影像于 2018 年 2 月 25 日世界标准时间 05:00 由 MODIS-Aqua 卫星拍摄的，如图 5.20（a）所示，在黄海附近可以通过目视

解译识别出多个浅灰色羽状物。这也就导致了在图 5.20（b）和（c）中，黄海北部附近，NASA 标准 NIR 大气校正算法反演的 R_{rs}（412）和 R_{rs}（443）均为负值。由于吸收性气溶胶对 R_{rs}（412）的影响更大，R_{rs}（412）为负值的覆盖范围比 R_{rs}（443）为负值的覆盖范围更大。如图 5.20（d）所示，吸收性气溶胶的类型以城市型气溶胶为主，存在少部分的沙尘和烟尘气溶胶。如图 5.20（e）所示，在黄海北部和中部以及渤海沿岸，AOD 值超过 0.3，这些区域 NASA 的 R_{rs}（412）和 R_{rs}（443）产品可能被低估或缺失。

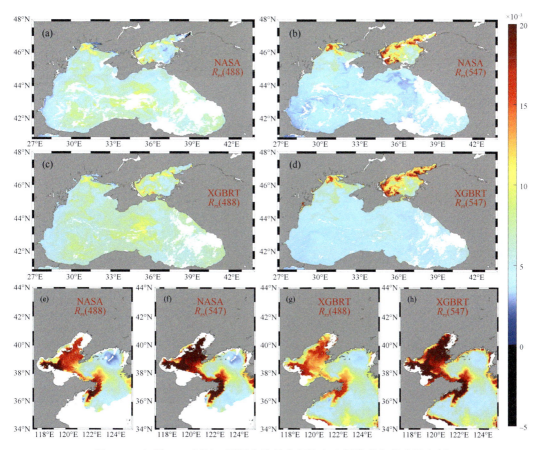

图 5.19　与图 5.14 相似，不同之处是在黑海和中国渤黄海的应用案例

将 OC-XGBRT 大气校正算法应用到 MODIS-Aqua 遥感影像中，进行大气校正后，OC-XGBRT 算法恢复了 NASA 标准 NIR 算法失效的部分区域的 R_{rs}（412）和 R_{rs}（443），反演结果如图 5.20（f）和（g）所示。图 5.20（e）～（h）展示了 NASA 标准 NIR 大气校正算法与 OC-XGBRT 反演的 R_{rs}（488）和 R_{rs}（547）的对比结果，能够清楚地发现两者的差异正在逐渐缩小。OC-XGBRT 算法在黄海大部分海域反演的遥感反射率明显大于 NASA 产品，但在近岸高浑浊水体中，遥感反射率的值被低估了，可能是这些像元被算法识别为非吸收性或弱吸收性气溶胶。在高浑浊的水体中，OC-SMART 算法的不足可能导致低估。为了进一步评估 OC-XGBRT 算法获取的遥感反射率光谱准确性，图 5.20（h）展示了 NASA SeaDAS 标准 NIR 算法、OC-SMART 算法和 OC-XGBRT 算法反演的

遥感反射率与原位测量值之间光谱定量对比。结果表明，OC-XGBRT 算法获取的遥感反射率值比 NASA 产品更接近原位测量值。总体而言，在吸收性气溶胶的情况下，OC-XGBRT 算法基本能够解决水色遥感大气校正中遥感反射率低估的问题。

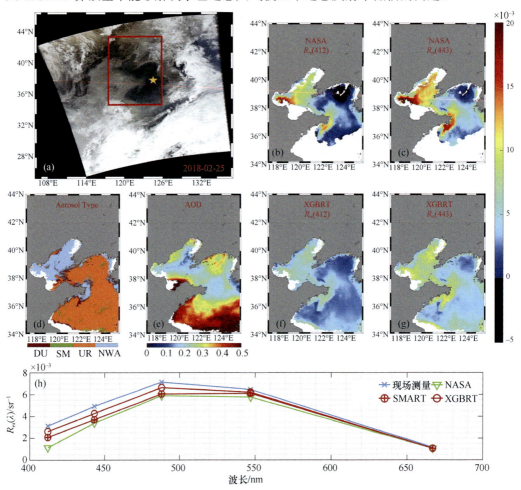

图 5.20   与图 5.15 相似，不同之处是在中国渤黄海区域的应用案例

5.5   典型吸收性气溶胶影响区域水色要素反演

5.5.1   吸收性气溶胶情况下的水色要素反演对比验证

由于缺乏现场实测的 CHL、K_d（490）、a_{dg}（443）和 POC 数据，为了评估本研究建立的 OC-XGBRT 算法反演水色要素的精度，本节利用 SeaBASS 和 AERONET-OC 实测 R_{rs}（λ）计算的水色要素来进行对比验证。在吸收性气溶胶的情况下，图 5.21 和图 5.22 分别展示了基于 NASA 的标准 NIR 算法和本研究建立的 OC-XGBRT 算法反演的水色要素［CHL、K_d（490）、a_{dg}（443）和 POC］与 SeaBASS 和 AERONET-OC 实测 R_{rs}（λ）计算的水色要素对比验证。整体上来看，基于 OC-XGBRT 算法反演的水色要素

具有较低的偏差（四种水色要素的 APD 均小于 63.7%），能够有效提升有效数据量。对于 CHL 而言，OC-XGBRT 算法的 R^2、RMSE 和 APD 分别为 0.48、6.3 m^{-1} 和 58.4%，高于 NASA 的标准 NIR 算法（R^2、RMSE 和 APD 分别为 0.32、9.2 m^{-1} 和 75.3%）。OC-XGBRT 算法反演 a_{dg}（443）的精度（R^2、RMSE 和 APD 分别为 0.45、0.08 m^{-1} 和 63.7%）明显优于 NASA 的标准 NIR 算法（R^2、RMSE 和 APD 分别为 0.03、0.19 m^{-1} 和 207.8%）。通过对比图 5.21 和图 5.22，可以发现 OC-XGBRT 算法能够有效降低 CHL、K_d（490）和 POC 高估现象，在数据稳定性上有较好的提升。在四种水色要素中，反演 K_d（490）受吸收性气溶胶影响最小，这与其反演算法中并未使用短蓝波段 R_{rs}（λ）有关，然而反演 a_{dg}（443）的影响程度最大，这也与其反演算法有关，CHL 和 POC 在四种水色要素中受吸收性气溶胶的影响较为适中。总的来说，OC-XGBRT 算法在吸收性气溶胶存在的情况下能够有效改善水色要素的数据质量。

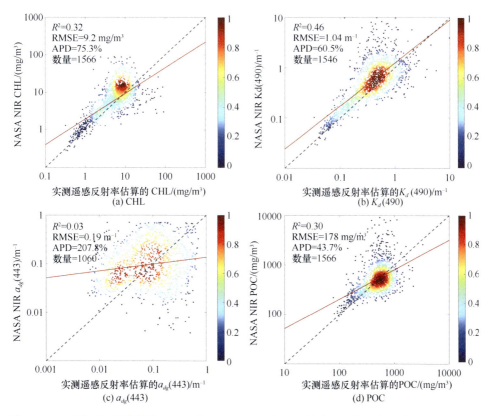

图 5.21　在吸收性气溶胶的情况下，基于 NASA 标准 NIR 算法反演的水色要素与 SeaBASS 和 AERONET-OC 实测的遥感反射率计算的水色要素对比验证

5.5.2　黑海和中国渤黄海区域的对比分析

黑海和中国渤黄海频繁受到周围生物质燃烧、工业污染排放、附近沙漠沙尘的影响，导致这里形成了气溶胶混合的状态。图 5.23 展示了 NASA 产品与经过 OC-XGBRT 获得的 R_{rs}（λ）反演的 CHL、K_d（490）、a_{dg}（443）和 POC 在黑海附近的应用案例对比。总

体来看，CHL、K_d（490）和 POC 受吸收性气溶胶的影响较小，差异主要出现在亚速海附近，这里 NASA 产品会存在零星的偏高现象，可能与 NASA 产品的 R_{rs}（443）被低估或出现负值有关，如图 5.19（c）所示。然而，在黑海南部附近，a_{dg}（443）的空间差异最为明显，这与北非西海岸和波斯湾的反演情况相类似，整体上反演 a_{dg}（443）受吸收性气溶胶的影响是比较强的，表明传统 NIR 大气校正算法容易产生一定误差。

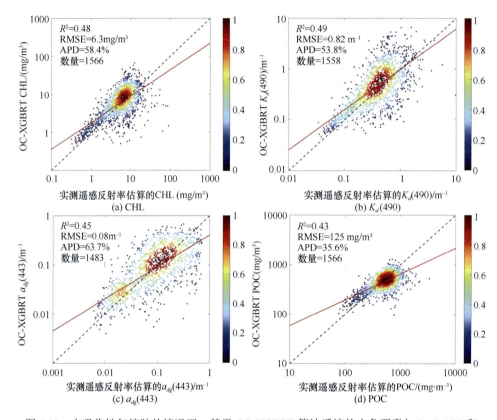

图 5.22　在吸收性气溶胶的情况下，基于 OC-XGBRT 算法反演的水色要素与 SeaBASS 和 AERONET-OC 实测的遥感反射率计算的水色要素对比验证

如图 5.24 所示，在中国渤黄海区域，NASA 的 CHL 和 K_d（490）产品与 OC-XGBRT 算法反演结果在空间分布上较为一致，但 NASA 产品会存在一定的低估，并且 a_{dg}（443）和 POC 存在较大的差异，OC-XGBRT 算法反演结果可以提高有效数据的覆盖面积。NASA 的 a_{dg}（443）产品在渤海北部有明显的异常值，在其他区域存在偏低现象，这与波斯湾的情况较为相似。POC 的反演结果差异也比较明显，主要发生在渤海和黄海北部，这可能跟 443 nm 波段的校正结果偏差较大有关，如图 5.20（c）和（g）所示。总的来说，经 OC-XGBRT 算法获得的 R_{rs}（λ）来反演水色要素，在数据稳定性上要优于 NASA 产品，能够有效提升水色要素的数据质量。

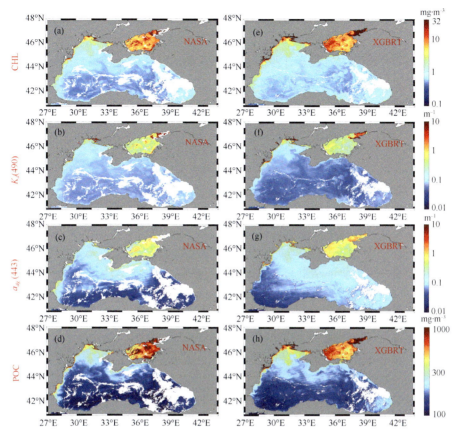

图 5.23 （a）～（d）NASA 产品与（e）～（h）经过 OC-XGBRT 大气校正算法获得的 R_{rs}（λ）反演的 CHL、K_d（490）、a_{dg}（443）和 POC 在黑海的应用案例对比

MODIS-Aqua 影像的拍摄时间为 2010 年 8 月 28 日，世界标准时间 18:25

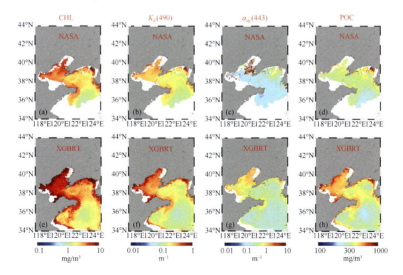

图 5.24 （a）～（d）NASA 产品与（e）～（h）经过 OC-XGBRT 大气校正算法获得的 R_{rs}（λ）反演的 CHL、K_d（490）、a_{dg}（443）和 POC 在渤海的应用案例对比

MODIS-Aqua 影像的拍摄时间为 2010 年 8 月 28 日，世界标准时间 18：25

5.6　小　　结

本章围绕水色遥感大气校正在吸收性气溶胶频繁出现的海域失效的问题,基于海-气耦合矢量辐射传输模拟,结合机器学习模型,构建了吸收性气溶胶垂向分布预测模型,建立了海洋吸收性气溶胶模式,构建了针对吸收性气溶胶情况下大气校正算法,并将建立的大气校正算法应用于 MODIS-Aqua 水色卫星传感器上,并将结果与其他大气校正算法进行对比验证,选取典型区域进行大气校正和水色要素反演案例展示,评估了吸收性气溶胶对水色要素反演的影响程度。本章的主要研究结论如下。

(1)基于全球 AERONET 实测站点观测数据和气溶胶分类算法,获取海洋上空吸收性气溶胶的光学模式,分别导出不同波段的沙尘气溶胶和烟尘气溶胶的复折射指数、粒径谱分布等微物理特性参数,方便进行辐射传输模拟。同时,基于气象再分析数据和机器学习算法,建立吸收性气溶胶垂向分布参数的预测模型,实现了吸收性气溶胶垂向分布的准实时预测,模型验证结果与 CALIPSO 观测数据基本一致,能够基本再现吸收性气溶胶的垂直剖面信息。该预测模型能够较好地估算吸收性气溶胶的垂向分布,在缺乏实时全球高空间覆盖率的吸收性气溶胶垂向观测信息的情况下,为估算气溶胶辐射强迫和吸收性气溶胶大气校正提供数据支撑。

(2)基于海-气耦合矢量辐射传输模型在多种水体、大气、太阳-传感器几何条件下进行大量模拟,考虑了多种类型的吸收性气溶胶及其垂向分布信息,模拟全面的水体环境,利用机器学习模型对模拟结果进行训练,将 CALIPSO 激光雷达数据应用在水色遥感大气校正中,结合预测模型提供吸收性气溶胶垂向分布数据,建立了基于卫星观测的海上吸收性气溶胶识别和分类算法,构建了针对吸收性气溶胶情况下的大气校正算法——OC-XGBRT,用于获取吸收性气溶胶影响下的遥感反射率。将本章建立的大气校正算法应用于 MODIS-Aqua 水色卫星上,与 NASA 标准大气校正 NIR 算法反演进行对比。结果表明,在吸收性气溶胶存在的情况下,本章建立的大气校正算法显著提高了蓝光波段遥感反射率的有效数据量和反演精度。在全球吸收性气溶胶出现的情况下,通过匹配卫星遥感反演与 AERONET-OC 和 SeaBASS 原位测量的遥感反射率结果,将 OC-XGBRT 算法与 SeaDAS NIR、POLYMER、OC-SMART 大气校正算法进行对比验证,发现在 412 nm 和 443 nm 波段的遥感反射率的反演误差远小于其他三种大气校正算法,OC-XGBRT 算法反演与实测值间的 APD 小于 36.9%,然而 NASA SeaDAS NIR、POLYMER 和 OC-SMART 大气校正算法的 APD 分别高达 109.5%、78.1%和 59.2%,并且其他几个波段的遥感反射率也具有很好的精度。总体而言,本章建立的 OC-XGBRT 大气校正算法表现良好,有能力处理好受吸收性气溶胶影响下的各类水体,并能为水色遥感提供更稳定可靠的遥感反射率产品,在吸收性气溶胶存在的情况下明显优于其他大气校正算法。

(3)利用新建立的 OC-XGBRT 大气校正算法处理 MODIS-Aqua 水色卫星数据,将结果用于水色要素反演中,改善并分析典型吸收性气溶胶影响区域水色要素反演精度,评估了吸收性气溶胶对 CHL、K_d(490)、a_{dg}(443)和 POC 反演算法的影响,并与 NASA 产品进行对比。研究发现 a_{dg}(443)的反演算法是四种水色要素反演中受吸收性气溶胶影响最强的，反演相对偏差约为±75%，这可能是 a_{dg}（443）反演算法依赖于 412 nm 和 443 nm 波段的遥感反射率，而 NASA 的蓝光波段遥感反射率受吸收性气溶胶影响较大，故存在较高的反演相对偏差。POC、CHL 和 K_d（490）的反演算法受吸收性气溶胶的影响相较 a_{dg}（443）要小一些，但也存在大约±30%的反演相对偏差。由 OC-XGBRT 大气校正算法获得的遥感反射率来反演水色要素，在数据稳定性上要优于 NASA 产品，能够有效提升水色要素的数据质量和空间覆盖范围。

第6章　高海况下微波遥感辐射校正方法

6.1　引　　言

海洋遥感是监测海洋动态变化的重要手段，微波遥感凭借其全天候、高覆盖等优势在海洋监测领域得到广泛应用。微波辐射计通过接收海面微波辐射信号，可用于反演海面温度、盐度、风场等关键海洋动力与环境参数。然而，海表微波辐射信号易受海气系统中多种参数（如海面风、泡沫、大气辐射等）的复杂影响。因此，需要校正海气系统的影响，将卫星观测数据还原为等效平静海面亮温，才能进一步精确反演海面参数。目前，针对一般海况条件的微波遥感方法已趋于成熟，能够获得较高精度的海面参数反演结果。然而，高海况条件会对微波辐射计接收到的海表微波信号产生严重干扰，给遥感反演带来巨大挑战。在热带气旋等恶劣天气系统内部或南大洋西风带等区域，海面风速高达 25 m/s 以上。如此剧烈的风浪作用会显著改变海面形态，影响海表微波辐射特性。同时，高风速会在海面产生大量泡沫，泡沫层具有很强的自发辐射特性，导致海表发射率急剧升高。另一方面，强降雨也会显著影响微波遥感，雨滴撞击海面引起粗糙度变化，雨水淡化海水降低海表发射率，降雨形成的局部风场改变海面状态。总之，高海况引起的海面粗糙度增加、泡沫覆盖和强降雨效应等，都会对微波辐射遥感反演精度造成严重影响。

鉴于上述挑战，发展高海况条件下微波遥感辐射校正方法对于提高遥感反演精度至关重要。国内外学者开展了大量卓有成效的研究工作。在风浪引起的海面粗糙度效应方面，学者发展了多种海面风浪谱模型，从理论上阐明了粗糙海面与风场、波谱之间的内在联系，建立了不同极化、入射角条件下海面散射系数的解析模型[149, 150]。在高风速海面泡沫效应方面，研究者考虑了泡沫的空气含量、垂直分层结构等特性，提出了适用于微波频段的泡沫辐射模型，定量描述了泡沫覆盖对海表亮温的影响[70, 151, 152]。针对强降雨情景，相关研究揭示了降雨引起的海表粗糙度调制机理，分析了雨滴粒径分布、雨强等因素对海表微波辐射的影响规律[69, 153, 154]。这些研究成果为发展高海况微波遥感辐射校正方法奠定了坚实的理论和方法基础。

本章在前人研究的基础上，聚焦高海况条件下微波辐射遥感的关键科学问题，重点开展以下研究：一是建立考虑强风条件的海面泡沫辐射模型，探究高风速下海面泡沫的辐射传输过程与辐射校正方法；二是研究强降雨条件下的海面电磁散射机理，发展考虑雨滴粒径分布演变和降雨风场驱动的海面辐射模型。通过理论建模、模型验证与改进，提出一套具有坚实物理基础的高海况微波遥感辐射校正方法。同时，利用多源卫星观测数据开展模型验证和参数率定，并将其应用于微波辐射计遥感海洋动力环境参数的反演中。

本章紧密围绕高海况条件下微波遥感面临的关键科学问题和技术挑战，从风浪、海面泡沫、强降雨等不同影响因子出发，开展理论和方法创新研究，力求发展适用于高海况微波遥感的辐射校正理论和方法体系。研究成果有望显著改善高海况条件下海洋遥感的精度，突破高海况海洋遥感应用的瓶颈，推动海洋遥感和海洋预报研究的进一步发展。

6.2　海洋微波辐射传输模型

6.2.1　微波海洋-大气耦合矢量辐射传输数值计算模型

6.2.1.1　辐射传输方程求解方法

对于微波波段，辐射传输方程一般具有如下形式[155]：

$$\mu \frac{\mathrm{d}\boldsymbol{L}(\tau;\mu,\phi)}{\mathrm{d}\tau} = -\boldsymbol{L}(\tau;\mu,\phi) + \frac{\varpi(\tau)}{4\pi}\int_0^{2\pi}\int_{-1}^{1}\boldsymbol{L}(\tau;\mu',\phi') \tag{6.1}$$
$$\cdot\boldsymbol{Z}(\tau;\mu,\phi;\mu',\phi')\mathrm{d}\mu'\mathrm{d}\phi' + \boldsymbol{B}(\tau;\mu,\phi)$$

式中，$\boldsymbol{L}$ 为辐射 Stokes 矢量；$\boldsymbol{Z}$ 为散射矩阵；τ 为光学厚度；μ、ϕ 分别为观测天底角余弦和方位角；ϖ 为介质单次散射反照率；$\boldsymbol{B}$ 为源矩阵。

式中，代表了介质的自发辐射；T 为介质的物理温度。

在辐射传输方程中，Stokes 矢量所取的参考平面为辐射矢量与全局坐标系铅锤方向矢量组成的平面，因此在计算过程中，需要将入射辐射矢量的参考面先旋转至散射面（以入射辐射和散射辐射组成的参考面），然后再旋转至出射辐射矢量参考面。对于入射辐射 $\boldsymbol{L}'$ 和散射辐射 $\boldsymbol{L}$，有散射矩阵：

$$\boldsymbol{Z}(\tau;\mu,\phi;\mu',\phi') = \boldsymbol{C}(\pi-i_2)\boldsymbol{P}(\tau;\mu,\phi;\mu',\phi')\boldsymbol{C}(-i_1) \tag{6.2}$$

式中，i_1、i_2 为旋转角；$\boldsymbol{P}$ 为散射相矩阵。

对具有对称面、随机取向的粒子，散射相矩阵可表示为

$$\boldsymbol{P}(\Theta) = \begin{bmatrix} P_{11}(\Theta) & P_{12}(\Theta) & 0 & 0 \\ P_{12}(\Theta) & P_{22}(\Theta) & 0 & 0 \\ 0 & 0 & P_{33}(\Theta) & P_{34}(\Theta) \\ 0 & 0 & -P_{34}(\Theta) & P_{44}(\Theta) \end{bmatrix} \tag{6.3}$$

式中，Θ 为散射角。

$\boldsymbol{C}$ 是旋转矩阵，表示为

$$\boldsymbol{C}(\alpha) = \begin{bmatrix} 1 & 0 & 0 & 0 \\ 0 & \cos(2\alpha) & \sin(2\alpha) & 0 \\ 0 & -\sin(2\alpha) & \cos(2\alpha) & 0 \\ 0 & 0 & 0 & 1 \end{bmatrix} \tag{6.4}$$

式中，α 为旋转角。

针对式（6.1），本章将利用矩阵算法进行求解并建立辐射传输模型。矩阵算法（又称倍增法）计算思想是将大气、海洋以及海气界面等电介质分层，每一层介质分别拥有

不同温度梯度、吸收系数、光学厚度、散射特性等属性，这些属性决定的介质电特性在计算中将由反射矩阵、透射矩阵以及源矩阵表征，对于每层介质的分界面之间的入射出射关系如图 6.1，并有如下关系：

$$L_1^+ = T_{01}L_0^+ + R_{10}L_1^- + J_{01}^+$$
$$L_1^- = R_{01}L_0^+ + T_{10}L_1^- + J_{10}^-$$

（6.5）

式中，T、R、J 分别为透射、反射、源矩阵；T_{01} 和 T_{10} 分别为介质 01 中下行和上行的透射系数矩阵；R_{01} 和 R_{10} 分别为介质 01 中下行和上行的反射系数矩阵；J_{10} 为介质自发辐射对上行辐射的贡献；J_{01} 为介质自发辐射对下行辐射的贡献；上标"+"以及"−"分别代表下、上行方向。

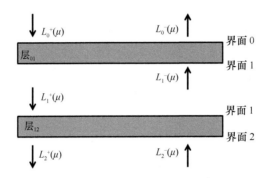

图 6.1　矩阵算法示意图

层 01 和层 12 分别是两层临近薄层介质；L 代表入射和出射辐射

该基本关系同样可以用于层 12，有

$$L_2^+ = T_{12}L_1^+ + R_{21}L_2^- + J_{12}^+$$
$$L_1^- = R_{12}L_1^+ + T_{21}L_2^- + J_{21}^-$$

（6.6）

此时，将两层介质结合，可以得到组合层 02，有如下关系：

$$L_2^+ = T_{02}L_0^+ + R_{20}L_2^- + J_{02}^+$$
$$L_0^- = R_{20}L_2^- + R_{02}L_0^+ + J_{20}^-$$

（6.7）

通过式（6.5）～式（6.6），可以得到分界面 1 的上下行辐射：

$$L_1^- = \left(E - R_{12}R_{10}\right)^{-1}\left(R_{12}T_{01}L_0^+ + T_{21}L_2^- + J_{21}^- + R_{12}J_{01}^+\right)$$
$$L_1^+ = \left(E - R_{10}R_{12}\right)^{-1}\left(R_{10}T_{21}L_2^- + T_{01}L_0^+ + J_{01}^+ + R_{10}J_{21}^-\right)$$

（6.8）

式中，E 为单位矩阵。

将式（6.8）代入式（6.6），可得

$$L_2^+ = \left[T_{12}\left(E - R_{10}R_{12}\right)^{-1}T_{01}\right]L_0^+ + \left[T_{12}\left(E - R_{10}R_{12}\right)^{-1}R_{10}T_{21} + R_{21}\right]L_2^-$$
$$+ J_{12}^+ + T_{12}\left(E - R_{10}R_{12}\right)^{-1}\left(J_{01}^+ + R_{10}J_{21}^-\right)$$

（6.9）

比较式（6.7）和式（6.9），对于组合层 02，可以得到其下行等效透射、反射、源矩阵：

$$\begin{cases} \boldsymbol{T}_{02} = \boldsymbol{T}_{12}\left(\boldsymbol{E} - \boldsymbol{R}_{10}\boldsymbol{R}_{12}\right)^{-1}\boldsymbol{T}_{01} \\ \boldsymbol{R}_{20} = \boldsymbol{T}_{12}\left(\boldsymbol{E} - \boldsymbol{R}_{10}\boldsymbol{R}_{12}\right)^{-1}\boldsymbol{R}_{10}\boldsymbol{T}_{21} + \boldsymbol{R}_{21} \\ \boldsymbol{J}_{02}{}^{+} = \boldsymbol{J}_{12}{}^{+} + \boldsymbol{T}_{12}\left(\boldsymbol{E} - \boldsymbol{R}_{10}\boldsymbol{R}_{12}\right)^{-1}\left(\boldsymbol{J}_{01}{}^{+} + \boldsymbol{R}_{10}\boldsymbol{J}_{21}{}^{-}\right) \end{cases} \tag{6.10}$$

同理，可以得到上行等效透射、反射、源矩阵：

$$\begin{cases} \boldsymbol{T}_{20} = \boldsymbol{T}_{10}\left(\boldsymbol{E} - \boldsymbol{R}_{12}\boldsymbol{R}_{10}\right)^{-1}\boldsymbol{T}_{21} \\ \boldsymbol{R}_{02} = \boldsymbol{T}_{10}\left(\boldsymbol{E} - \boldsymbol{R}_{12}\boldsymbol{R}_{10}\right)^{-1}\boldsymbol{R}_{12}\boldsymbol{T}_{01} + \boldsymbol{R}_{01} \\ \boldsymbol{J}_{20}{}^{-} = \boldsymbol{J}_{10}{}^{+} + \boldsymbol{T}_{10}\left(\boldsymbol{E} - \boldsymbol{R}_{12}\boldsymbol{R}_{10}\right)^{-1}\left(\boldsymbol{J}_{21}{}^{-} + \boldsymbol{R}_{12}\boldsymbol{J}_{01}{}^{+}\right) \end{cases} \tag{6.11}$$

在得到组合介质的等效透射、反射、源矩阵后，便可以以此为基础，计算介质中相邻介质层之间的辐射传输过程，最后整合得到整个辐射传输过程的结果。

6.2.1.2　单层介质矢量辐射传输数值计算模型

在利用矩阵算法进行辐射传输过程计算前，需要首先对单层介质内的透射、反射、源进行计算。首先将式（6.1）中的 $\boldsymbol{L}$、$\boldsymbol{Z}$、$\boldsymbol{B}$ 对方位角 ϕ 进行傅立叶展开，即

$$\boldsymbol{L}\left(\tau;\mu,\phi\right) = \boldsymbol{L}^{0}\left(\tau;\mu\right) + \sum_{m=1}^{M}\left[\boldsymbol{L}^{cm}\left(\tau;\mu\right)\cos m\phi + \boldsymbol{L}^{sm}\left(\tau;\mu\right)\sin m\phi\right] \tag{6.12}$$

$$\begin{aligned} \boldsymbol{Z}\left(\tau;\mu,\phi;\mu',\phi'\right) = {}& \boldsymbol{Z}^{0}\left(\tau;\mu,\mu'\right) + \\ & \sum_{m=1}^{M}\left[\boldsymbol{Z}^{cm}\left(\tau;\mu,\mu'\right)\cos m\left(\phi'-\phi\right) + \boldsymbol{Z}^{sm}\left(\tau;\mu,\mu'\right)\sin m\left(\phi'-\phi\right)\right] \end{aligned} \tag{6.13}$$

$$\begin{aligned} \boldsymbol{B}\left(\tau;\mu,\phi;\mu',\phi'\right) = {}& \boldsymbol{B}^{0}\left(\tau;\mu,\mu'\right) + \\ & \sum_{m=1}^{M}\left[\boldsymbol{B}^{cm}\left(\tau;\mu,\mu'\right)\cos m\left(\phi'-\phi\right) + \boldsymbol{B}^{sm}\left(\tau;\mu,\mu'\right)\sin m\left(\phi'-\phi\right)\right] \end{aligned} \tag{6.14}$$

将式（6.12）～式（6.14）代入式（6.1），且利用下列关系式：

$$\begin{aligned} & \int_{0}^{2\pi}\cos m\varphi'\mathrm{d}\varphi' = 0, m \neq 0 \\ & \int_{0}^{2\pi}\sin m\varphi'\mathrm{d}\varphi' = 0, m \neq 0 \\ & \int_{0}^{2\pi}\cos m\left(\varphi-\varphi'\right)\mathrm{d}\varphi' = 0 \\ & \int_{0}^{2\pi}\sin m\left(\varphi-\varphi'\right)\mathrm{d}\varphi' = 0 \end{aligned} \tag{6.15}$$

$$\int_{0}^{2\pi}\cos m\left(\varphi-\varphi'\right)\cdot\cos n\varphi'\mathrm{d}\varphi' = \begin{cases} \pi\cos m\varphi, n = m\text{时} \\ 0, n \neq m\text{时} \end{cases}$$

$$\int_{0}^{2\pi}\cos m\left(\varphi-\varphi'\right)\cdot\sin m\varphi'\mathrm{d}\varphi' = \begin{cases} \pi\sin m\varphi, n = m\text{时} \\ 0, n \neq m\text{时} \end{cases}$$

$$\int_{0}^{2\pi}\sin m\left(\varphi-\varphi'\right)\cdot\cos m\varphi'\mathrm{d}\varphi' = \begin{cases} \pi\sin m\varphi, n = m\text{时} \\ 0, n \neq m\text{时} \end{cases}$$

$$\int_0^{2\pi} \sin m(\varphi - \varphi') \cdot \sin m\varphi' \mathrm{d}\varphi' = \begin{cases} -\pi \cos m\varphi, n = m\text{时} \\ 0, n \neq m\text{时} \end{cases}$$

可得

$$\mu \frac{\mathrm{d}\boldsymbol{L}^0(\tau;\mu)}{\mathrm{d}\tau} = -\boldsymbol{L}^0(\tau;\mu) + \frac{\varpi_0(\tau)}{2} \int_{-1}^{1} \boldsymbol{Z}^0(\tau;\mu,\mu') \boldsymbol{L}^0(\tau;\mu') \mathrm{d}\mu' + \boldsymbol{B}^0(\tau;\mu,\phi) \quad (6.16)$$

$$\mu \frac{\mathrm{d}\boldsymbol{L}^{cm}(\tau;\mu)}{\mathrm{d}\tau} = -\boldsymbol{L}^{cm}(\tau;\mu) +$$
$$\frac{\varpi_0(\tau)}{4} \int_{-1}^{1} \left[\boldsymbol{Z}^{cm}(\tau;\mu,\mu') \boldsymbol{L}^{cm}(\tau;\mu') - \boldsymbol{Z}^{sm}(\tau;\mu,\mu') \boldsymbol{L}^{sm}(\tau;\mu') \right] \mathrm{d}\mu' + \quad (6.17)$$
$$\boldsymbol{B}^{cm}(\tau;\mu,\phi)$$

$$\mu \frac{\mathrm{d}\boldsymbol{L}^{sm}(\tau;\mu)}{\mathrm{d}\tau} = -\boldsymbol{L}^{sm}(\tau;\mu) +$$
$$\frac{\varpi_0(\tau)}{4} \int_{-1}^{1} \left[\boldsymbol{Z}^{sm}(\tau;\mu,\mu') \boldsymbol{L}^{cm}(\tau;\mu') + \boldsymbol{Z}^{cm}(\tau;\mu,\mu') \boldsymbol{L}^{sm}(\tau;\mu') \right] \mathrm{d}\mu' + \quad (6.18)$$
$$+\boldsymbol{B}^{sm}(\tau;\mu,\phi)$$

式中 $m = 1, 2, \cdots, M$。至此，辐射传输方程转化为 $4 \times (2M+1)$ 个与方位角独立的方程，进一步对天顶角的积分改为离散求和，按 $2N$ 个离散点高斯积分法进行，可以得到：

$$\mu \frac{\mathrm{d}\boldsymbol{L}^0(\tau;\mu_i)}{\mathrm{d}\tau} = -\boldsymbol{L}^0(\tau;\mu_i) + \sum_{\substack{j=-N \\ j \neq 0}}^{N} \frac{\varpi_0(\tau)}{2} \boldsymbol{Z}^0(\tau;\mu_i,\mu_j) \boldsymbol{L}^0(\tau;\mu_j) w_j + B^0(\tau;\mu,\phi) \quad (6.19)$$

$$\mu \frac{\mathrm{d}\boldsymbol{L}^{cm}(\tau;\mu_i)}{\mathrm{d}\tau} = -\boldsymbol{L}^{cm}(\tau;\mu_i)$$
$$+ \sum_{\substack{j=-N \\ j \neq 0}}^{N} \frac{\varpi_0(\tau)}{4} \left[\boldsymbol{Z}^{cm}(\tau;\mu_i,\mu_j) \boldsymbol{L}^{cm}(\tau;\mu_j) - \boldsymbol{Z}^{sm}(\tau;\mu_i,\mu_j) \boldsymbol{L}^{sm}(\tau;\mu_j) \right] w_j + \quad (6.20)$$
$$+\boldsymbol{B}^{cm}(\tau;\mu,\phi)$$

$$\mu \frac{\mathrm{d}\mathbf{L}^{sm}(\tau;\mu_i)}{\mathrm{d}\tau} = -\boldsymbol{L}^{sm}(\tau;\mu_i) +$$
$$\sum_{\substack{j=-N \\ j \neq 0}}^{N} \frac{\varpi_0(\tau)}{4} \left[\boldsymbol{Z}^{sm}(\tau;\mu_i,\mu_j) \boldsymbol{L}^{cm}(\tau;\mu_j) + \boldsymbol{Z}^{cm}(\tau;\mu_i,\mu_j) \boldsymbol{L}^{sm}(\tau;\mu_j) \right] w_j + \quad (6.21)$$
$$+\boldsymbol{B}^{sm}(\tau;\mu,\phi)$$

式中，$i = \pm 1, \pm 2, \cdots, \pm N$；$\mu_i$、$\mu_j$ 为高斯积分离散点；w_j 为高斯积分权重。

因此，辐射传输方程转化为 $4 \times 2N \times (2M+1)$ 个与方位角独立的方程，且形式完全类似，给程序实现带来极大方便。这里定义合成 Stokes 矢量及合成散射矩阵：

$$\boldsymbol{L}_m = \begin{bmatrix} \boldsymbol{L}^{cm} \\ \boldsymbol{L}^{sm} \end{bmatrix} \quad (6.22)$$

$$H_m = \begin{bmatrix} Z^{cm} & -Z^{sm} \\ Z^{sm} & Z^{cm} \end{bmatrix} \tag{6.23}$$

$$B_m = \begin{bmatrix} B^{cm} \\ B^{sm} \end{bmatrix} \tag{6.24}$$

则式（6.20）和式（6.21）可化为

$$\mu \frac{\mathrm{d}L_m(\tau;\mu_i)}{\mathrm{d}\tau} = -L_m(\tau;\mu_i) + \\ \sum_{\substack{j=-N \\ j \neq 0}}^{N} \frac{\varpi_0(\tau)}{4} H_m(\tau;\mu_i,\mu_j) L_m(\tau;\mu_j) w_j + B_m(\tau;\mu_i,\mu_j) \tag{6.25}$$

式（6.19）和式（6.25）具有相同的形式，可归纳写成矩阵形式（分为向下"＋"和向上"－"辐射两部分）：

$$N \frac{\mathrm{d}L_m^+(\tau)}{\mathrm{d}\tau} = -L_m^+(\tau) + \\ \frac{\varpi_0(\tau)}{4} \left(1 + \delta_{(0,m)}\right) \left[H_m^{++}(\tau) W L_m^+(\tau) + H_m^{+-}(\tau) W L_m^-(\tau) \right] + J_{0m}^+(\tau) \tag{6.26}$$

$$N \frac{\mathrm{d}L_m^-(\tau)}{\mathrm{d}\tau} = L_m^-(\tau) - \\ \frac{\varpi_0(\tau)}{4} \left(1 + \delta_{(0,m)}\right) \left[H_m^{-+}(\tau) W L_m^+(\tau) + H_m^{--}(\tau) W L_m^-(\tau) \right] - J_{0m}^-(\tau) \tag{6.27}$$

其中，J_0 对应式（6.25）右边的末项值。

其中：

$$W = \begin{bmatrix} W_1 & & & 0 \\ & W_2 & & \\ & & \ddots & \\ 0 & & & W_N \end{bmatrix}, \quad N = \begin{bmatrix} \mu_1 & & & 0 \\ & \mu_2 & & \\ & & \ddots & \\ 0 & & & \mu_N \end{bmatrix}$$

分别为高斯离散点及权重对角矩阵。变微分为差分，则式（6.26）和式（6.27）可写为

$$L_m^+(\tau + \Delta\tau) = \left[E - N^{-1}\Delta\tau + \frac{\varpi_0(\tau)\Delta\tau}{4} \left(1 + \delta_{(0,m)}\right) N^{-1} H_m^{++}(\tau) W \right] L_m^+(\tau) \\ + \left[\frac{\varpi_0(\tau)\Delta\tau}{4} \left(1 + \delta_{(0,m)}\right) N^{-1} H_m^{+-}(\tau) W \right] L_m^-(\tau + \Delta\tau) + \Delta\tau N^{-1} J_{0m}^+(\tau + \Delta\tau) \tag{6.28}$$

$$L_m^-(\tau) = \left[E - N^{-1}\Delta\tau + \frac{\varpi_0(\tau)\Delta\tau}{4} \left(1 + \delta_{(0,m)}\right) N^{-1} H_m^{--}(\tau) W \right] L_m^-(\tau + \Delta\tau) \\ + \left[\frac{\varpi_0(\tau)\Delta\tau}{4} \left(1 + \delta_{(0,m)}\right) N^{-1} H_m^{-+} W \right] L_m^+(\tau) + \Delta\tau N^{-1} J_{0m}^-(\tau) \tag{6.29}$$

式中，E 为单位对角矩阵。

令：

$$
\begin{cases}
\boldsymbol{R}_m^+(\Delta\tau) = \dfrac{\varpi_0(\tau)\Delta\tau}{4}\left(1+\delta_{(0,m)}\right)\boldsymbol{N}^{-1}\boldsymbol{H}_m^{-+}\boldsymbol{W} \\[2mm]
\boldsymbol{R}_m^-(\Delta\tau) = \dfrac{\varpi_0(\tau)\Delta\tau}{4}\left(1+\delta_{(0,m)}\right)\boldsymbol{N}^{-1}\boldsymbol{H}_m^{+-}(\tau)\boldsymbol{W} \\[2mm]
\boldsymbol{T}_m^+(\Delta\tau) = \boldsymbol{E} - \boldsymbol{N}^{-1}\Delta\tau + \dfrac{\varpi_0(\tau)\Delta\tau}{4}\left(1+\delta_{(0,m)}\right)\boldsymbol{N}^{-1}\boldsymbol{H}_m^{++}(\tau)\boldsymbol{W} \\[2mm]
\boldsymbol{T}_m^-(\Delta\tau) = \boldsymbol{E} - \boldsymbol{N}^{-1}\Delta\tau + \dfrac{\varpi_0(\tau)\Delta\tau}{4}\left(1+\delta_{(0,m)}\right)\boldsymbol{N}^{-1}\boldsymbol{H}_m^{--}(\tau)\boldsymbol{W} \\[2mm]
\boldsymbol{J}_m^+(\tau) = \Delta\tau\boldsymbol{N}^{-1}\boldsymbol{J}_{0m}^+(\tau) \\[2mm]
\boldsymbol{J}_m^-(\tau) = \Delta\tau\boldsymbol{N}^{-1}\boldsymbol{J}_{0m}^-(\tau)
\end{cases}
\tag{6.30}
$$

式中，$\boldsymbol{R}$、$\boldsymbol{T}$ 和 $\boldsymbol{J}$ 分别为薄层介质的反射矩阵、透射矩阵和源函数矢量。

则式（6.28）、式（6.29）可简化为

$$
\boldsymbol{L}_m^+(\tau+\Delta\tau) = \boldsymbol{T}_m^+(\Delta\tau)\boldsymbol{L}_m^+(\tau) + \boldsymbol{R}_m^-(\Delta\tau)\boldsymbol{L}_m^-(\tau+\Delta\tau) + \boldsymbol{J}_m^+(\tau+\Delta\tau)
\tag{6.31}
$$

$$
\boldsymbol{L}_m^-(\tau) = \boldsymbol{T}_m^-(\Delta\tau)\boldsymbol{L}_m^-(\tau+\Delta\tau) + \boldsymbol{R}_m^+(\Delta\tau)\boldsymbol{L}_m^+(\tau) + \boldsymbol{J}_m^-(\tau)
\tag{6.32}
$$

式（6.31）和式（6.32）即为薄层的矩阵算法解矢量辐射传输方程的基本关系式。对于多层介质，则通过式（6.10）和式（6.11）计算获得。

6.2.1.3　海-气界面层

在模型中，海面被定义为最底层，且透射矩阵设置为零矩阵。此外，水中的内辐射源也设为零，因此只考虑海面反射。总反射矢量可通过积分上半球内所有入射角的反射系数来计算。

在计算海面反射过程时，粗糙海面的表面谱由表面张力控制的小尺度波和风致重力波代表的大尺度波构成，因此单一近似的方法并不足以精确描述真实的海面扰动。因此，一般通过双尺度模型计算粗糙海面散射的贡献[149, 156]。双尺度模型要求沿辐射计和交叉辐射计方向进行二重积分，因此需要大量的计算资源。基于此，本书通过一种计算海面散射矩阵的高效改进算法以提高辐射传输模型计算效率。双尺度模型的一般假设是将小尺度波叠加到大尺度波上，利用基尔霍夫近似-几何光学（KA-GO）模型和小扰动模型（SPM）分别描述大小尺度波的对电磁波的散射过程；因此，粗糙海面散射矩阵可以写成：

$$
\boldsymbol{r}_{\mathrm{TSM}} = \boldsymbol{r}_{\mathrm{GO}} + \boldsymbol{r}_{\mathrm{ss}}
\tag{6.33}
$$

式中，$\boldsymbol{r}_{\mathrm{TSM}}$ 是海面反射矩阵，$\boldsymbol{r}_{\mathrm{GO}}$ 是海面长波反射矩阵，$\boldsymbol{r}_{\mathrm{ss}}$ 海面小波散射矩阵。海面长波反射矩阵可以使用几何光学模型进行描述。几何光学模型假设粗糙海面是由各个方向的波面组成，这些波面的方向和概率密度函数可以利用 Cox-Munk 模型描述[157]：

$$
P(\boldsymbol{e}_n,\phi_n) = P(S_x,S_y) = \frac{1}{2\pi\sigma_u\sigma_c}\exp(-\frac{S_x^{\,2}}{2\sigma_u^{\,2}} - \frac{S_y^{\,2}}{2\sigma_c^{\,2}})
\tag{6.34}
$$

式中，$\boldsymbol{e}_n$ 为波面法线方向；$\sigma_u^{\,2}$ 和 $\sigma_c^{\,2}$ 为关于海面风速（海面 10m 风速 U_{10}）的函数，其函数关系为

$$\sigma_u{}^2 = 0.003 + 0.00316U_{10}$$
$$\sigma_c{}^2 = 0.00192U_{10} \tag{6.35}$$

综合式（6.34）及式（6.35），可以得到几何光学模型反射矩阵：

$$\boldsymbol{r}_{\mathrm{GO}}(\theta_i,\theta_r) = \frac{1}{4|\cos\theta_r||\mu_n|}P(S_x,S_y)S(\theta_i,\theta_r)\boldsymbol{R}_F \tag{6.36}$$

式中，S 为阴影遮蔽函数；$\boldsymbol{R}_F$ 为将 Stokes 矢量的参考平面从入射方向旋转为反射方向的菲涅尔反射矩阵。

对于小波散射过程，一般被分为相干（coherent）部分和非相干（incoherent）部分。一般来讲，相干部分包括小扰动模型解的二阶项的性质与零阶项（即镜面反射部分）相同，因此，与几何光学模型相似，相干部分的散射矩阵可以表示为

$$\boldsymbol{r}_{\mathrm{coherent}}(\theta_i,\theta_r) = \frac{1}{4|\cos\theta_r||\mu_n|}P(S_x,S_y)S(\theta_i,\theta_r)h\boldsymbol{C}(\pi-i_2)\cdot\overline{\overline{\boldsymbol{R}}}_c\cdot\boldsymbol{C}(-i_1) \tag{6.37}$$

式中，h 为水动力调制函数，并有如下形式：

$$h = \begin{cases} 1-0.5\,\mathrm{sgn}(S_x) & \text{if } |S_x/S_u| > 1.25 \\ 1-0.4S_x/S_u & \text{if } |S_x/S_u| \leqslant 1.25 \end{cases} \tag{6.38}$$

$\boldsymbol{R}_c$ 具备如下形式：

$$\overline{\overline{\boldsymbol{R}}}_c(\theta_i,\phi_i) = \begin{bmatrix} 2\,\mathrm{Re}\left(R_{vv}^{(0)}R_{vv}^{(2)*}\right) & 0 & \mathrm{Re}\left(R_{vv}^{(0)}R_{vh}^{(2)*}\right) & -\mathrm{Im}\left(R_{vv}^{(0)}R_{vh}^{(2)*}\right) \\ 0 & 2\,\mathrm{Re}\left(R_{hh}^{(0)}R_{hh}^{(2)*}\right) & \mathrm{Re}\left(R_{hv}^{(0)}R_{hh}^{(2)*}\right) & -\mathrm{Im}\left(R_{hv}^{(0)}R_{hh}^{(2)*}\right) \\ 2\,\mathrm{Re}\left(R_{vh}^{(2)}R_{hh}^{(0)*}\right) & 2\,\mathrm{Re}\left(R_{vv}^{(0)}R_{hv}^{(2)*}\right) & \mathrm{Re}\left(R_{hh}^{(2)*}R_{vv}^{(0)}+R_{hh}^{(0)*}R_{vv}^{(2)}\right) & -\mathrm{Im}\left(R_{hh}^{(2)*}R_{vv}^{(0)}+R_{hh}^{(0)*}R_{vv}^{(2)}\right) \\ 2\,\mathrm{Im}\left(R_{vh}^{(2)}R_{hh}^{(0)*}\right) & 2\mathrm{Im}\left(R_{vv}^{(0)}R_{hv}^{(2)*}\right) & -\mathrm{Im}\left(R_{hh}^{(2)*}R_{vv}^{(0)}+R_{hh}^{(0)*}R_{vv}^{(2)}\right) & \mathrm{Re}\left(R_{hh}^{(2)*}R_{vv}^{(0)}+R_{hh}^{(0)*}R_{vv}^{(2)}\right) \end{bmatrix} \tag{6.39}$$

式中，$R_{hh}^{(0)}$ 和 $R_{vv}^{(0)}$ 分别为水平极化和垂直极化菲涅尔反射系数；$R_{\alpha\beta}^{(2)}$ 为二阶散射系数：

$$R_{\alpha\beta}^{(2)}(\theta_i,\phi_i) = \int_{kl}^{ku}\int_0^{2\pi}k_0^2 g_{\alpha\beta}^{(2)}W_s(k_\rho',\phi')\mathrm{d}k_\rho'\mathrm{d}\phi' \tag{6.40}$$

式中，g 为二阶系数，其详细形式在 8.2 节中已给出；W 为小波的海面谱；α 和 β 分别为极化方式。

非相干散射部分的计算方法是将双站散射系数在沿着辐射计观测方向和垂直辐射计观测方向的方向上关于全海面谱进行积分：

$$\boldsymbol{r}_{\mathrm{incoherent}}(\theta_i,\phi_i,\theta_r,\phi_r) = \int_{-\infty}^{\infty}\mathrm{d}S_y\int_{\infty}^{-\infty}\mathrm{d}S_x P(S_x,S_y)S(\theta_i,\theta_r)h$$
$$\boldsymbol{C}(i_2)\cdot\overline{\overline{\boldsymbol{R}}}_{ic}(\theta_i,\phi_i,\theta_r,\phi_r)\boldsymbol{C}(i_1) \tag{6.41}$$

其中，$\boldsymbol{R}_{ic}$ 的表达式为

$$\overline{\overline{\boldsymbol{R}_{ic}}} = \frac{\cos\theta_{il}}{4\pi\cos\theta_{rl}} \begin{bmatrix} \gamma^i_{vvvv} & \gamma^i_{vhvh} & \mathrm{Re}\,\gamma^i_{vvvh} & -\mathrm{Im}\,\gamma^i_{vvvh} \\ \gamma^i_{hvhv} & \gamma^i_{hhhh} & \mathrm{Re}\,\gamma^i_{hvhh} & -\mathrm{Im}\,\gamma^i_{hvhh} \\ 2\,\mathrm{Re}\,\gamma^i_{vvhv} & 2\,\mathrm{Re}\,\gamma^i_{vhhh} & \mathrm{Re}\left(\gamma^i_{vvhh}+\gamma^i_{vhhv}\right) & -\mathrm{Im}\left(\gamma^i_{vvhh}-\gamma^i_{vhhv}\right) \\ 2\,\mathrm{Im}\,\gamma^i_{vvhv} & 2\,\mathrm{Im}\,\gamma^i_{vhhh} & -\mathrm{Im}\left(\gamma^i_{vvhh}-\gamma^i_{vhhv}\right) & \mathrm{Re}\left(\gamma^i_{vvhh}+\gamma^i_{vhhv}\right) \end{bmatrix} \quad (6.42)$$

式中，$\gamma_{\alpha\beta\mu\upsilon}$ 为极化散射系数，α、β、μ、υ 分别为极化方式；θ_{il} 和 θ_{rl} 分别为在局地坐标系下的入射和反射角。

另一方面，由于海水的内源辐射也为零，因此需要单独定义粗糙海面发射矩阵作为整层大气下垫面的外源辐射。粗糙海面发射率的计算方法将在 6.3 节中进行介绍。

6.2.1.4 海气系统内源辐射及外源辐射

相比于可见光波段，微波波段辐射受到大气的影响相对较小、较稳定。但是，大气影响对于微波遥感而言仍然是必须修正的因素。对于微波波段，在海气系统中需要考虑的内源辐射和外源辐射主要包括两个部分：①大气自发辐射；②宇宙微波背景辐射。

1）大气透射及自发辐射

在不考虑降雨的情况下，微波透射矩阵和内源矩阵可表示为

$$\left.\left|T^{\pm}\right|\right|_{i,j} = \exp\left(-\tau_A/\mu\right)\delta_{i,j}$$

$$\left.\left|J^{+}\right|\right|_{i,j} = \left\{ B_{12}{}^{+} + \frac{\Delta B}{\Delta\tau} - \left[B_{12}{}^{+} + \frac{\Delta B}{\Delta\tau}\mu\left(1+\frac{\Delta\tau}{\mu}\right) \right] \right.$$
$$\left. \times\exp\left(-\Delta\tau/\mu\right)\right\}\delta_{i,1} \qquad (6.43)$$

$$\left.\left|J^{-}\right|\right|_{i,j} = \left\{ B_{01}{}^{-} - \frac{\Delta B}{\Delta\tau} - \left[B_{01}{}^{-} - \frac{\Delta B}{\Delta\tau}\mu\left(1+\frac{\Delta\tau}{\mu}\right) \right] \right.$$
$$\left. \times\exp\left(-\Delta\tau/\mu\right)\right\}\delta_{i,1}$$

式中，τ_A 为大气光学厚度；μ 为天顶角的余弦值；$\delta_{i,j}$ 为 delta 函数，下标 i 与 j 分别代表矩阵中的行与列；B_{01} 和 B_{12} 分别为第一层与第二层的黑体辐射函数；ΔB 与 $\Delta\tau$ 可以表示为

$$\Delta B = B_{01} - B_{12}$$
$$\Delta\tau = \tau_1 - \tau_0 \qquad (6.44)$$

式中，τ_0 和 τ_1 分别为第一层与第二层的光学厚度。

因此，可以将大气分层，将每层大气分别计算大气自发辐射，然后整合所有分层大气，即可得到整层大气的自发辐射（包括上行和下行辐射）。比如，美国国家环境预报中心（National Centers for Environmental Prediction，NCEP）发布的 FNL 数据按照等压面将整层大气分为 26 层，提供每一层大气的大气相对湿度、物理温度等参数，利用大气分层结果，可通过 MPM93 模型或 Rosenkranz98 模型计算获得大气光学厚度及大气自发辐射。

2）宇宙微波背景辐射

宇宙微波背景辐射源于宇宙大爆炸的残余物。尽管宇宙学研究表明其在空间上的分

布并不均匀，但这些变化的强度（毫开尔文，milli-Kelvin）对于从空间遥感土壤湿度或海洋盐度等应用并不重要。对于微波遥感应用而言，宇宙背景辐射在空间和时间上基本上是恒定的，其值约为 2.7 K。

6.2.2　海洋–大气耦合辐射传输验证

6.2.2.1　与 RT4 模型比较结果

RT4 模型是由 Evans 和 Stevens 开发的能在平静海面假设下提供精确计算的辐射传输模型[158]。为比较模型之间的差异，本节分别计算了 15 个观测天顶角情况下的结果。RT4 模型只能模拟平静海面条件，因此本模型的风速输入参数将被初始化为零。两种模型的其他模拟条件相同，海表温度为 15℃，海表盐度为 35 psu。海水的介电常数由 Klein-Swift 模型计算获得[159]。

表 6.1 展示了两个模型计算的不同观测角的大气顶出射的水平极化亮温与垂直极化亮温，结果表明，两种模型的计算结果非常接近，但是随着观测角的增大，模型间的相对误差开始增大，尽管如此，两种模型预测的天顶亮温值的相对偏差小于 0.3%。这表明在平静海面的假设下，本模型在计算海面与大气辐射传输过程时是准确的。

表 6.1　平静海面条件下本模型与 RT4 模型计算结果之间的比较

μ	本模型		RT4	
	垂直极化/K	水平极化/K	垂直极化/K	水平极化/K
0.99726	96.66	96.26	96.65	96.25
0.98561	97.55	95.43	97.55	95.41
0.96476	99.19	93.94	99.20	93.92
0.93491	101.65	91.79	101.67	91.76
0.89632	105.01	88.99	105.05	88.94
0.84937	109.42	85.53	109.48	85.47
0.79448	115.09	81.44	115.18	81.35
0.73218	122.29	76.73	122.40	76.63
0.66304	131.41	71.43	131.56	71.31
0.58772	143.03	65.62	143.22	65.49
0.50690	157.95	59.39	158.17	59.24
0.42135	177.32	52.96	177.58	52.79
0.33187	202.69	46.78	202.97	46.53
0.23929	235.37	42.10	235.64	41.47
0.14447	271.05	42.36	271.06	41.14

6.2.2.2　与 RTTOV 模型比较结果

（Radiative Transfer for TOVS，RTTOV）模型作为著名辐射传输模型之一被广泛应用于天气预报系统（比如欧洲中期天气预报中心 European Centre for Medium-Range

Weather Forecasts，ECMWF）和卫星（包括 L 波段微波辐射计）模拟应用。在本节中，在海面输入参数 SST 和 SSS 分别设定为 15℃和 35 psu 的条件下，将本书模型和 RTTOV 分别模拟的三种不同风速（3 m/s、9 m/s 和 15 m/s）下的大气顶亮温进行比较。在对比分析之前，考虑到 RTTOV 的粗糙海面发射率计算是基于快速微波发射率模型（FASTEM）[15]，与本书建立的辐射传输模型所描述的海水发射率模型略有不同，因此，本书首先消除了本模型与 RTTOV 在粗糙海面发射率上的系统偏差。此外，RTTOV 是一维辐射传输模型，因此本模型在进行对比模拟时，相对方位角被初始化为零，同时输入相同的大气参数。

图 6.2 展示了三种风速（3 m/s、9 m/s 和 15 m/s）条件下模拟的大气顶垂直极化和水平极化亮温与观测角的关系。结果表明，本模型和 RTTOV 模型模拟的垂直极化和水平极化亮温都有很好的一致性。另一方面，模拟结果表明，在较小的观察角范围内，垂直极化亮温对风速的敏感性较低，而在高于 50°的观测角的范围内亮温对风速的敏感性可忽略不计。与垂直极化相反，水平极化亮温随观测角的增大而减小，并随风速的增加而增加。另外，水平极化亮温在较大的观察角度下具有较高的风速灵敏度。这些观察到的亮温风速敏感性与理论和实验观察结果一致[160-162]。

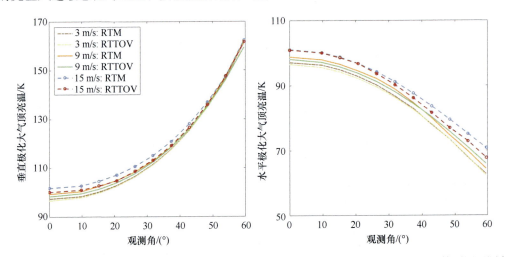

图 6.2　VRTM 和 RTTOV 模型在三种代表性风速下（3 m/s、9 m/s 和 15 m/s）模拟得到的不同观测角下垂直和水平极化大气顶亮温

将模型间相对误差进行比较，结果如图 6.3 所示。结果表明，本模型的模拟结果与 RTTOV 在小于 50°观察角上的结果基本一致，模型间误差小于 2%。但是需要指出的是，对于大观测角，本模型与 RTTOV 模拟的水平极化亮温之间的相对差异达到了 3%（在风速为 15 m/s 时更大），这可能是不同的海面发射和反射模型可能导致的差异，比如，FASTEM 的模型近似是以几何光学模型为基础建立的，主要针对 20～60 GHz 范围内的微波频率而设计，后来通过改进的表面粗糙度模型针对扩展的频率范围进行了改进[15]。

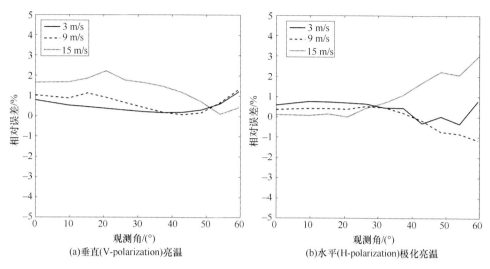

(a)垂直(V-polarization)亮温　　　　(b)水平(H-polarization)极化亮温

图 6.3　VRTM 和 RTTOV 模型间相对误差在三种代表性风速下（3 m/s、9 m/s 和 15 m/s）与观测角的关系

6.2.3　卫星比较验证

在本节中,本书将辐射传输模型模拟结果与 SMOS 卫星实测亮温数据进行比较以验证模型精确性。SMOS（Soil Moisture and Ocean Salinity）卫星由欧洲航天局（European Space Agency，ESA）研制，并于 2009 年 11 月 2 日成功发射，是全世界范围内第一颗盐度观测卫星，SMOS 载荷了极化 L 波段合成孔径微波辐射计（MIRAS）以提供多角度极化亮温观测。SMOS 卫星发布的 L1C 级别数据提供二维极化亮温场，每个格点投影在 EASE（Equal-Area Scalable Earth）地球格网上，因此可以将每个格点的亮温与其他辐射传输模型输入参数（风速、水温、大气参数等）相匹配进行比较。

为方便进行比较，本书从 SMOS 亮温测量结果中的西北太平洋区域选取了一块 20°×20°的子区域（图 6.4）。选择该区域的主要原因是该区域不受陆地、海冰等因素的

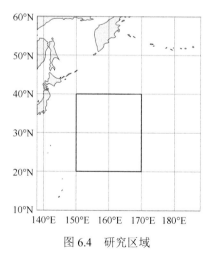

图 6.4　研究区域

影响，也不会受到射频干扰（radio frequency interference，RFI）的影响，同时该区域的风速较为温和，因此风速对海面发射亮温的影响相对较小。

图 6.5 展示了辐射传输模型正演模拟结果与 SMOS 卫星辐射计测量结果之间的比较。结果表明，尽管水平极化亮温在低端部分或垂直极化亮温在高端部分存在相对较大偏差，辐射传输模型计算得到的二维亮温场与 SMOS 卫星辐射计观测亮温之间具有很好的一致性。统计结果表明，水平极化亮温的相对差约为 1.49 K，垂直极化亮温的相对差约为 1.35 K；标准差分别为 2.01 K 和 1.98K。且两种极化结果之间的均方根误差（RMSE）分别为 2.01～2.15 K。

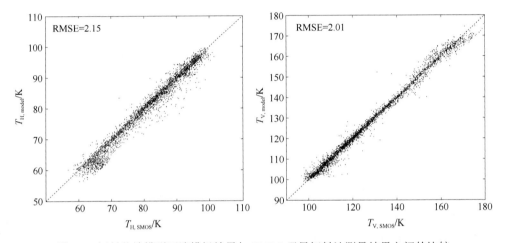

图 6.5　辐射传输模型正演模拟结果与 SMOS 卫星辐射计测量结果之间的比较

图 6.6 分别展示了在 20°、30°和 42.5°入射角下辐射传输模型模拟结果和 SMOS 卫星观测得到的水平极化亮温和垂直极化亮温相对差异的分布。在进行比较前，考虑到 SMOS 卫星二维亮温场的重构特性，本书首先以 2°入射角为单位先对观测亮温进行平均，比如，对入射角处于 41.5°和 43.5°之间的亮温取平均值，以获得 42.5°入射角的亮温。从图 6.6 中可以看到 24°N～28°N 处和 28°N～37°N 处存在一处高、低风速的交替带。与之相应的，在该区域内的模型模拟值低于 SMOS 的观测值，尤其是在高风速条件下的水平极化亮温。这可能是高风速条件下泡沫产生的影响。在较小的入射角（30°和 20°）下，由于亮温的低风速敏感性，水平极化亮温和垂直极化亮温的相对差异相较于大入射角更小。该结果进一步表明，水平极化亮温比垂直极化亮温具有更高的风速灵敏度，也更易受到海面粗糙度的影响。总体而言，研究区域内模型模拟的水平极化亮温在 42.5°入射角下的与卫星观测之间的标准偏差为 1.4 K，平均绝对偏差为 1.29 K。垂直极化亮温数据的相应值为 1.38 K 和 1.12 K。这些结果在三个入射角内的平均标准偏差和时空变异性均值相似。考虑到输入参数不确定性，本研究建立的辐射传输模型较好地预测了水平和垂直极化在大气顶的亮温。

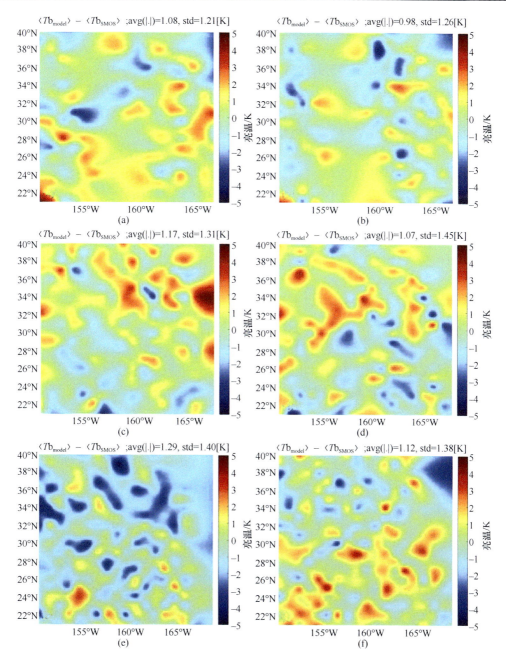

图 6.6　辐射传输模型模拟结果与 SMOS-MIRAS 测量结果在不同入射角下水平极化和垂直极化亮温相对偏差

（a）和（b）20°入射角结果；（c）和（d）30°入射角结果；（e）和（f）在 42.5°入射角结果；左侧图代表水平极化亮温，右侧图代表垂直极化亮温

6.3　粗糙海面发射模型

海面自发辐射在辐射传输模型中被视为底边界第二层的入射辐射，也就是相当于在

底边界大气层之下中添加一个没有反射、没有内部源辐射和完全透射的"虚拟"层。在现实情况中，海面自发辐射的强度变化主要源于海面风速、盐度和温度的变化。在盐度反演过程中，由风速变化引起的海面自发辐射变化是反演误差的主要来源之一，针对这种情况，国内外相关学者开展了大量研究，提出了许多风生粗糙海面发射模型，目前主流的模型主要分为三种，分别为小扰动\小斜率近似模型[150, 163]、双尺度（或三尺度）模型[149, 156, 164]以及经验（或半经验）模型[165-167]。

6.3.1　小扰动\小斜率近似模型

小扰动模型（small perturbation method，SPM）和小斜率近似模型（small slope approximation，SSA）在计算海面发射时具备等价性。小扰动模型\小斜率近似模型的假设条件是海面起伏较小，不存在陡峭大波，一般表示如下：

$$kh \ll 1 \tag{6.45}$$

式中，k 为海面波数；h 为海面均方根高度。

$$\left(\int_0^\infty W(k) \mathrm{d}k \right)^{\frac{1}{2}} \tag{6.46}$$

式中，$W(k)$ 为海面风浪谱。

在此条件下，对海面粗糙面进行扰动展开：

$$\varphi_s = \varphi_s^{(0)} + \varphi_s^{(1)} + \varphi_s^{(2)} + \dots \tag{6.47}$$

考虑到高阶扰动展开计算的复杂性且高阶扰动对辐射亮温的贡献较小[168]，因此目前国内外相关学者普遍将海面展开至二阶，展开至二阶的海面全极化发射率的表达式如下：

$$\begin{bmatrix} e_v \\ e_h \\ e_3 \\ e_4 \end{bmatrix} = \begin{bmatrix} 1 - \left| R_{hh}^{(0)} \right|^2 \\ 1 - \left| R_{vv}^{(0)} \right|^2 \\ 0 \\ 0 \end{bmatrix} - \int_0^\infty \int_0^{2\pi} kW(k,\varphi') \begin{bmatrix} g_h(\theta_l,\varphi_l,\varepsilon_r,k,\varphi') \\ g_v(\theta_l,\varphi_l,\varepsilon_r,k,\varphi') \\ g_U(\theta_l,\varphi_l,\varepsilon_r,k,\varphi') \\ g_V(\theta_l,\varphi_l,\varepsilon_r,k,\varphi') \end{bmatrix} \mathrm{d}k\mathrm{d}\varphi' \tag{6.48}$$

式中，θ_l 为散射场的天顶角；φ 是散射场的方位角；g_h、g_v、g_U、g_V 分别为根据小扰动理论导出的权重函数；$R_{hh}^{(0)}$ 和 $R_{vv}^{(0)}$ 分别为平静海面的水平极化和垂直极化菲涅尔反射系数。

式（6.48）中，等式右边第一项代表了 0 阶相干反射的贡献，也就是镜面反射的贡献，第二项代表了一阶散射（Bragg 散射）和二阶散射的叠加贡献：

$$\begin{bmatrix} g_h(f,\theta_l,\varphi_l,\varepsilon_r,k,\varphi') \\ g_v(f,\theta_l,\varphi_l,\varepsilon_r,k,\varphi') \\ g_U(f,\theta_l,\varphi_l,\varepsilon_r,k,\varphi') \\ g_V(f,\theta_l,\varphi_l,\varepsilon_r,k,\varphi') \end{bmatrix} = \begin{bmatrix} 2\operatorname{Re}\left(R_{hh}^{(0)*} f_{hh}^{(2)} \right) + \left(\left| f_{hh}^{(1)} \right|^2 + \left| f_{hv}^{(1)} \right|^2 \right) \\ 2\operatorname{Re}\left(R_{vv}^{(0)*} f_{vv}^{(2)} \right) + \left(\left| f_{vv}^{(1)} \right|^2 + \left| f_{vh}^{(1)} \right|^2 \right) \\ 2\operatorname{Re}\left[\left(R_{hh}^{(0)*} - R_{vv}^{(0)*} \right) f_{hv}^{(2)} \right] + \operatorname{Re}\left(f_{vh}^{(1)} f_{hh}^{(1)*} + f_{vv}^{(1)} f_{hv}^{(1)*} \right) \\ 2\operatorname{Im}\left[\left(R_{hh}^{(0)*} + R_{vv}^{(0)*} \right) f_{hv}^{(2)} \right] + \operatorname{Im}\left(f_{vh}^{(1)} f_{hh}^{(1)*} + f_{vv}^{(1)} f_{hv}^{(1)*} \right) \end{bmatrix} \tag{6.49}$$

式中，$f^{(1)}$ 和 $f^{(2)}$ 分别是一阶和二阶散射系数，其表达式为

$$f_{hh}^{(1)} = \frac{2k_{zi}\left(k_1^2 - k_0^2\right)}{k_z + k_{1z}} \frac{1}{k_{zi} + k_{1zi}} \left(\frac{k_{xi}}{k_{\rho i}}\frac{k_x}{k_\rho} + \frac{k_{yi}}{k_{\rho i}}\frac{k_y}{k_\rho}\right) \tag{6.50}$$

$$f_{hv}^{(1)} = \frac{2k_{zi}\left(k_1^2 - k_0^2\right)}{k_z + k_{1z}} \frac{k_{1zi}k_0}{k_1^2 k_{zi} + k_0^2 k_{1zi}} \left(-\frac{k_{yi}}{k_{\rho i}}\frac{k_x}{k_\rho} + \frac{k_{xi}}{k_{\rho i}}\frac{k_y}{k_\rho}\right) \tag{6.51}$$

$$f_{vh}^{(1)} = \frac{2k_{zi}\left(k_1^2 - k_0^2\right)}{k_1^2 k_z + k_0^2 k_{1z}} \frac{k_{1z}k_0}{k_{zi} + k_{1zi}} \left(-\frac{k_{yi}}{k_{\rho i}}\frac{k_x}{k_\rho} + \frac{k_{xi}}{k_{\rho i}}\frac{k_y}{k_\rho}\right) \tag{6.52}$$

$$f_{vv}^{(1)} = \frac{2k_{zi}\left(k_1^2 - k_0^2\right)}{k_1^2 k_z + k_0^2 k_{1z}} \frac{1}{k_1^2 k_{zi} + k_0^2 k_{1zi}} \left[k_1^2 k_\rho k_{\rho i} - k_0^2 k_{1z}k_{1zi}\left(\frac{k_{xi}}{k_{\rho i}}\frac{k_x}{k_\rho} + \frac{k_{yi}}{k_{\rho i}}\frac{k_y}{k_\rho}\right)\right] \tag{6.53}$$

$$f_{hh}^{(2)} = \frac{k_1^2 - k_0^2}{k_{zi} + k_{1zi}} \frac{2k_{zi}}{k_{zi} + k_{1zi}} \left\{k_{1zi} + \frac{\left(k_1^2 - k_0^2\right)}{\left(k_\rho^2 + k_{1z}k_z\right)\left(k_z + k_{1z}\right)} \left[k_{1z}k_z + k_\rho^2\left(\frac{k_{xi}}{k_{\rho i}}\frac{k_x}{k_\rho} + \frac{k_{yi}}{k_{\rho i}}\frac{k_y}{k_\rho}\right)^2\right]\right\} \tag{6.54}$$

$$f_{vh}^{(2)} = -f_{hv}^{(2)} \tag{6.55}$$

$$f_{vv}^{(2)} = \frac{k_1^2 - k_0^2}{k_1^2 k_{zi} + k_0^2 k_{1zi}} \frac{2k_{zi}k_1^2 k_0^2}{k_1^2 k_{zi} + k_0^2 k_{1zi}} \left\{\frac{k_{\rho i}^2 k_\rho^2\left(k_1^2 - k_0^2\right)}{k_0^2\left(k_\rho^2 + k_{1z}k_z\right)\left(k_z + k_{1z}\right)}\right.$$
$$+k_{1zi}\left[1 - \frac{2k_\rho k_{\rho i}}{k_\rho^2 + k_{1z}k_z}\left(\frac{k_{xi}}{k_{\rho i}}\frac{k_x}{k_\rho} + \frac{k_{yi}}{k_{\rho i}}\frac{k_y}{k_\rho}\right)\right] \tag{6.56}$$
$$\left.+\frac{k_{1zi}^2\left(k_0^2 - k_1^2\right)}{k_1^2\left(k_z + k_{1z}\right)^2}\left[1 - \frac{k_\rho^2}{k_\rho^2 + k_{1z}k_z}\left(\frac{k_{xi}}{k_{\rho i}}\frac{k_x}{k_\rho} + \frac{k_{yi}}{k_{\rho i}}\frac{k_y}{k_\rho}\right)^2\right]\right\}$$

式中，

$$\begin{aligned}
k_{\rho i} &= k_0 \sin\theta_i & k_\rho &= k_0 \sin\theta \\
k_{xi} &= k_{\rho i}\cos\phi_i & k_x &= k_\rho\cos\phi \\
k_{yi} &= k_{\rho i}\sin\phi_i & k_{xi} &= k_\rho\sin\phi \\
k_{zi} &= \sqrt{k_0^2 - k_{\rho i}^2} & k_z &= \sqrt{k_0^2 - k_\rho^2} \\
k_{1zi} &= \sqrt{k_1^2 - k_{\rho i}^2} & k_{1z} &= \sqrt{k_1^2 - k_\rho^2}
\end{aligned} \tag{6.57}$$

对于上述散射系数，Johnson 和 Zhang 于 1999 年[150]提出的散射系数与 Yueh 等于 1994 年提出的散射系数[169]在本质上没有区别，其主要区别在于 Johnson 考虑到在计算散射系数时对海面谱密度函数进行积分的便捷性，因此将入射、反射波矢修改为

$$\begin{aligned}
k_x &= k_{xi} + k_\rho\cos\phi & k_y &= k_{yi} + k_\rho\sin\phi \\
k_z &= \sqrt{k^2 - k_x^2 - k_y^2} & k_{zi} &= \sqrt{k_1^2 - k_x^2 - k_y^2}
\end{aligned} \tag{6.58}$$

并将一阶散射系数中的入射、散射波波矢互换，因此，式（6.49）公式改写为

$$
\begin{bmatrix}
g_h(f,\theta_l,\varphi_l,\varepsilon_r,k,\varphi') \\
g_v(f,\theta_l,\varphi_l,\varepsilon_r,k,\varphi') \\
g_U(f,\theta_l,\varphi_l,\varepsilon_r,k,\varphi') \\
g_V(f,\theta_l,\varphi_l,\varepsilon_r,k,\varphi')
\end{bmatrix}
=
\begin{bmatrix}
2\operatorname{Re}\left(R_{hh}^{(0)*}f_{hh}^{(2)}\right)+\dfrac{k_{zi}}{k_z}\left(\left|f_{hh}^{(1)}\right|^2+\left|f_{hv}^{(1)}\right|^2\right)F \\[2mm]
2\operatorname{Re}\left(R_{vv}^{(0)*}f_{vv}^{(2)}\right)+\dfrac{k_{zi}}{k_z}\left(\left|f_{vv}^{(1)}\right|^2+\left|f_{vh}^{(1)}\right|^2\right)F \\[2mm]
2\operatorname{Re}\left[\left(R_{hh}^{(0)*}-R_{vv}^{(0)*}\right)f_{hv}^{(2)}\right]+\dfrac{2k_{zi}}{k_z}\operatorname{Re}\left(f_{vh}^{(1)}f_{hh}^{(1)*}+f_{vv}^{(1)}f_{hv}^{(1)*}\right)F \\[2mm]
2\operatorname{Im}\left[\left(R_{hh}^{(0)*}+R_{vv}^{(0)*}\right)f_{hv}^{(2)}\right]+\dfrac{2k_{zi}}{k_z}\operatorname{Im}\left(f_{vh}^{(1)}f_{hh}^{(1)*}+f_{vv}^{(1)}f_{hv}^{(1)*}\right)F
\end{bmatrix}
\tag{6.59}
$$

式中，k_z 和 k_{zi} 分别为入射波和散射波在垂直方向上的波数；F 为阶跃函数，若 k_z 为实数，则 $F=1$，若 k_z 为虚数，则 $F=0$。

由此，可以较为方便地计算小斜率近似\小扰动模型。图 6.7 展示了 9m/s 风速下利用小斜率近似模型计算的海面发射率随方位角的变化。

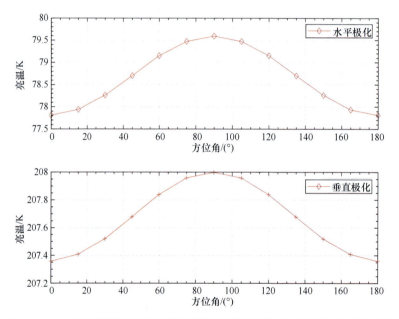

图 6.7　9m/s 风速下利用小斜率近似模型计算的海面发射亮温随方位角的变化

6.3.2　双尺度模型

小斜率近似模型基本假设的局限性，无法满足海面出现陡峭大波时的海面发射计算，因此，为修正小斜率近似模型的局限性，一种思路是将海面的波浪按照分界波数 k_d 分为大波和小波，分别计算大波与小波的发射，然后将小波叠加到大波之上。两种尺度波相互作用，微波辐射计接收到的信号是两种尺度波动共同作用的结果。

1）各向同性海面模型

基于 Peake 的电磁散射理论[170]，Wu 和 Fung[171]与 Wentz[172]分别于 1972 年和 1975 年提出了各向同性的双尺度模型，在不考虑泡沫效应的情况下，辐射计在观测角 θ_i 观测到的亮温为

$$\left(1-\frac{1}{4\pi}\int_0^{2\pi}\int_0^{\pi/2}\gamma_p\left(\theta_i,\theta_s,\phi_s\right)\sin\theta_s\mathrm{d}\theta_s\mathrm{d}\phi_s\right)\mathrm{SST} \tag{6.60}$$

式中，p 为极化方式；γ 为微分散射系数；θ_i 和 ϕ_s 分别为散射辐射的天顶和方位角。

散射系数分为大波散射系数和小波散射系数：

$$\gamma_p\left(\theta_i,\theta_s,\phi_s\right)=\gamma_p^0\left(\theta_i,\theta_s,\phi_s\right)+\left\langle\gamma_p^1\left(\theta_i,\theta_s,\phi_s\right)\right\rangle \tag{6.61}$$

式中，尖括号为系综平均。

对于大波散射系数，利用驻相法化简后的表达式为

$$\gamma_p^0\left(\theta_i,\theta_s,\phi_s\right)=\frac{k^2a_1^2}{\pi A_0\cos\theta_i q_s^2}\left[\frac{\left|\langle R_h\rangle\right|^2 b^2+\left|\langle R_v\rangle\right|^2 d^2}{b^2+d^2}\right]\left\langle\left|I\right|^2\right\rangle \tag{6.62}$$

式中，A_0 为被照亮的区域；b、d、q_s、a_1 分别为通过曲面三角函数，代表了入射、出射辐射的矢量方向；$<I^2>$ 为波面分布函数，驻相法近似后其表达式为

$$\left\langle\left|I\right|^2\right\rangle=\frac{2\pi A_0}{k^2 q_s^2 m^2}\exp\left[-\frac{q_x^2+q_y^2}{2q_s^2 m^2}\right] \tag{6.63}$$

式中，m 为海表面均方根斜率函数。

另外，小波散射系数的表达式为

$$\gamma_p^1\left(\theta_i,\phi_i,\theta_s,\phi_s\right)=4k^4\sigma_1^2 l^2\cos\theta_i\cos^2\theta_s\left[\left|M_{pq}\right|^2+\left|M_{qp}\right|^2\right]W \tag{6.64}$$

式中，M 为极化散射系数；W 为海面谱密度。

然后，对小波散射系数进行波面积分进行调制，以满足大波、小波叠加分布的实际假设：

$$\left\langle\gamma_p^1\left(\theta_i,\theta_s,\phi_s\right)\right\rangle=\int_0^{2\pi}\int_0^{\pi/2}\gamma_p^1\left(\theta_i,\phi_i,\theta_s,\phi_s\right)P\left(\theta_n,\phi_n\right)\sec^4\theta_n\sin\theta_n\mathrm{d}\theta_n\mathrm{d}\phi_n \tag{6.65}$$

式中，P 为大波波面斜率分布密度函数；θ_n、ϕ_n 分别为大波的法线天顶角、方位角。

2）各向异性海面模型

在实际观测中，Stogryn[173]、Irisov[174]等发现水体发射与观测方位角、风向也有关，因此需要发展各向异性双尺度模型。Yueh 于 1997 年将风向引入双尺度模型[156]，在模型中，Yueh 假设将小波分布在大波面上，因此在计算海面发射时，只需要计算每个小波的发射率，然后对大波斜率分布进行积分并引入波面间的遮挡效应以及水动力调制就得到系综平均的海面发射率，

$$T_b(\theta,\phi)=\mathrm{SST}\cdot\int_{-\infty}^{\infty}\mathrm{d}S_y\int_{-\infty}^{\cot\theta}\mathrm{d}S_x\left(1-I_r\right)P(S_x,S_y)(1-S_x'\tan\theta) \tag{6.66}$$

式中，P 为大波波面斜率分布密度函数；I_r 为海面反射率，分为相干反射和非相干反射两部分。

其中，非相干反射代表 Bragg 散射，一般由小扰动理论一阶解的双站散射系数对上半球面的全向入射角积分获得

$$I_{ri}\left(\theta_l,\phi_l\right)=\int_0^{\pi/2}\sin\theta_i\mathrm{d}\theta_i\int_0^{2\pi}\mathrm{d}\phi_l\frac{\cos\theta_i}{4\pi\cos\theta_l}\begin{bmatrix}\gamma_{vvvv}^i\left(\theta_l,\phi_l;\theta_i,\phi_i\right)+\gamma_{vhvh}^i\left(\theta_l,\phi_l;\theta_i,\phi_i\right)\\\gamma_{hhhh}^i\left(\theta_l,\phi_l;\theta_i,\phi_i\right)+\gamma_{hvhv}^i\left(\theta_l,\phi_l;\theta_i,\phi_i\right)\\2\mathrm{Re}\left(\gamma_{vhhh}^i\left(\theta_l,\phi_l;\theta_i,\phi_i\right)+\gamma_{vvhv}^i\left(\theta_l,\phi_l;\theta_i,\phi_i\right)\right)\\2\mathrm{Im}\left(\gamma_{vhhh}^i\left(\theta_l,\phi_l;\theta_i,\phi_i\right)+\gamma_{vvhv}^i\left(\theta_l,\phi_l;\theta_i,\phi_i\right)\right)\end{bmatrix}\quad(6.67)$$

式中，$\gamma_{\alpha\beta\mu\nu}$ 为极化散射系数［式（6.50）～式（6.51）］，$\alpha\beta\mu\nu$ 为极化方式；(θ_i,ϕ_i)、(θ_l,ϕ_l) 分别为入射波和散射波在局地坐标系的天顶角和方位角。

相干反射包含 0 阶项和 2 阶项：

$$I_{rc}=\begin{bmatrix}\left|R_{vv}^{(0)}\right|^2+2\mathrm{Re}\left(R_{vv}^{(0)}R_{vv}^{(2)*}\right)\\\left|R_{hh}^{(0)}\right|^2+2\mathrm{Re}\left(R_{hh}^{(0)}R_{hh}^{(2)*}\right)\\2\mathrm{Re}\left(R_{vh}^{(2)*}R_{hh}^{(0)}+R_{vv}^{(0)}R_{hv}^{(2)*}\right)\\2\mathrm{Im}\left(R_{vh}^{(2)*}R_{hh}^{(0)}+R_{vv}^{(0)}R_{hv}^{(2)*}\right)\end{bmatrix}\quad(6.68)$$

式中，$R_{hh}^{(0)}$ 和 $R_{vv}^{(0)}$ 分别为水平极化和垂直极化菲涅尔反射系数；$R_{hh}^{(2)}$ 和 $R_{vv}^{(2)}$ 分别为由小扰动理论得出的二阶散射修正：

$$R_{pq}^{(2)}\left(\theta_i,\phi_i\right)=\int_0^{2\pi}\int_0^{\infty}k_0^2W\left(k_0\sin\theta_i\cos\phi_i-k_\rho\cos\phi,k_0\sin\theta_i\cos\phi_i-k_\rho\sin\phi\right)g_{pq}^{(2)}k_\rho\mathrm{d}k_\rho\mathrm{d}\phi\quad(6.69)$$

式中，k_0 为入射电磁波波数；g 为二阶系数，其详细形式见式（6.54）～式（6.56）。

图 6.8 展示了 9 m/s 风速下利用双尺度模型计算的海面发射率随方位角的变化，结果表明，相比于小斜率近似模型（图 6.8），双尺度模型较好地描述了观测方位角对海面

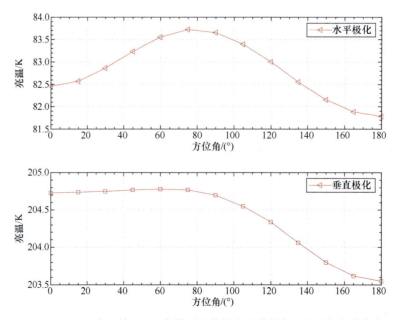

图 6.8　9m/s 风速下利用双尺度模型计算的海面发射亮温随方位角的变化

发射强度的影响，V 极化和 H 极化条件下都能够表现出迎风方向和背风方向之间海面发射亮温的区别。

6.4　高风速下的海面泡沫影响校正模型

实验室和现场测量表明，泡沫在微波频率下具有很高的发射率[151, 175, 176]。根据 Kirchoff 定律，这表明泡沫是一种强吸收性介质。因此在实际盐度反演过程中，泡沫是不可忽略的影响因素。

漂浮在海面上的泡沫是一种水-气混合物。为了表征泡沫表面及其内部的过程，需要得到气泡的尺寸（半径 r 和壁厚 w）和浓度或尺寸分布 $N(r)$。除了这些微观特征外，还需要引入宏观特征，包括泡沫层厚度 t 和泡沫空气分量 fa（定义为单位体积海洋中被空气占据的分数），将泡沫层作为一个整体来描述。通过这些微观或宏观特征变量，可以建立具有代表性的海洋泡沫的整体结构。

海表泡沫的结构由密集的气泡组成，其尺寸可能随泡沫层厚度而逐渐变化[151]。泡沫层上部的大气泡、薄壁气泡导致泡沫上层的海水分量较低，从而形成"干"泡沫。随着气泡的变小和壁厚的加深，空气含量减少，海水分量增加，泡沫变湿。由于这种泡沫结构和泡沫成分含量的垂直分层，海面泡沫各参数的变化范围很大。例如，空气含量可以从大气-泡沫界面的大约 100%到泡沫-水界面的不到 1%。因此，干湿泡沫的垂直分层结构导致了泡沫相对介电常数在垂直方向上的分层。由于电磁辐射的吸收、散射和透射是由其介电特性决定的，泡沫层介电常数随深度变化会导致辐射衰减随深度变化。

在开阔大洋中遇到的泡沫层厚度，根据风速的不同，变化范围从 1 cm 到 20 多厘米不等；而在残余泡沫中，泡沫层厚度变化范围从 0.1cm 到 1 厘米不等。考虑到各种大气及海洋因素影响着新泡沫层的生成以及泡沫的生长演变过程，因此，在整个演进过程中，泡沫层厚度具有一定的形态分布[152]。一般来讲，模拟海面泡沫发射-散射过程需要如下模型：

（1）通过微观[如壁厚 $w(z)$]或宏观[如空气含量 $f_a(z)$]特征的垂直剖面表示泡沫结构的垂直分层；

（2）由 $f_a(z)$ 或 $w(z)$ 的垂直变化导致的泡沫介质介电常数随深度的变化曲线 $\varepsilon(z)$。

（3）不规则的空气-泡沫和泡沫-水边界处的表面散射过程；

（4）泡沫层边界处的多重反射和透射；

（5）由于地理、气象和海洋学的变化，开阔海域的泡沫结构特征，如泡沫尺寸（以微观而言）或泡沫层厚度（以宏观而言）的分布。

6.4.1　海面泡沫介电特性

对于一般电介质，自 20 世纪 60 年代末以来已经有一些学者系统地研究了非均匀介质的垂直剖面问题。Stogryn 于 1970 年提出了关于具有介电常数和热力学温度垂直剖面结构电介质的亮温计算方法[173]。Tsang 等[177]和 Wilheit[178]则通过将介质分层的方法提出了同一问题的解决方案。Rosenkranz 和 Staelin 将泡沫作为一种分层介质处理[179]，率先建立了泡沫介电特性的垂直剖面模型。泡沫最初被建模为一系列厚度相等的薄水膜，均匀地由空气条隔开，这导致了在指定的泡沫层厚度下计算出的泡沫发射率的振荡。当对模型进行修改以模拟从空气到海水的过渡时，通过改变薄膜厚度，使海水含量从空气-泡沫边界线性增加到泡沫-水边界时，这些不自然的振荡没有出现。尽管总体上是成功的，但用分层-中层的方法来模拟深度的泡沫空隙分数曲线仍然是高度理想化的。在前人基础上，Anguelova 和 Gaiser 进一步采用指数形式的垂直分层来模拟实际海面泡沫垂直分布情况[152]：

$$
\begin{aligned}
f_a(z) &= a_V - m \cdot e^{b_v z} \\
a_v &= v_{af} + m \\
b_v &= \frac{1}{t} \cdot \ln\left(\frac{a_V - v_{fw}}{m}\right)
\end{aligned}
\tag{6.70}
$$

式中，m 为控制泡沫空气分量剖面形态的参数；a_v 和 b_v 分别为泡沫层上下界边界层：

$$
f_a(z) = \begin{cases} v_{af} & @\, z = 0 \\ v_{fw} & @\, z = t \end{cases}
\tag{6.71}
$$

其中，v_{af} 和 v_{fw} 分别是 $f_a(z)$ 的上限和下限，即空气-泡沫和泡沫-水边界的空气含量。图 6.9 展示了 2 cm 厚的泡沫层深度内空气含量的变化，为展示方便，图中泡沫空隙率取 v_{af}=99% 和 v_{fw}=1%。

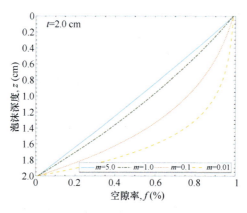

图 6.9　泡沫空气分量随深度的变化

泡沫中空气和水分含量决定了混合泡沫层的介电常数，因此空气分量的垂直剖面分布决定了泡沫层介电常数的垂直剖面分布。根据 Anguelova 的研究[152]，在四个经典混合模型中［Maxwell–Garnett（MG）、Polder–van Santen（PS）、Looyenga（Lo）和 Refractive（Re）模型］，Refractive 模型的模拟与实际观测结果更符合，因此本书使用 Refractive 模型描述混合泡沫的介电常数：

$$\varepsilon_f = \left[f_a + \left(1 - f_a\right)\varepsilon^{\frac{1}{2}} \right]^2 \tag{6.72}$$

在得到泡沫层的介电常数后，可分别通过衰减系数和相位延迟系数描述其对电磁波的衰减过程：

$$\alpha(z) = k_0 \left| \mathrm{Im}\left\{ \sqrt{\varepsilon_f(z)} \right\} \right|$$
$$\beta(z) = k_0 \, \mathrm{Re}\left\{ \sqrt{\varepsilon_f(z)} \right\} \tag{6.73}$$

式中，α 为衰减系数；β 为相位因子；k_0 为电磁波波数。

基于衰减系数可以进一步计算泡沫层的光学厚度：

$$\tau_\theta = 2 \int_0^t \alpha(z) \sec\theta(z)\,\mathrm{d}z \tag{6.74}$$

6.4.2　海面泡沫亮温发射模型

海面泡沫层的发射率同样可以基于辐射传输理论进行模拟计算。基于辐射传输理论和矩阵算法，可以建立一种适用于微波波段的海面泡沫发射率模型，泡沫模型示意图如图 6.10 所示。需要指出的是，为展示方便起见，图 6.10 中泡沫层的顶层和底层空气分数分别设置为 99% 和 1%，但在实际情况中，空气分数的分布并不会出现如此极端的情况，需要根据实际情况进行参数设置。

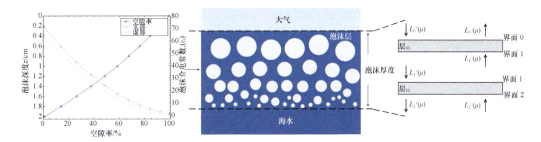

图 6.10　海面泡沫发射模型示意图

考虑到海面泡沫的复杂性，本书建立的海面泡沫发射模型基于以下假设：

（1）泡沫层具有垂直不均匀参数化分布，即通过连续空气含量剖面 $f_a(z)$ 和泡沫介电常数 $\varepsilon_f(z)$ 剖面；

（2）泡沫层具有垂直均匀的物理温度，即泡沫层深度的温度曲线恒定且等于海水的温度，$T_f(z) = \mathrm{const} = T_s$；

（3）在泡沫层内不考虑散射过程；

（4）只在空气-泡沫和泡沫-水边界考虑多重反射和透射过程；

（5）将空气-泡沫和泡沫-水的边界设置为平面并用菲涅尔反射描述。

与大气相比，由海水、空气组成的泡沫介质相对致密，因此在辐射传输过程中，其观测角会随着深度的变化而变化，并遵循 Snell's law：

$$\theta_f(z) = \arctan\left\{ \frac{\sqrt{2}k_0\sin\theta}{\left[\left(p^2+q^2\right)^{1/2}+q\right]^{1/2}} \right\} \quad (6.75)$$

式中，k_0 为空气中电磁波波数。

系数 p 和 q 有如下形式：

$$p(z) = 2\alpha\beta$$
$$q(z) = \beta^2 - \alpha^2 k_0\sin^2\theta \quad (6.76)$$

α 和 β 的计算如式（6.73）所示。

综上所述，根据辐射传输理论、矩阵算法及泡沫垂向介电特性[式（6.71）~式（6.76）]本节讨论建立了一种适用于微波波段的海面泡沫发射率模型。为了检验泡沫模型计算的正确性，本书在两种不同条件下分别与 Camps 等在 2005 年的实测结果（L 波段）[180]与 Rose 等在 2002 年的实测结果（Ka、Ku 波段）[176]进行了比较验证。

1）Camps 等[180]（2005）实测结果验证

Camps 等[180]在带有泡沫发生器的水池中对有泡沫覆盖的海水进行了 L 波段微波辐射测量。实验中水体的盐度范围为 0~37 psu，水温范围为 14~20℃，泡沫层厚度范围为 0.9~1.7 cm，泡沫覆盖率范围为 4.14%~22.27%。本书选取四组典型实验数据，试验数据如表 6.2 所示。同时，本研究根据均方根误差估计当前模型模拟的准确性。

表 6.2　模型输入参数与 Camps 模型计算误差

温度/℃	盐度/psu	RMSE（水平极化）	RMSE（垂直极化）
20.6	10.49	0.010	0.019
18.4	16.29	0.013	0.015
18.8	25.50	0.011	0.018
15.6	37.33	0.009	0.026

Camps 利用偶极子近似法建立了一个物理泡沫发射率模型，他们使用 Gamma 分布来表示海水中的气泡的大小分布，然后通过等效介电常数来计算泡沫发射率。通过搜索气泡参数（包裹系数、泡沫半径）的最佳值，Camps 建立的模型得到了较好的模拟结果，与实测结果相比，均方根误差在 0.008~0.033。

与 Camps 模型相比，本书建立的模型得到了相似的精度。模型和试验观测数据之间的比较结果如图 6.11 所示。图 6.11 表明，本模型的模拟结果与实测结果较为一致，特别是对于水平极化亮温，均方根误差都低于 0.02。需要指出的是，对于垂直极化，当入射角很大时，Camps 模型低估了泡沫的发射率，而该情况没有出现在本书模型的模拟中。因此，我们的模型与实验数据显示出很好的一致性。

2）Rose 等（2002）[176]实测结果验证

Rose 等[176]也使用双通道微波辐射计测量了泡沫的发射率，但其测量工作频率为 10.8 GHz 和 36.5 GHz。与 Camps 等（2005）[180]报告的垂直剖面相反，Rose 等观察到海水中的气泡不表现出任何分层现象。因此，可以合理地认为空隙率与深度无关，即泡沫层是一个均质的、不含空隙率垂向分布的介质，且泡沫层的空隙率在 80%～90%之间。同时 Rose 等测得泡沫层的厚度均匀分布，约为 2.8 cm。因此，根据 Rose 的描述，我们假设空隙率为常数，而不随深度指数分布变化。此外，为了最佳拟合实验数据，我们选择 f_{top} 分别为 91%和 90%以在 10.8 GHz 和 36.5 GHz 进行验证。

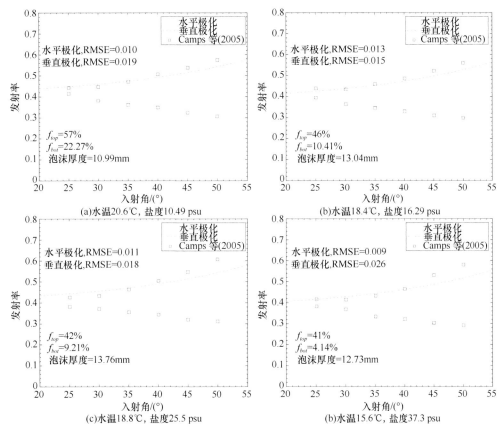

图 6.11　不同水温、盐度条件下实测亮温与模型计算结果之间的比较

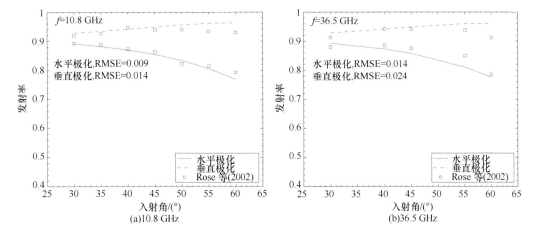

图 6.12　模拟亮温与实测亮温之间的比较

本模型与实验数据的对比结果如图 6.12 所示，图 6.13（a）展示了在 10.8 GHz 频率下的结果，图 6.13（b）展示了在 36.5 GHz 频率下的结果。结果表明，本模型的模拟结果与实验测量值具有较好的一致性。水平极化结果显示出更高的一致性，在 10.8 GHz 和 36.5 GHz 频率下的均方根误差分别为 0.009 和 0.014。我们还将本模型与 Chen 等提出的 DMRT 模型[181]以及 Anguelova 和 Gaiser[152]提出的非相干方法进行了比较，结果如表 6.3 所示。结果表明，本模型精度优于 DMRT 模型，且与 Anguelova 的模型精度相当。在 10.8 GHz 频率下，本模型水平和垂直极化的均方根误差分别为 0.009 和 0.014，而 Anguelova 模型对应的误差为 0.011 和 0.015。在 36.5 GHz 频率下，本模型水平和垂直极化的均方根误差分别为 0.014 和 0.024，而 Anguelova 模型对应的误差为 0.015 和 0.017。然而，验证结果表明，在大入射角、垂直极化情况下，模型模拟与实验数据之间的差异增大。这可能是由于在高频率下气泡散射效应的增加所致。

表 6.3　不同模型间精度比较

频率/GHz	Chen 等（2003）		Anguelova 和 Gaiser（2013）		当前模型	
	RMSE（水平极化）	RMSE（垂直极化）	RMSE（水平极化）	RMSE（垂直极化）	RMSE（水平极化）	RMSE（垂直极化）
10.8	0.057	0.018	0.011	0.015	0.009	0.014
36.5	0.041	0.021	0.015	0.017	0.014	0.024

3）Wei 观测结果验证

Wei 等[182]于 2014 年在低水温条件下对人工产生的泡沫进行了多次微波辐射观测。表 6.4 中列出了每次测量的参数，表中显示，每次观测的水体温度都在 2 ℃以下，盐度范围在 31～38 psu 之间，这与 Camps 等测量泡沫时的水体特性有较大差异。另一方面，与 Camps 的观测结果相比，Wei 等提供了更广泛的入射角范围和更多的测量数据：入射角从 30°到 59°范围内提供了 32 组水平和垂直极化的观测数据。根据 Wei 等的测量，泡沫覆盖面积与空气-水混合面积的比率为～1.2，空气混合海水的有效介电常数可以利用式（6.73）计算，式中，f 取 0.05。

表 6.4　模型输入参数与本模型计算误差

图	温度/℃	盐度/psu	f_{top}	厚度/cm	RMSE（水平极化）	RMSE（垂直极化）
（a）	0.20	31.71	0.91	1.35	0.012	0.011
（b）	1.56	32.50	0.90	1.42	0.016	0.032
（c）	0.92	32.76	0.92	1.35	0.012	0.027
（d）	1.52	33.63	0.91	1.50	0.016	0.027
（e）	−1.43	34.66	0.88	1.19	0.008	0.023
（f）	0.11	37.74	0.83	1.10	0.014	0.024

本模型与实验观测结果间的比较见图 6.13，均方根误差在表 6.4 已列出。结果表明，本模型计算结果与实验数据显示出很好的一致性，所有计算结果的均方根误差都低于 0.032。需要指出的是，在图 6.13 中，模型在大入射角低估了泡沫的发射率，而在小入射角高估了泡沫发射率；这可能是由于较低的顶层空气分量和高盐度引起的介电常数计

算误差所致。另一个可能的原因是，水的特性的变化，泡沫介电常数的垂直剖面与其他情况不同，因此剖面控制参数与其它观测结果较为不同。

考虑到泡沫覆盖率、空隙率剖面和电介质特性等可能存在的观测、计算不确定性，本模型与两次独立实验观测结果之间具有很好的一致性。这表明本模型可以在相对较广的水体特性范围内准确地模拟泡沫覆盖的海面的发射率。

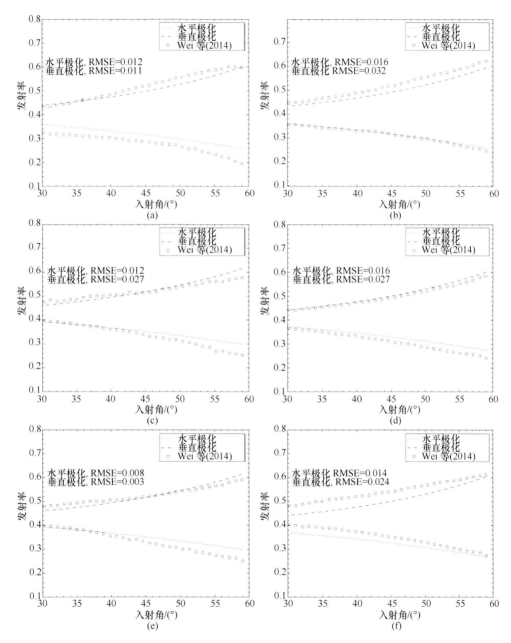

图 6.13　低水温条件下本模型计算的泡沫发射率与观测结果之间的比较

6.4.3　高风速条件下的盐度反演

高风速条件的海面常见于各大海区，但是高风速出现的位置分布在空间上并不均匀，出现频率也不尽相同，为获得较为稳定的高风速条件下的海面观测结果，本书选取南大洋西风带作为研究区域（图 6.14）。西风带又称暴风圈、盛行西风带，是行星风带之一，西风带地区常出现高风速情况，有时风速高达 40 m/s，符合高风速条件。

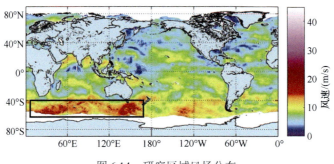

图 6.14　研究区域风场分布

在本节中，高风速下的盐度反演方法如下：利用辐射传输模型将卫星观测亮温还原至海面亮温，也即扣除大气中参数对亮温的影响，高风速条件对大气参数环境影响不大，因此无须进行额外的修正。将卫星观测亮温还原至海面亮温后，利用前文建立的海面泡沫覆盖模型、泡沫发射率模型对海面亮温进行校正，将海面亮温还原为海水发射率，利用最大似然估计方法反演海表盐度。本书将通过与 Argo 实测盐度数据进行比较，评估高风速下的海表盐度反演精度。由于西风带区域盐度变化在空间和时间上都较小，因此本节中 SMAP 卫星数据与 Argo 实测数据匹配的时间窗口为 1 日。

SMAP 卫星反演结果与 Argo 实测数据之间的比较结果如图 6.15 所示。为更好地展示高风速下海面模型对反演精度的影响，本书利用 SMAP 卫星观测数据分别计算了进行海面影响校正后的反演结果与没有进行海面影响校正的反演结果。结果表明，进行校正

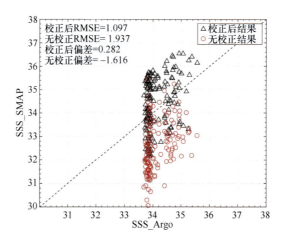

图 6.15　SMAP 盐度反演结果与 Argo 数据匹配比较结果

后，海表盐度反演精度相比不进行海面校正的反演结果精度更高。校正前 SMAP 盐度反演精度约为 1.937 psu，校正后 SMAP 盐度反演精度约为 1.097 psu。这表明在高风速条件下，进行海面校正对于提高盐度反演精度而言非常重要。另一方面，尽管经过校正后盐度反演精度得到了提高，相比于平静海面下 SMAP 的反演精度（0.2～0.4 psu）。高风速下的盐度反演精度仍然不足，因此需要开发更为精确的泡沫发射模型与高风速下的海面谱模型以提高反演精度。

6.5　强降雨条件下亮温校正模型

在强降雨条件下，情况变得复杂，除降雨在大气对辐射传输的影响外，来自海面的影响也是非常重要的误差来源，除降水导致的海水淡化影响外，主要分为两个部分（图 6.16）：①雨滴撞击到水面上造成的海表粗糙度调制；②降水形成的强迫空气柱而产生局部风场。

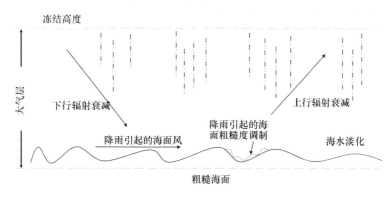

图 6.16　降雨条件下辐射传输模式示意图

6.5.1　降雨海面模型

海洋上的全球风速均值在 6～8 m/s 之间。一个充分发展的海洋风波谱可以大致分为两个电磁散射体系：一是近镜面效应，一般对应风速范围小于 5 m/s 引起的粗糙海面散射效应；二是漫散射效应，一般对应风速范围大于 5 m/s 引起的粗糙海面散射效应。根据 Zavorotny 和 Voronovich 的研究，只有在低风速（< 5 m/s）条件下，由雨滴撞击水面产生的调制作用在海面粗糙度中占主导[183, 184]。而在漫散射效应中，风波相互作用而产生的海表粗糙度比雨水撞击产生的粗糙度更占优势。

雨滴撞击在水面上会引起三种主要的表面变形：坑、冠和柄。首先，雨滴在水面上形成一个孔洞，同时形成一个冠状物，然后变成一个垂直的柄状水体，最后沉降下来，产生重力毛细管波环[153]。在这个过程中，与微波频率有关的主要特征是水柄和环形波。在斜入射角下，厘米长的环形波起主导作用，而柄部仅在掠角下起主导作用。

对于上述雨滴对海面的调制作用，可以将雨滴产生的环形波谱和风驱 Elfouhaily 谱

进行叠加来进行描述。环形波谱是一个对数高斯模型，其形式为

$$S(k) = \frac{1}{2\pi} v_{gr}(k) S_{peak} \exp\left(-\pi \frac{\ln\left(\frac{f(k)}{f_p}\right)}{\frac{\Delta f}{f_p}}\right) \qquad (6.77)$$

式中，v_{gr} 为群波速度。

其他参数具有如下形式：

$$S_{peak} = 6 \cdot 10^{-4} R^{0.53}$$
$$w^2 = (2\pi f)^2 = gk + hk^3$$
$$\Delta f = 4.42 + 0.0028R \qquad (6.78)$$
$$f_p = 5.772 - 0.0018R$$

$$v_{gr} = \frac{gk + 3k^2 \dfrac{h}{\rho}}{2\sqrt{gk + \dfrac{h}{\rho}k^3}}$$

这些参数来自于 Doviak 对范围为 1.94～20.8 cm 的环形波的研究结果[185]，式中，h 是水面张力，其值一般为 74 dyne/cm；g 是重力加速度；ρ 是海水密度，一般也可以取 1。

图 6.17 展示了在 10 m/s 的风速和不同降雨强度下产生的风雨组合波浪谱，描述了不同波数下风雨组合谱的能量分布。Elfouhaily 风波谱的峰值在 10^{-1} 和 1 rad/m 的波之间，较大的波数代表波长较短的波，因此，降雨引起的环形波在由风引起的长尺度粗糙度上引入额外的短尺度粗糙度。

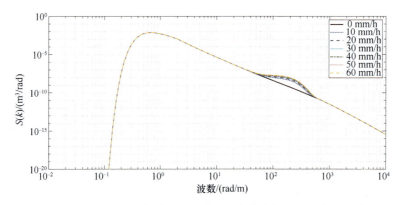

图 6.17　10 m/s 风速条件下不同降雨强度产生的风雨组合波浪谱

6.5.2　降雨引起的海面局部风

除了雨水对电磁波信号的衰减效应和由水滴撞击引起的海表面粗糙度调制之外，降雨强迫空气柱下行引发的海面局部风同样可以改变海面粗糙度。降雨引起的下沉气流可以通过改变近海面风速来影响海浪谱[186]。降雨引起的局部风一般可以通过计算雨滴粒

径分布计算空气柱沉降速度，然后通过水平风切变计算局部风强度。

首先，雨滴粒径分布一般遵循 Marshall-Palmer 分布[154]，雨滴的大小在 0.01 mm 和 4 mm 之间变化，超过这个范围，表面张力就会比重力弱，雨滴就会分裂成更小的尺寸。在使用 Marshall-Palmer 分布时的一个重要假设是，雨滴粒径分布随云层类型和地理区域的变化只引入二阶变化。因此通过 Marshall-Palmer 分布，计算雨滴沉降速度所需的雨滴半径的半阶矩，可以作为降雨强度的函数得出。因此，沉降速度（terminal fall velocity）可以由式（6.80）计算得出[186]：

$$v_f(D) = 386.6 D^{0.67} \tag{6.79}$$

式中，D 为雨滴直径。

计算 D 的方法通过从 Marshall-Palmer 分布中得出的半径的半阶矩的两倍来计算。

$$D = 2\int rP(r, \mathrm{RR})\mathrm{d}r \tag{6.80}$$

式中，r 为雨滴半径；P 为 Marshall-Palmer 分布；RR 为降雨强度。

计算得到的沉降速度 v 可以通过动量守恒方程计算降雨引起的下沉风速。一个空气包的垂直加速度可以用垂直动量方程来计算：

$$\frac{\mathrm{d}w}{\mathrm{d}t} \equiv \frac{\partial w}{\partial t} + w\frac{\partial w}{\partial z} \approx w\frac{\partial w}{\partial z} = \frac{1}{2}\frac{\partial w^2}{\partial z} = -gL \tag{6.81}$$

基于气团在下沉气流的时间尺度上是静止的这一假设，式中时间导数可以忽略不计。降水对气团垂直运动的影响可以用 gL 来参数化，其中 g 是重力加速度，L 是降水混合比。

水平方向上由降雨引起的局部风速被定义为垂直方向上到达下垫面被偏转到水平方向的垂直风速（w_0）。假设下沉气流从高度 H 开始运行，到达下垫面的降雨负载（precipitation loading）可以由垂直动量方程积分得到：

$$w^2(z) = 2g\int_0^H L\mathrm{d}z = \frac{2g}{\rho_0}\int_0^H H\rho_0 L\mathrm{d}z$$
$$w^2(z) = \frac{2gMH}{\rho_0} = \frac{2g\cdot\mathrm{RR}\cdot H}{3600\rho_0 v_f} = 5.63\frac{\mathrm{RR}\cdot H}{v_f} \tag{6.82}$$

式中，M 为每单位体积的降水负荷；ρ_0 为垂直平均的空气密度，这个平均密度近似为 $0.968\ \mathrm{kg/m^3}$。

因此，到达下垫面的下沉气流速度可写为

$$w_0 = \sqrt{5.63\frac{\mathrm{RR}\cdot H}{v_f} + \mathrm{NAPE} + \mathrm{HMOM}} \tag{6.83}$$

式中，NAPE 为漂浮参数；HMOM 为下沉气流从垂直方向到水平方向的转化，在本模型中该项被忽略。

用上述方法得出的局部风速和降雨强度的关系如图 6.18 所示。

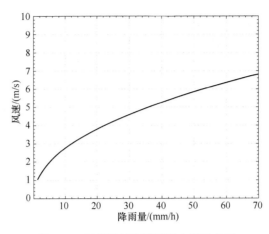

图 6.18　局部风速和降雨量之间的关系

6.5.3　强降雨下的亮温正演模型精度验证

在本节中，我们将 SMAP 卫星对降雨海面的观测结果与模型模拟结果进行比较，以验证模型的精确性。需要指出的是，缺少强降雨条件下的实测海表盐度数据，因此本书选择将亮温正演结果与卫星观测亮温结果进行比较以进行模型精确性的评价。而降雨造成的海水淡化效应导致的海面自发辐射强度变化由 Salinity Rain Impact Model（RIM）计算获得。

首先，本书选取了一块处于强降雨条件下的典型海域作为研究目标（图 6.19），该区域位于南半球热带太平洋海域。根据 NOAA CMORPH（CPC-Climate Prediction Center-Morphing technique）数据，该区域在 2018 年 11 月 7 日 16 时发生了强降雨，最大降雨强度达到了 51.96 mm/h［图 6.19（a）］，与此同时，该海域海面风速相对较低［风速范围 3～10 m/s，图 6.19（b）］，因此海面粗糙度、泡沫对海面亮温的调制作用相对较小，造成海面亮温变化的主控因素是降水。从卫星观测的亮温来看，强降雨区域海面亮温明显高于其他区域［图 6.19（c）、（d）］，这表明降水的存在会导致海面亮温的上升。一方面从图 6.20 中可以看出，水平极化亮温相对垂直极化亮温受到降雨的影响较少，因此垂直极化亮温变化在空间分布上与降雨强度分布较为一致；另一方面，由于水平极化亮温对风速造成的海面粗糙度更为敏感，因此在空间分布上与降雨强度分布的一致性相对较差。

基于前文所述内容，建立了降雨条件下海面辐射正演模型，并将模型模拟的正演亮温结果与卫星观测结果之间进行比较。计算结果如图 6.20 所示，结果表明，经过降雨校正后，模型模拟亮温与观测结果更为一致。其中，模拟水平极化亮温 RMSE 为 1.137，模拟垂直极化亮温 RMSE 为 1.519，高于不进行降雨校正的模型计算结果（水平极化亮温 RMSE 为 2.036，垂直极化亮温 RMSE 为 2.038）。另一方面，水平极化亮温模拟结果优于垂直极化亮温模拟结果。造成这一现象可能的原因在于，垂直极化亮温相比于水平极化亮温更易受到降雨的影响，因此模拟精度较差。需要指出的是，从模拟结果来看，模型仍然不能非常好地完成垂直极化亮温的精确校正，模型模拟结果高估了强降雨下的海面垂直极化亮温，导致这一现象的主要原因可能是海水淡化模型的模型计算误差以及降雨输入数据本身的误差导致。但是相比于未进行降雨校正的海面亮温，模型模拟亮温精度已经大大提高。

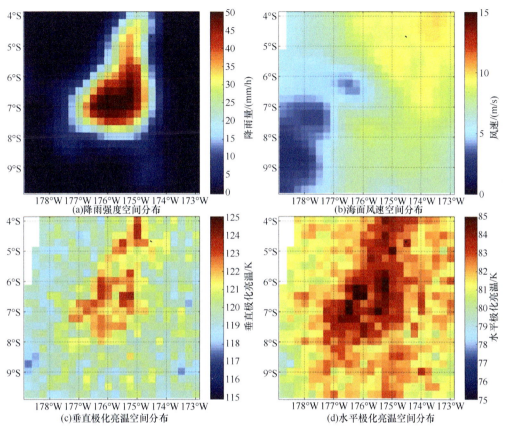

(a)降雨强度空间分布　　　　　　　　　(b)海面风速空间分布

(c)垂直极化亮温空间分布　　　　　　　(d)水平极化亮温空间分布

图 6.19　研究区域

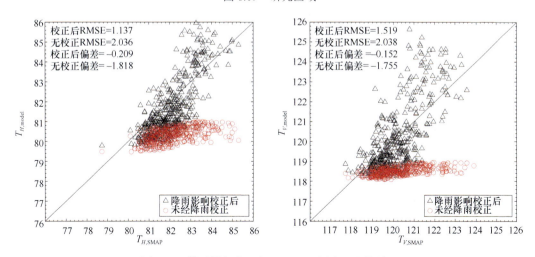

图 6.20　模型模拟亮温与 SMAP 观测亮温比较结果

model-corr 代表进行了降雨校正的模型计算结果；model-nocorr 代表没有进行降雨校正的模型计算结果

6.6 小 结

本章以高海况条件下的盐度遥感的正反演机理为研究对象，主要讨论了以下三个方面的内容。

第一，海–气耦合矢量辐射传输模型构建。本章以辐射传输方程为基础，计算了辐射从海面出发，经过大气到达大气顶被传感器观测到的整个辐射传输过程，主要包括粗糙海面的发射–散射过程、分层大气的构建及计算、大气对辐射的衰减以及自发辐射、外源辐射计算等。在建立模型后，本书对模型计算精度进行了验证。将模型计算结果分别与 RT4 模型模拟结果、RTTOV 模型模拟结果、SMOS 卫星观测结果、Aquarius 卫星观测结果、欧空局正演模型计算结果分别进行比较，以验证本书模型计算的正确性与精度，验证结果表明，本章建立的辐射传输模型具有较高精度。

第二，高风速条件下的海面泡沫发射率研究。一般认为，在盐度遥感过程中，风速的影响只作用于海表面。因此，本章探究了高风速下的海面模型。高风速条件下的海面相比于平静海面主要发生两个方面的变化，一是海面粗糙度发生变化，即海面能量谱的分布发生变化，进而影响海面发射、散射；二是波浪发生破碎出现泡沫，影响海面发射、散射。考虑到泡沫的发射远高于海水，本章建立了一种适用于 L 波段的海面泡沫发射模型，该模型考虑了泡沫层垂向上的非均匀分布情况，根据泡沫厚度建立了泡沫空隙率与深度之间的关系，然后利用辐射传输方程计算不同厚度泡沫层的发射率。并将模型计算结果与前人实测结果进行比较，结果表明，本研究建立的泡沫发射率模型具有较高精度，与实测泡沫发射率观测结果吻合较好。随后，将泡沫模型、修改后的海面模型应用于卫星观测。本章在南大洋西风带选取了一块区域作为研究对象，探究了高风速条件下校正模型的盐度反演精度，并将反演结果与 Argo 实测盐度数据进行比较。结果表明，进行校正后，海表盐度反演精度相比不进行校正的反演精度更高。

第三，强降雨条件影响校正方法研究。水是微波辐射的强吸收介质，雨滴会导致微波辐射在大气传输过程中的损失。另外，强降雨条件下，降雨对海面的影响也会产生重要影响，主要分为三个部分：①雨滴撞击到水面上造成的海表粗糙度调制；②降雨形成的强迫空气柱下行在海面发生动量转化而产生的局部风；③雨水的淡化作用。针对降雨大气模型，利用水汽吸收模型、Rayleigh 散射以及 Mie 散射理论，本章开展了雨水在大气中的吸收-发射作用研究，建立降雨强度与卫星观测辐射变化之间的关系；同时，在前人研究基础上，建立了降雨海面模型以及海面局部风模型，并探究了不同降雨强度下的海面粗糙度变化与强迫风引起的卫星观测亮温变化。在此基础上，本章验证了强降雨条件下校正模型的精度。与高风速条件相同，本章取了一块典型区域进行研究。本研究通过将亮温正演结果与卫星观测亮温结果进行比较以进行模型精确性的评价。结果表明，经过降雨校正后，模型模拟亮温与观测结果更为一致。其中，模拟的水平极化亮温 RMSE 为 1.137，模拟垂直极化亮温 RMSE 为 1.519，高于不进行降雨校正的模型计算结果（水平极化亮温 RMSE 为 2.036，垂直极化亮温 RMSE 为 2.038）。

参 考 文 献

[1] Chandrasekhar S. Radiative Transfer [M]. Clarendon: Oxford University Press, 1950.

[2] Gordon H R. Atmospheric correction of ocean color imagery in the Earth Observing System era [J]. Journal of Geophysical Research: Atmospheres, 1997, 102(D14): 17081-17106.

[3] Morel A, Gentili B. Diffuse reflectance of oceanic waters: Its dependence on Sun angle as influenced by the molecular scattering contribution [J]. Applied Optics, 1991, 30(30): 4427-4438.

[4] Morel A, Gentili B. Diffuse reflectance of oceanic waters. II. Bidirectional aspects [J]. Applied optics, 1993, 32(33): 6864-6879.

[5] Kirk J T. Dependence of relationship between inherent and apparent optical properties of water on solar altitude [J]. Limnology and Oceanography, 1984, 29(2): 350-356.

[6] Mobley C D. A numerical model for the computation of radiance distributions in natural waters with wind‐roughened surfaces [J]. Limnology and Oceanography, 1989, 34(8): 1473-1483.

[7] Mobley C D. Hydrolight 3.0 users' guide [R]. Menlo Park: SRI International, 1995.

[8] Zhai P W, Hu Y, Trepte C R, et al. Decoupling error for the atmospheric correction in ocean color remote sensing algorithms [J]. Journal of Quantitative Spectroscopy and Radiative Transfer, 2010, 111(12-13): 1958-1963.

[9] He X, Bai Y, Zhu Q, et al. A vector radiative transfer model of coupled ocean–atmosphere system using matrix-operator method for rough sea-surface [J]. Journal of Quantitative Spectroscopy and Radiative Transfer, 2010, 111(10): 1426-1448.

[10] Clough S A, Iacono M J, Moncet J L. Line‐by‐line calculations of atmospheric fluxes and cooling rates: Application to water vapor [J]. Journal of Geophysical Research: Atmospheres, 1992, 97(D14): 15761-15785.

[11] Clough S A, Shephard M W, Mlawer E J, et al. Atmospheric radiative transfer modeling: A summary of the AER codes [J]. Journal of Quantitative Spectroscopy and Radiative Transfer, 2005, 91(2): 233-244.

[12] Rothman L S, Gamache R R, Goldman A, et al. The HITRAN database: 1986 edition [J]. Applied Optics, 1987, 26(19): 4058-4097.

[13] Liebe H J, Hufford G A, Cotton M. Propagation modeling of moist air and suspended water/ice particles at frequencies below 1000 GHz [Z]. In: AGARD, Atmospheric Propagation Effects Through Natural and Man-Made Obscurants for Visible to MM-Wave Radiation. Spain. 1993

[14] Rosenkranz P. W. Water vapor microwave continuum absorption: A comparison of measurements and models [J]. Radio Science, 1998, 33(4): 919-28.

[15] Liu Q., Weng F., English S. J. An improved fast microwave water emissivity model [J]. IEEE Transactions on Geoscience and Remote Sensing, 2010, 49(4): 1238-50.

[16] Saunders R., Hocking J., Turner E., et al. An update on the RTTOV fast radiative transfer model(currently at version 12)[J]. Geoscientific Model Development, 2018, 11(7): 2717-37.

[17] Plass G. N., Kattawar G. W., Catchings F. E. Matrix operator theory of radiative transfer. 1: Rayleigh scattering [J]. Applied Optics, 1973, 12(2): 314-29.

[18] Stamnes K., Conklin P. A new multi-layere discrete ordinate approach to radiative transfer calculations in anisotropically scattering atmospheres [J]. J Quant Spect Rad Trans, 1984, 31: 273-82.

[19] Karp A., Greenstadt J., Fillmore J. Radiative transfer through an arbitrarily thick, scattering atmosphere [J]. Journal of Quantitative Spectroscopy and Radiative Transfer, 1980, 24(5): 391-406.

[20] Collins D. G., Blättner W. G., Wells M. B., et al. Backward Monte Carlo calculations of the polarization characteristics of the radiation emerging from spherical-shell atmospheres [J]. Applied Optics, 1972,

11(11): 2684-96.

[21] Bellman R. E., Kalaba R. E., Prestrud M. C. Invariant Imbedding and Radiative Transfer in Slabs of Finite Thickness [M]. New York: American Elsevier, 1963.

[22] Irvine W. M. Multiple scattering in planetary atmospheres [J]. Icarus, 1975, 25(2): 175-204.

[23] Gerstl S. A., Zardecki A. Discrete-ordinates finite-element method for atmospheric radiative transfer and remote sensing [J]. Applied optics, 1985, 24(1): 81-93.

[24] Stamnes K., Tsay S.-C., Wiscombe W., et al. Numerically stable algorithm for discrete-ordinate-method radiative transfer in multiple scattering and emitting layered media [J]. Applied Optics, 1988, 27(12): 2502-9.

[25] Mobley C. D. Light and Water: Radiative Transfer in Natural Waters [M]. San Diego: Academic Press, 1994.

[26] Jin Z., Stamnes K. Radiative transfer in nonuniformly refracting layered media: atmosphere–ocean system [J]. Applied Optics, 1994, 33(3): 431-42.

[27] Fell F., Fischer J. Numerical simulation of the light field in the atmosphere–ocean system using the matrix-operator method [J]. Journal of Quantitative Spectroscopy and Radiative Transfer, 2001, 69(3): 351-88.

[28] Chami M., Lafrance B., Fougnie B., et al. OSOAA: a vector radiative transfer model of coupled atmosphere-ocean system for a rough sea surface application to the estimates of the directional variations of the water leaving reflectance to better process multi-angular satellite sensors data over the ocean [J]. Optics Express, 2015, 23(21): 27829-52.

[29] Han Y. JCSDA community radiative transfer model(CRTM): Version 1 [J]. 2006.

[30] Gordon H. R. Radiative transfer: a technique for simulating the ocean in satellite remote sensing calculations [J]. Applied Optics, 1976, 15(8): 1974-9.

[31] Gordon H. R. Removal of atmospheric effects from satellite imagery of the oceans [J]. Applied Optics, 1978, 17(10): 1631-6.

[32] Gordon H. R., Clark D. K. Clear water radiances for atmospheric correction of coastal zone color scanner imagery [J]. Applied Optics, 1981, 20(24): 4175-80.

[33] Gordon H. R., Castaño D. J. Coastal Zone Color Scanner atmospheric correction algorithm: multiple scattering effects [J]. Applied Optics, 1987, 26(11): 2111-22.

[34] Gordon H. R., Castaño D. J. Aerosol analysis with the Coastal Zone Color Scanner: a simple method for including multiple scattering effects [J]. Applied Optics, 1989, 28(7): 1320-6.

[35] Gordon H. R., Wang M. Surface-roughness considerations for atmospheric correction of ocean color sensors. 1: The Rayleigh-scattering component [J]. Applied Optics, 1992, 31(21): 4247-60.

[36] Gordon H. R., Wang M. Retrieval of water-leaving radiance and aerosol optical thickness over the oceans with SeaWiFS: a preliminary algorithm [J]. Applied Optics, 1994, 33(3): 443-52.

[37] Antoine D., Morel A. A multiple scattering algorithm for atmospheric correction of remotely sensed ocean colour(MERIS instrument): principle and implementation for atmospheres carrying various aerosols including absorbing ones [J]. International Journal of Remote Sensing, 1999, 20(9): 1875-916.

[38] Chomko R. M., Gordon H. R. Atmospheric correction of ocean color imagery: test of the spectral optimization algorithm with the Sea-viewing Wide Field-of-View Sensor [J]. Applied Optics, 2001, 40(18): 2973-84.

[39] Land P. E., Haigh J. D. Atmospheric correction over case 2 waters with an iterative fitting algorithm [J]. Applied Optics, 1996, 35(27): 5443-51.

[40] Schiller H., Doerffer R. Neural network for emulation of an inverse model operational derivation of Case II water properties from MERIS data [J]. International Journal of Remote Sensing, 1999, 20(9): 1735-46.

[41] Siegel D. A., Wang M., Maritorena S., et al. Atmospheric correction of satellite ocean color imagery: the black pixel assumption [J]. Applied Optics, 2000, 39(21): 3582-91.

[42] Hu C., Carder K. L., Muller-Karger F. E. Atmospheric correction of SeaWiFS imagery over turbid coastal waters: a practical method [J]. Remote Sensing of Environment, 2000, 74(2): 195-206.

[43] Ruddick K. G., Ovidio F., Rijkeboer M. Atmospheric correction of SeaWiFS imagery for turbid coastal

and inland waters [J]. Applied optics, 2000, 39(6): 897-912.

[44] Tian L., Chen X., Zhang T., et al. Atmospheric correction of ocean color imagery over turbid coastal waters using active and passive remote sensing [J]. Chinese Journal of Oceanology and Limnology, 2009, 27(1): 124-8.

[45] Chen J., Cui T., Lin C. An operational model for filling the black strips of the MODIS 1640 band and application to atmospheric correction [J]. Journal of Geophysical Research: Oceans, 2013, 118(11): 6006-16.

[46] Mao Z., Chen J., Hao Z., et al. A new approach to estimate the aerosol scattering ratios for the atmospheric correction of satellite remote sensing data in coastal regions [J]. Remote Sensing of Environment, 2013, 132: 186-94.

[47] He X., Bai Y., Pan D., et al. Atmospheric correction of satellite ocean color imagery using the ultraviolet wavelength for highly turbid waters [J]. Optics Express, 2012, 20(18): 20754-70.

[48] Pan Y., Shen F., Verhoef W. An improved spectral optimization algorithm for atmospheric correction over turbid coastal waters: A case study from the Changjiang(Yangtze)estuary and the adjacent coast [J]. Remote Sensing of Environment, 2017, 191: 197-214.

[49] He X., Stamnes K., Bai Y., et al. Effects of Earth curvature on atmospheric correction for ocean color remote sensing [J]. Remote Sensing of Environment, 2018, 209: 118-33.

[50] Schroeder T., Behnert I., Schaale M., et al. Atmospheric correction algorithm for MERIS above case‐2 waters [J]. International Journal of Remote Sensing, 2007, 28(7): 1469-86.

[51] Fan Y., Li W., Gatebe C. K., et al. Atmospheric correction over coastal waters using multilayer neural networks [J]. Remote Sensing of Environment, 2017, 199: 218-40.

[52] Fan Y., Li W., Chen N., et al. OC-SMART: A machine learning based data analysis platform for satellite ocean color sensors [J]. Remote Sensing of Environment, 2021, 253: 112236.

[53] Odermatt D., Gitelson A., Brando V. E., et al. Review of constituent retrieval in optically deep and complex waters from satellite imagery [J]. Remote Sensing of Environment, 2012, 118: 116-26.

[54] Mouw C. B., Greb S., Aurin D., et al. Aquatic color radiometry remote sensing of coastal and inland waters: Challenges and recommendations for future satellite missions [J]. Remote Sensing of environment, 2015, 160: 15-30.

[55] Frouin R., Schwindling M., Deschamps P. Y. Spectral reflectance of sea foam in the visible and near‐infrared: In situ measurements and remote sensing implications [J]. Journal of Geophysical Research: Oceans, 1996, 101(C6): 14361-71.

[56] Ahmad Z., Franz B., McClain C., et al. New aerosol models for the retrieval of aerosol optical thickness and normalized water-leaving radiances from the SeaWiFS and MODIS sensors over coastal regions and open oceans [J]. Applied Optics, 2010, 49: 5545-60.

[57] Kay S., Hedley J. D., Lavender S. Sun glint correction of high and low spatial resolution images of aquatic scenes: a review of methods for visible and near-infrared wavelengths [J]. Remote Sensing, 2009, 1(4): 697-730.

[58] Werdell P. J., Franz B. A., Bailey S. W., et al. Generalized ocean color inversion model for retrieving marine inherent optical properties [J]. Applied Optics, 2013, 52(10): 2019-37.

[59] Szeto M., Werdell P., Moore T., et al. Are the world's oceans optically different? [J]. Journal of Geophysical Research: Oceans, 2011, 116(C7).

[60] Pottier C., Turiel A., Garçon V. Inferring missing data in satellite chlorophyll maps using turbulent cascading [J]. Remote Sensing of Environment, 2008, 112(12): 4242-60.

[61] Garaba S. P., Dierssen H. M. An airborne remote sensing case study of synthetic hydrocarbon detection using short wave infrared absorption features identified from marine-harvested macro-and microplastics [J]. Remote Sensing of Environment, 2018, 205: 224-35.

[62] Muller‐Karger F. E., Hestir E., Ade C., et al. Satellite sensor requirements for monitoring essential biodiversity variables of coastal ecosystems [J]. Ecological applications, 2018, 28(3): 749-60.

[63] Mobley C. D., Sundman L. K. HYDROLIGHT 5 ECOLIGHT 5 [R]: Sequoia Scientific Inc, 2008.

[64] Sagan V., Peterson K. T., Maimaitijiang M., et al. Monitoring inland water quality using remote sensing: Potential and limitations of spectral indices, bio-optical simulations, machine learning, and cloud computing [J]. Earth-Science Reviews, 2020, 205: 103187.

[65] Groom S., Sathyendranath S., Ban Y., et al. Satellite ocean colour: Current status and future perspective [J]. Frontiers in Marine Science, 2019, 6: 485.

[66] Reul N., Tenerelli J., Chapron B., et al. SMOS satellite L‐band radiometer: A new capability for ocean surface remote sensing in hurricanes [J]. Journal of Geophysical Research: Oceans, 2012, 117(C2).

[67] Reul N., Grodsky S., Arias M., et al. Sea surface salinity estimates from spaceborne L-band radiometers: An overview of the first decade of observation(2010–2019)[J]. Remote Sensing of Environment, 2020, 242: 111769.

[68] Meissner T., Wentz F. J. The emissivity of the ocean surface between 6 and 90 GHz over a large range of wind speeds and earth incidence angles [J]. IEEE Transactions on Geoscience and Remote Sensing, 2012, 50(8): 3004-26.

[69] Wentz F. J. The effect of clouds and rain on the Aquarius salinity retrieval [R]. Santa Rosa, USA: Remote Sensing System, 2005.

[70] Anguelova M. D., Webster F. Whitecap coverage from satellite measurements: A first step toward modeling the variability of oceanic whitecaps [J]. Journal of Geophysical Research: Oceans, 2006, 111(C3).

[71] Kudryavtsev V., Hauser D., Caudal G., et al. A semiempirical model of the normalized radar cross‐section of the sea surface 1. Background model [J]. Journal of Geophysical Research: Oceans, 2003, 108(C3): FET 2-1-FET 2-24.

[72] Lagerloef G., Colomb F. R., Le Vine D., et al. The Aquarius/SAC-D mission: Designed to meet the salinity remote-sensing challenge [J]. Oceanography, 2008, 21(1): 68-81.

[73] Bao S., Wang H., Zhang R., et al. Comparison of satellite‐derived sea surface salinity products from SMOS, Aquarius, and SMAP [J]. Journal of Geophysical Research: Oceans, 2019, 124(3): 1932-44.

[74] Oliva R., Daganzo E., Kerr Y. H., et al. SMOS radio frequency interference scenario: Status and actions taken to improve the RFI environment in the 1400–1427-MHz passive band [J]. IEEE Transactions on Geoscience and Remote Sensing, 2012, 50(5): 1427-39.

[75] Jang E., Kim Y. J., Im J., et al. Global sea surface salinity via the synergistic use of SMAP satellite and HYCOM data based on machine learning [J]. Remote Sensing of Environment, 2022, 273: 112980.

[76] Bourassa M. A., Meissner T., Cerovecki I., et al. Remotely sensed winds and wind stresses for marine forecasting and ocean modeling [J]. Frontiers in Marine Science, 2019, 6: 443.

[77] Wang M., Son S., Shi W. Evaluation of MODIS SWIR and NIR-SWIR atmospheric correction algorithms using SeaBASS data [J]. Remote Sensing of Environment, 2009, 113: 635-44.

[78] Adams C., Kattawar G. Radiative transfer in spherical shell atmospheres: I. Rayleigh scattering [J]. Icarus, 1978, 9: 139-51.

[79] Ding K., Gordon H. Atmospheric correction of ocean-color sensors: effects of the Earth's curvature [J]. Applied Optics, 1994, 33: 7096-106.

[80] Herman B., Ben-David A., Thome K. Numerical technique for solving the radiative transfer equation for a spherical shell atmosphere [J]. Applied Optics, 1994, 33: 1760-70.

[81] Korkin S., Yang E. S., Spurr R., et al. Numerical Results for Polarized Light Scattering in a Spherical Atmosphere [J]. Journal of Quantitative Spectroscopy and Radiative Transfer, 2022, 287: 108194.

[82] Zhai P., Hu Y. An improved pseudo spherical shell algorithm for vector radiative transfer [J]. Journal of Quantitative Spectroscopy and Radiative Transfer, 2022, 282: 108132.

[83] Xu F., West R., Davis A. A hybrid method for modeling polarized radiative transfer in a spherical-shell planetary atmosphere [J]. Journal of Quantitative Spectroscopy and Radiative Transfer, 2013, 117: 59–70.

[84] Lacis A., Travis L. D. Errors induced by the neglect of polarization in radiance calculations for Rayleigh-scattering atmospheres [J]. Journal of Quantitative Spectroscopy and Radiative Transfer, 1994,

51: 491-510.

[85] Dierssen H. M. Hyperspectral measurements, parameterizations, and atmospheric correction of whitecaps and foam from visible to shortwave infrared for ocean color remote sensing [J]. Frontiers in Earth Science, 2019, 7: 14.

[86] Pope R. M., Fry E. S. Absorption spectrum(380–700 nm)of pure water. II. Integrating cavity measurements [J]. Applied Optics, 1997, 36(33): 8710-23.

[87] Korkin S., Yang E.-S., Spurr R., et al. Revised and extended benchmark results for Rayleigh scattering of sunlight in spherical atmospheres [J]. Journal of Quantitative Spectroscopy and Radiative Transfer, 2020, 254: 107181.

[88] Husar R., Prospero J., Stowe L. Characterization of tropospheric aerosols over the oceans with the NOAA AVHRR optical thickness operational product [J]. Journal of Geophysical Research, 1997, 102: 16889-909.

[89] Shettle E., Fenn R. Models for the Aerosols of the Lower Atmosphere and the Effects of Humidity Variations on their Optical Properties [J]. Environmental Research, 1979: 94.

[90] He X., Bai Y., Pan D., et al. Primary analysis of the ocean color remote sensing data of the HY-1B/COCTS; proceedings of the Remote Sensing of Inland, Coastal, and Oceanic Waters, F January 01, 2009, 2009 [C].

[91] Wu Y., de Graaf M., Menenti M. The impact of aerosol vertical distribution on aerosol optical depth retrieval using CALIPSO and MODIS data: Case study over dust and smoke regions [J]. Journal of Geophysical Research: Atmospheres, 2017, 122(16): 8801-15.

[92] Song Z., He X., Bai Y., et al. Effect of the Vertical Distribution of Absorbing Aerosols on the Atmospheric Correction for Satellite Ocean Color Remote Sensing [J]. IEEE Transactions on Geoscience and Remote Sensing, 2022, 60: 1.

[93] Wang M., Gordon H. Retrieval of the columnar aerosol phase function and single-scattering albedo from sky radiance over the ocean: simulations [J]. Applied Optics, 1993, 32: 4598-609.

[94] Werdell P. J., McKinna L. I., Boss E., et al. An overview of approaches and challenges for retrieving marine inherent optical properties from ocean color remote sensing [J]. Progress in Oceanography, 2018, 160: 186-212.

[95] 潘德炉, 毛天明, 李淑菁, 等. 卫星遥感监测我国沿海水色环境的研究 [J]. 第四纪研究, 2000, 20(3): 240-6.

[96] 马荣华, 唐军武, 段洪涛, 等. 湖泊水色遥感研究进展 [J]. 湖泊科学, 2009, 21(2): 143-58.

[97] Li H., He X., Bai Y., et al. Atmospheric correction of geostationary satellite ocean color data under high solar zenith angles in open oceans [J]. Remote Sensing of Environment, 2020, 249: 112022.

[98] Li H., He X., Shanmugam P., et al. Semi-analytical algorithms of ocean color remote sensing under high solar zenith angles [J]. Optics Express, 2019, 27(12): A800-A17.

[99] Pahlevan N., Lee Z., Hu C., et al. Diurnal remote sensing of coastal/oceanic waters: a radiometric analysis for Geostationary Coastal and Air Pollution Events [J]. Applied Optics, 2014, 53(4): 648-65.

[100] Gordon H. R., Brown O. B., Evans R. H., et al. A semianalytic radiance model of ocean color [J]. Journal of Geophysical Research: Atmospheres, 1988, 93(D9): 10909-24.

[101] Xu F., He X., Shanmugam P., et al. Effects of the Earth curvature on Mie-scattering radiances at high solar-sensor geometries based on Monte Carlo simulations [J]. Optics Express, 2024, 32(4): 6706-32.

[102] Abiodun O. I., Jantan A., Omolara A. E., et al. Comprehensive review of artificial neural network applications to pattern recognition [J]. IEEE Access, 2019, 7: 158820-46.

[103] Zibordi G., Holben B., Mélin F., et al. AERONET-OC: an overview [J]. Canadian Journal of Remote Sensing, 2010, 36(5): 488-97.

[104] Ahn J.-H., Park Y.-J. Estimating water reflectance at near-infrared wavelengths for turbid water atmospheric correction: A preliminary study for GOCI-II [J]. Remote Sensing, 2020, 12(22): 3791.

[105] Alvain S., Moulin C., Dandonneau Y., et al. A species-dependent bio-optical model of case I waters for global ocean color processing [J]. Deep Sea Research Part I: Oceanographic Research Papers, 2006,

53(5): 917-25.

[106] Goyens C., Jamet C., Schroeder T. Evaluation of four atmospheric correction algorithms for MODIS-Aqua images over contrasted coastal waters [J]. Remote Sensing of Environment, 2013, 131: 63-75.

[107] El Hourany R., Abboud‐abi Saab M., Faour G., et al. Estimation of secondary phytoplankton pigments from satellite observations using self‐organizing maps(SOMs)[J]. Journal of Geophysical Research: Oceans, 2019, 124(2): 1357-78.

[108] Valente A., Sathyendranath S., Brotas V., et al. A compilation of global bio-optical in situ data for ocean-colour satellite applications–version three [J]. Earth System Science Data, 2016, 8(1): 235–52.

[109] Lee Z., Carder K. L., Arnone R. A. Deriving inherent optical properties from water color: a multiband quasi-analytical algorithm for optically deep waters [J]. Applied Optics, 2002, 41(27): 5755-72.

[110] Maritorena S., Siegel D. A., Peterson A. R. Optimization of a semianalytical ocean color model for global-scale applications [J]. Applied Optics, 2002, 41(15): 2705-14.

[111] Morel A., Antoine D., Gentili B. Bidirectional reflectance of oceanic waters: accounting for Raman emission and varying particle scattering phase function [J]. Applied Optics, 2002, 41(30): 6289-306.

[112] Morel A., Maritorena S. Bio‐optical properties of oceanic waters: A reappraisal [J]. Journal of Geophysical Research: Oceans, 2001, 106(C4): 7163-80.

[113] 李丽萍. 东亚海域吸收性气溶胶对大气校正的影响及海色遥感若干问题 [D]; 青岛海洋大学, 2002.

[114] Wang M. Remote sensing of the ocean contributions from ultraviolet to near-infrared using the shortwave infrared bands: simulations [J]. Applied Optics, 2007, 46(9): 1535-47.

[115] Wang M., Shi W. Estimation of ocean contribution at the MODIS near‐infrared wavelengths along the east coast of the US: Two case studies [J]. Geophysical Research Letters, 2005, 32(13).

[116] Mao Z., Zhang Y., Tao B., et al. The Atmospheric Correction of COCTS on the HY-1C and HY-1D Satellites [J]. Remote Sensing, 2022, 14(24): 6372.

[117] Honda Y., Yamamoto H., Hori M., et al. The possibility of SGLI/GCOM-C for global environment change monitoring; proceedings of the Sensors, Systems, and Next-Generation Satellites X, Stockholm, Sweden, F, 2006 [C]. SPIE.

[118] Singh R. K., Shanmugam P., He X., et al. UV-NIR approach with non-zero water-leaving radiance approximation for atmospheric correction of satellite imagery in inland and coastal zones [J]. Optics Express, 2019, 27(16): A1118-A45.

[119] 范娇, 郭宝峰, 何宏昌. 基于 MODIS 数据的杭州地区气溶胶光学厚度反演 [J]. Acta Optica Sinica, 2015, 35(1): 101001.

[120] Wang M., Gordon H. R. A simple, moderately accurate, atmospheric correction algorithm for SeaWiFS [J]. Remote Sensing of Environment, 1994, 50(3): 231-9.

[121] Yuan D., Zhu J., Li C., et al. Cross-shelf circulation in the Yellow and East China Seas indicated by MODIS satellite observations [J]. Journal of Marine Systems, 2008, 70(1-2): 134-49.

[122] Liu F., Huang H., Gao A. Distribution of suspended matter on the Yellow Sea and the East China Sea and effect of ocean current on its distribution [J]. Marine Sciences, 2006, 30(1): 72.

[123] Cao H., Han L. Hourly remote sensing monitoring of harmful algal blooms(HABs)in Taihu Lake based on GOCI images [J]. Environmental Science and Pollution Research, 2021, 28(27): 35958-70.

[124] Song T., Zhang H., Xu Y., et al. Cyanobacterial blooms in Lake Taihu: Temporal trends and potential drivers [J]. Science of The Total Environment, 2024: 173684.

[125] McClain C. R., Feldman G. C., Hooker S. B. An overview of the SeaWiFS project and strategies for producing a climate research quality global ocean bio-optical time series [J]. Deep Sea Research Part II: Topical Studies in Oceanography, 2004, 51(1-3): 5-42.

[126] Salomonson V. V., Barnes W., Maymon P. W., et al. MODIS: Advanced facility instrument for studies of the Earth as a system [J]. IEEE Transactions on Geoscience and Remote Sensing, 1989, 27(2): 145-53.

[127] Rast M., Bezy J., Bruzzi S. The ESA Medium Resolution Imaging Spectrometer MERIS a review of the instrument and its mission [J]. International Journal of Remote Sensing, 1999, 20(9): 1681-702.

[128] Wang M., Liu X., Tan L., et al. Impacts of VIIRS SDR performance on ocean color products [J]. Journal of Geophysical Research: Atmospheres, 2013, 118(18): 10, 347-10, 60.

[129] McClain C. R. A decade of satellite ocean color observations [J]. Annual Review of Marine Science, 2009, 1(1): 19-42.

[130] Wang M., Son S. VIIRS-derived chlorophyll-a using the ocean color index method [J]. Remote Sensing of Environment, 2016, 182: 141-9.

[131] Wang M. Atmospheric Correction for Remotely-Sensed Ocean-Colour [R]. Dartmouth, NS, Canada: International Ocean Colour Coordinating Group(IOCCG), 2010.

[132] Wang M., Jiang L. Atmospheric correction using the information from the short blue band [J]. IEEE Transactions on Geoscience and Remote Sensing, 2018, 56(10): 6224-37.

[133] Wei J., Yu X., Lee Z., et al. Improving low-quality satellite remote sensing reflectance at blue bands over coastal and inland waters [J]. Remote Sensing of Environment, 2020, 250: 112029.

[134] Duforêt L., Frouin R., Dubuisson P. Importance and estimation of aerosol vertical structure in satellite ocean-color remote sensing [J]. Applied Optics, 2007, 46(7): 1107-19.

[135] Gordon H. R., Du T., Zhang T. Remote sensing of ocean color and aerosol properties: resolving the issue of aerosol absorption [J]. Applied Optics, 1997, 36(33): 8670-84.

[136] Shi W., Wang M. Detection of turbid waters and absorbing aerosols for the MODIS ocean color data processing [J]. Remote Sensing of Environment, 2007, 110(2): 149-61.

[137] Doerffer R., Schiller H. The MERIS Case 2 water algorithm [J]. International Journal of Remote Sensing, 2007, 28(3-4): 517-35.

[138] Levy R., Mattoo S., Munchak L., et al. The Collection 6 MODIS aerosol products over land and ocean [J]. Atmospheric Measurement Techniques, 2013, 6(11): 2989-3034.

[139] Lee J., Kim J., Song C., et al. Characteristics of aerosol types from AERONET sunphotometer measurements [J]. Atmospheric Environment, 2010, 44(26): 3110-7.

[140] Di Biagio C., Formenti P., Balkanski Y., et al. Complex refractive indices and single-scattering albedo of global dust aerosols in the shortwave spectrum and relationship to size and iron content [J]. Atmospheric Chemistry and Physics, 2019, 19(24): 15503-31.

[141] Sayer A., Hsu N., Bettenhausen C., et al. SeaWiFS Ocean Aerosol Retrieval(SOAR): Algorithm, validation, and comparison with other data sets [J]. Journal of Geophysical Research: Atmospheres, 2012, 117(D3).

[142] Sayer A. M., Hsu N. C., Lee J., et al. Validation of SOAR VIIRS over‐water aerosol retrievals and context within the global satellite aerosol data record [J]. Journal of Geophysical Research: Atmospheres, 2018, 123(23): 13, 496-13, 526.

[143] Franz B. A., Bailey S. W., Werdell P. J., et al. Sensor-independent approach to the vicarious calibration of satellite ocean color radiometry [J]. Applied Optics, 2007, 46(22): 5068-82.

[144] Bailey S. W., Hooker S. B., Antoine D., et al. Sources and assumptions for the vicarious calibration of ocean color satellite observations [J]. Applied Optics, 2008, 47(12): 2035-45.

[145] Werdell P. J., Bailey S. W., Franz B. A., et al. On-orbit vicarious calibration of ocean color sensors using an ocean surface reflectance model [J]. Applied Optics, 2007, 46(23): 5649-66.

[146] Mélin F., Zibordi G. Vicarious calibration of satellite ocean color sensors at two coastal sites [J]. Applied Optics, 2010, 49(5): 798-810.

[147] Babin M., Stramski D., Ferrari G. M., et al. Variations in the light absorption coefficients of phytoplankton, nonalgal particles, and dissolved organic matter in coastal waters around Europe [J]. Journal of Geophysical Research: Oceans, 2003, 108(C7).

[148] Ramraj S., Uzir N., Sunil R., et al. Experimenting XGBoost algorithm for prediction and classification of different datasets [J]. International Journal of Control Theory and Applications, 2016, 9(40): 651-62.

[149] Johnson J. T. An efficient two-scale model for the computation of thermal emission and atmospheric reflection from the sea surface [J]. IEEE Transactions on Geoscience and Remote Sensing, 2006, 44(3):

560-8.

[150] Johnson J. T., Zhang M. Theoretical study of the small slope approximation for ocean polarimetric thermal emission [J]. IEEE Transactions on Geoscience and Remote Sensing, 1999, 37(5): 2305-16.

[151] Anguelova M. D. Complex dielectric constant of sea foam at microwave frequencies [J]. Journal of Geophysical Research: Oceans, 2008, 113(C8).

[152] Anguelova M. D., Gaiser P. W. Microwave emissivity of sea foam layers with vertically inhomogeneous dielectric properties [J]. Remote Sensing of Environment, 2013, 139: 81-96.

[153] Bliven L., Sobieski P., Craeye C. Rain generated ring-waves: measurements and modelling for remote sensing [J]. International Journal of Remote Sensing, 1997, 18(1): 221-8.

[154] Marshall J. S., Palmer W. M. K. The distribution of raindrops with size [J]. Journal of Atmospheric Sciences, 1948, 5(4): 165-6.

[155] Jin X., He X., Shanmugam P., et al. Comprehensive Vector Radiative Transfer Model for Estimating Sea Surface Salinity From L-Band Microwave Radiometry [J]. IEEE Transactions on Geoscience and Remote Sensing, 2020, 59(6): 4888-903.

[156] Yueh S. H. Modeling of wind direction signals in polarimetric sea surface brightness temperatures [J]. IEEE Transactions on Geoscience and Remote Sensing, 1997, 35(6): 1400-18.

[157] Cox C., Munk W. Measurement of the roughness of the sea surface from photographs of the sun's glitter [J]. Journal of the Optical Society of America, 1954, 44(11): 838-50.

[158] Evans K., Stephens G. A new polarized atmospheric radiative transfer model [J]. Journal of Quantitative Spectroscopy and Radiative Transfer, 1991, 46(5): 413-23.

[159] Klein L., Swift C. An improved model for the dielectric constant of sea water at microwave frequencies [J]. IEEE Transactions on Antennas and Propagation, 1977, 25(1): 104-11.

[160] Gabarró C., Vall-Llossera M., Font J., et al. Determination of sea surface salinity and wind speed by L-band microwave radiometry from a fixed platform [J]. International Journal of Remote Sensing, 2004, 25(1): 111-28.

[161] Sabia R., Camps A., Vall-Llossera M., et al. Impact on sea surface salinity retrieval of different auxiliary data within the SMOS mission [J]. IEEE Transactions on Geoscience and Remote Sensing, 2006, 44(10): 2769-78.

[162] Hollinger J. P. Passive microwave measurements of sea surface roughness [J]. IEEE Transactions on Geoscience Electronics, 1971, 9(3): 165-9.

[163] Irisov V. Small-slope expansion for thermal and reflected radiation from a rough surface [J]. Waves in Random Media, 1997, 7(1): 1.

[164] Luo H., Yang G., Wang Y., et al. Numerical studies of sea surface scattering with the GMRES-RP method [J]. IEEE Transactions on Geoscience and Remote Sensing, 2013, 52(4): 2064-73.

[165] Gabarró C., Font J., Camps A., et al. A new empirical model of sea surface microwave emissivity for salinity remote sensing [J]. Geophysical Research Letters, 2004, 31(1).

[166] Yin X., Boutin J., Dinnat E., et al. Roughness and foam signature on SMOS-MIRAS brightness temperatures: A semi-theoretical approach [J]. Remote Sensing of Environment, 2016, 180: 221-33.

[167] Etcheto J., Dinnat E. P., Boutin J., et al. Wind speed effect on L-band brightness temperature inferred from EuroSTARRS and WISE 2001 field experiments [J]. IEEE Transactions on Geoscience and Remote Sensing, 2004, 42(10): 2206-13.

[168] Demir M. A., Johnson J. T. Fourth-and higher-order small-perturbation solution for scattering from dielectric rough surfaces [J]. Journal of the Optical Society of America A, 2003, 20(12): 2330-7.

[169] Yueh S. H., Kwok R., Li F., et al. Polarimetric passive remote sensing of ocean wind vectors [J]. Radio Science, 1994, 29(04): 799-814.

[170] Peake W. Interaction of electromagnetic waves with some natural surfaces [J]. IRE Transactions on Antennas and Propagation, 1959, 7(5): 324-9.

[171] Wu S.-T., Fung A. K. A noncoherent model for microwave emissions and backscattering from the sea surface [J]. Journal of Geophysical Research, 1972, 77(30): 5917-29.

Wentz F. J. A two-scale scattering model for foam-free sea microwave brightness temperatures [J].